U0238961

碳达峰路径方法设计

王庆松　袁学良　马　乔　著

山东大学出版社
SHANDONG UNIVERSITY PRESS
·济南·

图书在版编目(CIP)数据

碳达峰路径方法设计/王庆松,袁学良,马乔著
. — 济南：山东大学出版社,2024.1
ISBN 978-7-5607-7696-5

Ⅰ. ①碳…　Ⅱ. ①王… ②袁… ③马…　Ⅲ. ①二氧化碳—节能减排—研究—中国　Ⅳ. ①X511

中国版本图书馆 CIP 数据核字(2022)第 240958 号

责任编辑　李　港
封面设计　王秋忆

碳达峰路径方法设计
TANDAFENG LUJING FANGFA SHEJI

出版发行　山东大学出版社
社　　址　山东省济南市山大南路 20 号
邮政编码　250100
发行热线　(0531)88363008
经　　销　新华书店
印　　刷　济南乾丰云印刷科技有限公司
规　　格　720 毫米×1000 毫米　1/16
　　　　　17.75 印张　328 千字
版　　次　2024 年 1 月第 1 版
印　　次　2024 年 1 月第 1 次印刷
定　　价　118.00 元

前 言

气候变化已成为全球关注的焦点问题。气温升高、风暴肆虐、干旱加剧、冰川融化、海平面上升,无一不昭示着气候变化给地球带来的显著影响。气候变化不仅影响着自然生态环境,同时也给人类健康、粮食生产、淡水供给等带来了巨大威胁。应对气候变化是人类共同的事业,也是中国可持续发展的内在要求。习近平总书记多次强调,应对气候变化不是别人要我们做,而是我们自己要做,要成为全球生态文明建设的重要参与者、贡献者、引领者。

在气候变化国际合作中,中国也一直体现着负责任大国担当。2014 年 11 月签署的《中美气候变化联合声明》,宣布中国计划在 2030 年左右实现二氧化碳排放达到峰值且将努力早日达到,并计划非化石能源占一次能源消费比重提高到 20%左右。2016 年 12 月签署的《巴黎协定》,提出了我们有雄心、有力度的国家自主贡献的四大目标。2020 年 9 月 22 日,习近平总书记在第七十五届联合国大会上提出:中国将采取更加有力的政策和措施,二氧化碳排放力争于 2030 年前达到峰值,努力争取 2060 年前实现碳中和。此后,国家先后出台了《中共中央 国务院关于完整准确全面贯彻新发展理念 做好碳达峰碳中和工作的意见》《国务院关于印发 2030 年前碳达峰行动方案的通知》等一系列文件,逐步形成了碳达峰碳中和"1+N"政策体系。碳达峰碳中和是党中央经过深思熟虑作出的重大战略决策,事关中华民族的永续发展、事关人类社会的共同命运。碳达峰碳中和将带来一场广泛而深刻的经济社会系统性变革,我国需要付出艰苦的努力才能实现。

在碳达峰碳中和政策的有力推动和各级政府的共同努力下,中国碳排放强度呈现逐步下降的发展态势。2021 年,碳排放强度同比下降 3.8%,非化石能源消费比重达到 16.6%,风电、光伏发电装机容量均居世界首位,中国成为世界上减排力度最大、减排贡献最多的国家。尽管如此,我国与已经完成了工业化的发达国家不同,工业化、城镇化仍在深入推进,经济仍在保持中高速发展,能源消费仍在保持刚性增长，要在短时间内完成全球最高碳排放强度降幅，面临着发展与降碳的双重挑战。我们坚信，实现碳达峰碳中和目标虽然道阻且长，但是行则将至，而且做则必成。我们在这一过程中要讲好"中国故事"，为全球应对气候变化贡献"中国力量"。

站在当前的历史方位，如何在确保实现中国式现代化的同时规划好低碳发展路径，成为我们必须思考的重大问题。针对目前中国实际国情和发展阶段特征，探索实现碳达峰路径就显得迫切而必要。笔者深切体会到这种责任感，感受到这种使命感，于是基于自身在双碳领域开展的相关研究，结合近年发表的学术论文，融入系统协同的学术思想，撰写了本书。

本书设计了10个章节的主要内容，以碳达峰重点任务涉及的若干工作为研究对象，采用数学建模、遗传算法、系统动力学、生命周期评价、投入产出模型、社会网络分析法等，分别对煤炭消费调控路径、能源消费结构优化、产业结构调整优化、城镇居民交通出行系统优化、农业化肥投入结构优化、工业达峰路径、区域达峰路径、跨省域碳足迹路径、家庭减碳路径和产品碳足迹核算10个方面进行了系统研究。所构建的方法学模型，既有现状评价方法也有未来预测方法，既有问题识别方法也有系统优化方法，既有静态问题分析方法也有动态过程演进方法，都具有良好的通用性和指导性，可以为该领域研究提供必要的方法学支撑，得到的相关结论也可以为政府决策提供有益的参考和借鉴。此外，笔者期望通过本书的出版，使书中的研究内容引起相关学者们的关注。我们期望学者们可以在本书的基础上，对相关的研究方法和研究内容做更进一步的拓展和挖掘，使相关方法学体系更具有针对性和操作性，为我国顺利实现双碳目标做出应有的学术贡献。

在本书撰写过程中，很多学生参与了内容整理和编纂工作，具体分工如下：刘吉祥负责第1章和第2章，徐越负责第3章和第4章，田姝负责第5章和第7章，张宇杰负责第6章，盛雪柔负责第8章，汤宇宙负责第9章，刘孟玥负责第10章。盛雪柔负责全书文字和格式校核。以上同学为本书的顺利出版做出了很大贡献，在此表示感谢！笔者在撰写过程中参考了大量的文献资料，对这些文献资料的作者一并表示感谢！

本书是笔者近年来在双碳领域的主要研究成果和学术思想的总结，提出的一些观点和看法可能还不成熟且水平有限，不当之处恳请读者批评指正。

作者
2022年10月

目　录

第1章　碳达峰路径之煤炭消费调控路径研究

全球气候温度不断升高，究其原因是温室气体的过度排放，尤其是二氧化碳在大气中的累积效应[1]。因此，制定各类二氧化碳减排政策已成为世界各国应对气候变化的重要举措[2]。化石能源的消费，尤其是煤炭的消费，是全球碳排放的主要来源[3]，并随之带来了酸雨、水污染、烟尘等一系列环境危害。学者们认为，在全球范围内降低煤炭资源消耗，逐步淘汰直至禁止煤炭的开采和燃烧，是未来将全球温室气体排放降至净零的关键措施之一[4,5]。中国作为全球最大的煤炭消费国[6]，2019年全球温室气体排放占比达到29%[7]。以环境退化为代价获取经济快速增长的发展模式亟须改变[8]，降低煤炭消费，转变以煤炭为驱动的经济发展模式已成为中国目前高质量发展的内在要求。

山东省不仅是中国最大的能源消耗省，也是中国最大的碳排放省[9,10]。2020年，山东省能源消费结构中煤炭消费占比在64%左右，而清洁能源消费占比仅为7.4%。尽管山东省国民经济和社会发展第十四个五年计划明确提到2025年核电装机规模预计达到570万千瓦，但其规模与化石能源消费相比依然较小。所以在今后较长时期内，煤炭作为山东省能源基本保障的地位和作用依然很难改变。此外，山东省产业结构较重，2020年第二产业占比为39.1%，所以，进一步优化产业结构和以煤炭为主的能源消费结构是山东省实现"3060"目标（二氧化碳排放力争于2030年前达到峰值，努力争取2060年前实现碳中和）的重要途径。基于此，如何准确预测山东省未来规划年的煤炭消费情况并找到适宜的绿色低碳发展模式就显得尤为重要，这也是当前学者们密切关注的热点问题。

在上述研究背景下，学者们利用不同方法开展了对能源消费预测的研究。比较常见的一些量化方法主要有灰色模型[11-13]、系统动力学（SD）[14-16]、遗传算法[17,18]、神经网络模型[19,20]等。如张（Zhang）等人针对能源系统的复杂性和不确定性，引入幂指数项、线性正确项和随机扰动项，建立了一个新的柔性灰色多变量模型对中国能源消费总量进行预测，为政府实施经济政策和能源发展战略提供参考[21]。杨(Yang)等人建立了多层次的系统动力学模型，对中国2005～2050年的能源消费碳排放进行预测，发现通过技术创新、基础设施建设、居民行为改善和产业结构调整相结合的综合措施，可以有效地将碳排放峰值提前到2028年[22]。陈(Chen)等人利用最小二乘支持向量机(LSSVM)对数据集进行学习，建立能源消费与建筑围护结构之间的LSSVM-NSGA Ⅱ预测模型，其更能实现围护结构设计参数的优化，为类似问题的求解提供了有效的思路[17]。穆罕默德(Mohamed)等人利用人工神经网络模型对28个欧洲国家能源消费量及能源消费效率进行预测，并对效率冻结、欧盟立法实施、汽车电气化和模式转变四种能源需求情景进行了评估[23]。

以上预测方法各有优劣。其中，灰色模型使用生成的数据列代替原有数据列，以其简便的计算在小样本、贫信息、不确定性系统中得到了广泛的应用，但其在数据的适应性及预测精度方面稍显不足[24]。遗传算法因在多目标优化问题上的效率高、速度快、非劣解更接近理想前沿等优势得到广泛认可，但其复杂问题的重复适应度函数评估存在一定的限制性，且不能随着问题复杂性的增加而很好地扩展，致使在排序策略上也很难反映个体周围的密度信息，进而影响其计算结果[25]。神经网络模型以其自学习功能及联想储存功能，能够充分逼近非线性关系，但神经网络结构的设定主要基于人为经验，这是一个复杂且耗时耗力的过程，且对数据的完整程度要求极高，难以得到令人满意的计算结果。而系统动力学是一种系统思维方法，不仅体现出系统各部分存量、流量和辅助变量之间的反馈[26,27]，也能很好地反映系统的动态性、反馈性、延迟性和复杂性[28]，已成为预测动态复杂系统的重要方法[29]。

鉴于本章是对山东省国民经济和社会发展第十四个五年计划煤炭消费量的预测，其是一个动态的复杂系统，需要考虑各变量及子系统间复杂的逻辑关系以及各部分间的反馈作用，因此以上特点与系统动力学功能性质较吻合，故选择系统动力学作为煤炭消费预测方法不仅与本章内容十分契合，而且易于进行情景对比实验，从而对未来的发展作出不同的预测，找到最佳的要素组合，得到最佳的发展模式。

1.1 方法学体系构建

本章选取山东省及16地市煤炭消费历史数据，按照“路径分析—敏感性分

析—情景要素耦合—情景组合分析"的研究思路，找到煤炭压减指标下山东省未来规划年的适宜发展模式。首先，从煤炭消费量历史演进视角，构建山东省煤炭消费结构方程(SEM)，进行影响煤炭消费的路径分析，计算各调控路径的路径系数。其次，从影响煤炭消费预测因素视角，构建系统动力学模型，进行敏感性分析，找到影响煤炭消费的关键因素。再次，对上述两种视角下的关键因素进行耦合，确定未来规划年影响山东省煤炭消费量的关键情景要素，并按照低、中、高三种不同方案分别对其设计。最后，针对上述不同情景方案，按照不同的组合方式利用 SD 模型分别进行煤炭消费量预测，通过量化比较分析，确定未来规划年实现煤炭压减指标的适宜情景发展模式。具体研究思路如图 1-1 所示。

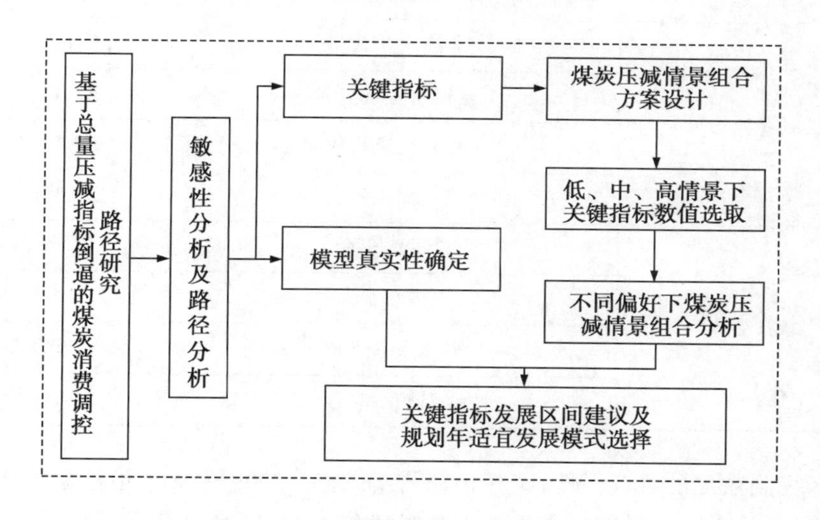

图 1-1　煤炭消费调控路径研究的技术路线

1.1.1　结构方程模型构建

从煤炭消费量历史演进视角，借鉴已有研究成果，研究经济、能源、环境、社会四类潜变量对煤炭消费总量的影响及其相互作用的关系[30,31]。

其中，经济要素主要关注经济发展的速度和方式，选取国内生产总值(GDP)增长率、第二产业占比及人均可支配收入对其进行度量。能源要素主要选取单位 GDP 能耗、煤炭消费占比及能源消费总量对煤炭消费进行度量。环境要素主要选取 4 种工业污染物的排放情况对环境污染进行度量。社会要素主要关注人口规模及年龄结构，选取人口总数、非老年人口占比、城镇化率及人口平均寿命对其进行度量。上述变量的汇总情况如表 1-1 所示。

表 1-1 SEM 潜变量及其对应的显变量

潜变量	显变量	显变量符号
经济(经济发展)	GDP 增长率	$ECO1$
	第二产业占比	$ECO2$
	人均可支配收入	$ECO3$
能源(煤炭消费)	单位 GDP 能耗	$ENE1$
	煤炭消费占比	$ENE2$
	能源消费总量	$ENE3$
环境(环境污染)	工业废水排放量	$ENV1$
	工业烟粉尘排放量	$ENV2$
	工业二氧化硫排放量	$ENV3$
	一般工业固废排放量	$ENV4$
社会(社会人口)	人口平均寿命	$POP1$
	人口总数	$POP2$
	非老年人口占比	$POP3$
	城镇化率	$POP4$

考虑到数据的可获得性,选择山东省 16 地市 2009～2018 年数据集作为样本数据,共计 160 个样本。鉴于样本数据单位不统一,需对其进行标准化处理。处理公式为:

$$X' = \frac{X - X_{\min}}{X_{\max} - X_{\min}} \tag{1-1}$$

其中,X 代表标准化前的值,X' 代表标准化后的值,$X_{\min}$ 代表样本最小值,$X_{\max}$ 代表样本最大值。

结构方程模型分析结果的可信度与样本数量有直接的关系,在一定范围内,有效样本的数量越多,分析结果越可靠。通常认为,过多的样本数量可能会导致绝对拟合指数的值达不到显著性水平($p<0.05$),由此拒绝原假设模型,这就使得理论模型与测量数据不适配的概率增加[32]。有学者认为,样本数量为观测变量数量的 10 倍左右最为合适[33]。

1.1.2　系统动力学构建

1.1.2.1　子系统划分及变量确定

煤炭消费是一个庞大而复杂的系统，其内部存在复杂的反馈循环和因果关系。为此，将煤炭消费系统划分为 4 个子系统，每个子系统会对煤炭消费量产生促进或抑制的影响，不同子系统间也存在单向影响或双向影响的关系。整理分析影响每个子系统发展的变量集，并按变量对系统的作用性质分为状态变量、速率变量和辅助变量，具体如表 1-2 所示。

表 1-2　SD 模型各子系统及其对应不同类型的变量

变量类型	能源子系统	经济子系统	环境子系统	人口子系统
状态变量	供需缺口	GDP	工业污染强度	人口数量
速率变量	供需缺口变化量	GDP 变化量	工业污染强度变化量	人口增长量
				人口减少量
辅助变量	煤炭消费量	GDP 增长率	一般工业固体废物产生量	出生率
	煤炭供给量	第一产业占比	工业废水产生量	死亡率
	煤炭产量	第二产业占比	工业二氧化硫产生量	人均生活能源消费量
	进口量	第三产业占比	工业烟粉尘产生量	生活能源消费量
	出口量	第一产业产值	一般工业固体废物处理量	
	本省调出量	第二产业产值	工业废水处理量	
	外省调入量	第三产业产值	工业二氧化硫处理量	
	煤炭供需比	第一产业能源消费强度	工业烟粉尘处理量	
	煤炭消费占比	第二产业能源消费强度	废水投资占比	

续表

变量类型	能源子系统	经济子系统	环境子系统	人口子系统
辅助变量	能源消费总量	第三产业能源消费强度	二氧化硫投资占比	
	生产能源消费量	产业结构因子	烟粉尘投资占比	
	第一产业能源消费量	政策调控因子	一般工业固体废物投资占比	
	第二产业能源消费量	技术进步因子	万元投资废水处理量	
	第三产业能源消费量	节能因子	万元投资二氧化硫处理量	
	市场调控因子	年工业污染治理投资	万元投资烟粉尘处理量	
		工业污染治理投资 GDP 占比	万元投资一般工业固废处理量	

状态变量通过速率变量每年的变化累加值衡量，速率变量通过辅助变量建立逻辑方程计算得出，各个辅助变量通过逻辑方程或查询相关资料的方法得到。数据资源主要从山东统计年鉴、中国环境统计年鉴、中国能源统计年鉴等各类统计年鉴以及相关文献、政府部门文件等获取。通过上述方法收集到的以上变量2000～2018 年的历史数据，作为模型模拟的基础数据，少量的缺失数据通过线性拟合的方法得出，其拟合误差均在可接受范围内。

1.1.2.2 系统流图及方程构建

根据不同的变量类型及各个子系统内部变量间的逻辑关系绘制各个子系统因果回路图，在此基础上分析各子系统间的逻辑关系，将各个因果关系及反馈循环结合，绘制系统流图，具体如图 1-2 所示。

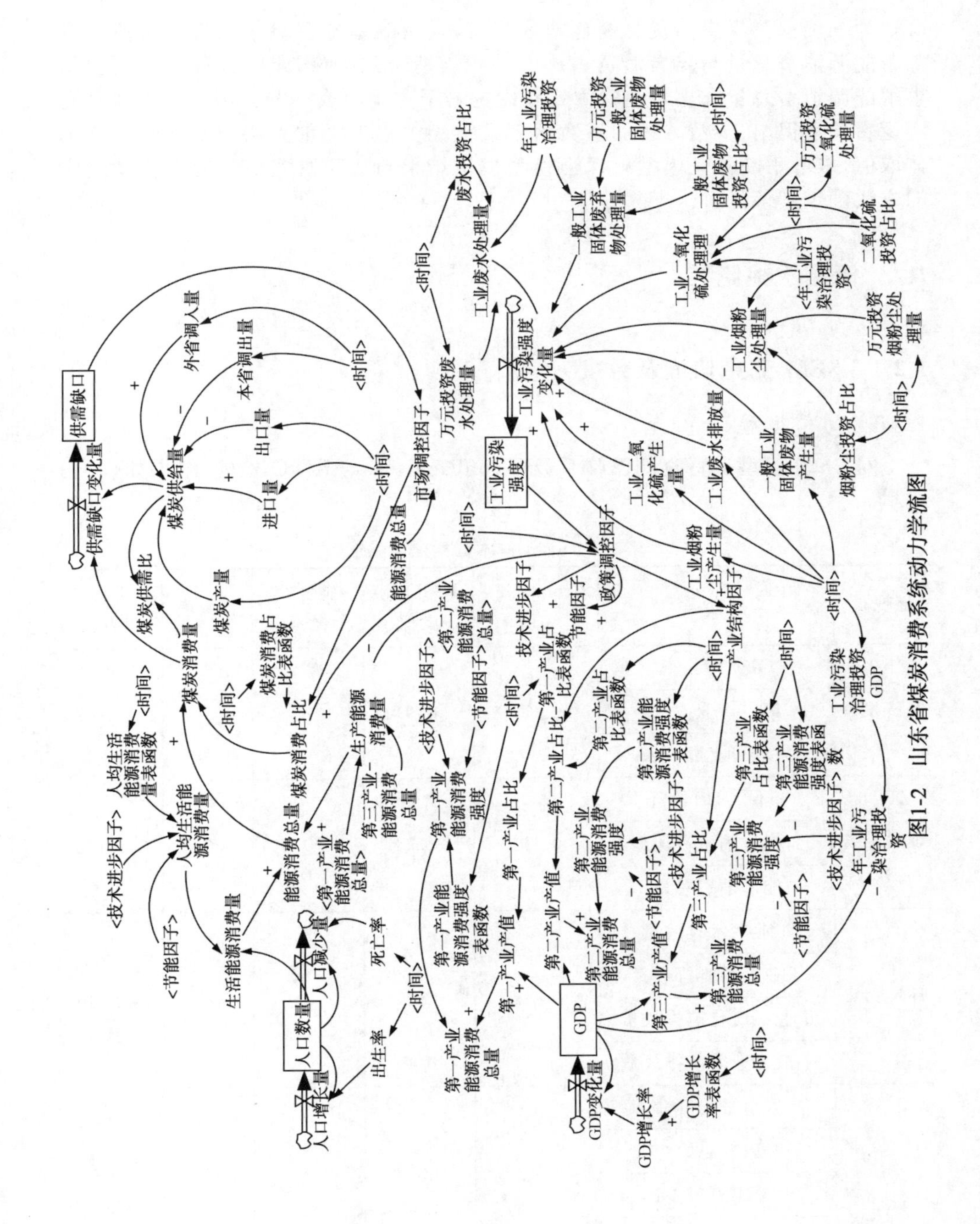

图1-2　山东省煤炭消费系统动力学流图

为准确预测煤炭消费总量合理区间值,采用的基本逻辑关系为煤炭消费量等于能源消费总量与煤炭消费占比的乘积。基于此,所构建的方程主要由包括求解能源消费总量和煤炭消费占比在内的若干方程组成。绝大部分方程通过真实逻辑关系得出,少数方程的系数由于缺乏相关参考文献无法精确地测度其具体取值,采取不断修正模型以保证模型模拟结果与历年真实值相对误差率最小的方法确定其最优解。

1.2 模型检验结果

1.2.1 SEM 变量信度及效度

1.2.1.1 信度检验

对 SEM 模型进行克朗巴哈系数(Cronbach's α)与 KMO 检验,结果如表 1-3 所示。

表 1-3 SEM 样本数据信度检验

<table>
<tr><th>潜变量</th><th>显变量</th><th>Cronbach's α值</th><th>KMO 测度值</th><th>显著性概率</th><th>自由度</th><th>近似卡方值</th></tr>
<tr><td rowspan="3">经济发展</td><td>GDP 增长率</td><td rowspan="3">0.773</td><td rowspan="3">0.791</td><td rowspan="3">0</td><td rowspan="3">3</td><td rowspan="3">249.167</td></tr>
<tr><td>第二产业占比</td></tr>
<tr><td>人均可支配收入</td></tr>
<tr><td rowspan="3">煤炭消费</td><td>单位 GDP 能耗</td><td rowspan="3">0.839</td><td rowspan="3">0.724</td><td rowspan="3">0</td><td rowspan="3">3</td><td rowspan="3">189.152</td></tr>
<tr><td>煤炭消费占比</td></tr>
<tr><td>能源消费总量</td></tr>
<tr><td rowspan="4">环境污染</td><td>工业废水排放量</td><td rowspan="4">0.855</td><td rowspan="4">0.807</td><td rowspan="4">0</td><td rowspan="4">6</td><td rowspan="4">288.616</td></tr>
<tr><td>工业烟粉尘排放量</td></tr>
<tr><td>工业二氧化硫排放量</td></tr>
<tr><td>一般工业固废排放量</td></tr>
<tr><td rowspan="4">社会人口</td><td>人口平均寿命</td><td rowspan="4">0.861</td><td rowspan="4">0.803</td><td rowspan="4">0</td><td rowspan="4">6</td><td rowspan="4">289.70</td></tr>
<tr><td>人口总数</td></tr>
<tr><td>非老年人口占比</td></tr>
<tr><td>城镇化率</td></tr>
</table>

由表 1-3 分析可知，各潜变量样本数据信度均高于 0.7，信度检验通过。KMO 测度值均大于 0.7，且巴特利球体检验（Bartlett's 球体检验）近似卡方值均足够大，显著性概率 Sig.均小于 0.001，表明样本数据适合作因子分析。

1.2.1.2　效度检验

通过 MI 值对模型进行修订，建立残差相关路径减少模型的卡方值。一阶模型中各因子间的相关系数均小于 0.5，未达到显著性水平，各因子间不存在高阶共线性。最终结果如图 1-3 所示。

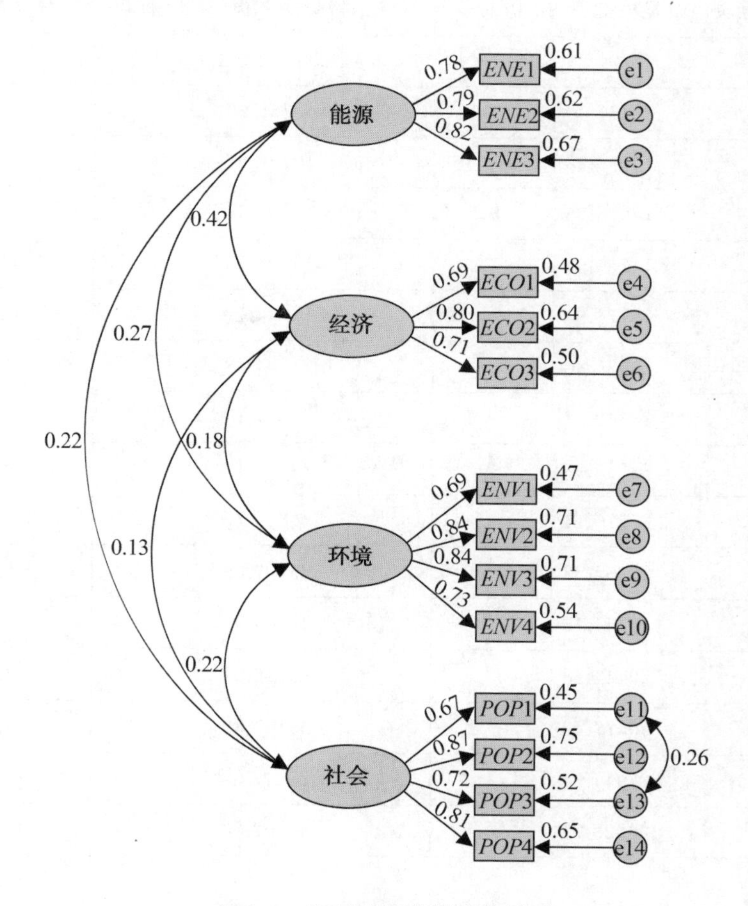

图 1-3　SEM 验证性因子分析图

以上检验说明 SEM 样本数据信度、效度均满足要求，模型不存在多阶共线性，收敛性较好，假设模型与实际模型相适配。

1.2.2 SD真实性检验

建立SD模型后，需要通过模型调试和验证来确定模型的真实性，以此来判断模型是否能够用来预测未来规划年的煤炭消费总量。模型预测结果与2000～2018年的历史数据进行比较，结果如表1-4所示。

表1-4 山东省2000～2018年煤炭消费量模拟值与实际值比较

年份	煤炭消费量模拟值/10 kt标煤	煤炭消费量实际值/10 kt标煤	相对误差率/%
2000	7220.31	7592.04	－4.895
2001	8457.90	8755.26	－3.395
2002	10039.38	10738.97	－3.828
2003	12078.56	12694.94	－4.855
2004	14260.63	14896.75	－4.270
2005	18771.87	18904.12	－0.699
2006	20825.30	21304.68	－2.250
2007	23342.82	23361.15	－0.078
2008	23755.99	24554.17	－3.251
2009	25670.11	24843.77	＋3.325
2010	27205.83	26709.59	＋1.857
2011	28744.15	27789.23	＋3.436
2012	29444.18	28726.21	＋2.499
2013	30577.42	29191.89	＋4.744
2014	27944.84	28247.05	－1.070
2015	28828.71	30092.60	－4.200
2016	29055.76	29669.93	－2.076
2017	28530.10	29151.02	－2.134
2018	27720.23	28130.05	－1.458

由表 1-4 分析可知，模拟结果与历年真实数据的相对误差率均在±5%以内，说明 SD 模型的仿真结果与实际情况基本吻合，该模型可以用于煤炭消费总量模拟预测。

1.3　路径分析

选取绝对拟合指数、相对拟合指数、信息指数等 14 个指标对模型进行检验。由于初始模型部分拟合指数不理想，需建立残差相关路径对模型进行修正。修正后模型检验结果明显改善，所有拟合指标均达到检验标准。修正前后的检验结果如表 1-5 所示。

表 1-5　修正前后的 SEM 拟合指数及拟合评价

拟合指标	λ^2/df	RMR	GFI	AGFI	RMSEA	NFI	TLI	IFI	RFI	CFI	PNFI	PGFI	AIC	CAIC
初始模型	1.32	0.056	0.93	0.9	0.045	0.909	0.969	0.98	0.88	0.976	0.709	0.76	161.7	300.3
拟合评价	良好	偏高	较好	偏低	较好	较好	良好	良好	偏低	良好	良好	良好	良好	良好
修正模型	1.239	0.049	0.93	0.9	0.039	0.916	0.977	0.98	0.901	0.982	0.705	0.76	156.7	298.3
拟合评价	良好	较好	良好	较好	良好	较好	良好	良好	偏低	良好	良好	良好	良好	良好

根据结构方程模型的修正结果，增加残差路径 e4-e6，经过修正后的最终分析图如图 1-4 所示，各潜变量之间的数值表示标准化路径系数。

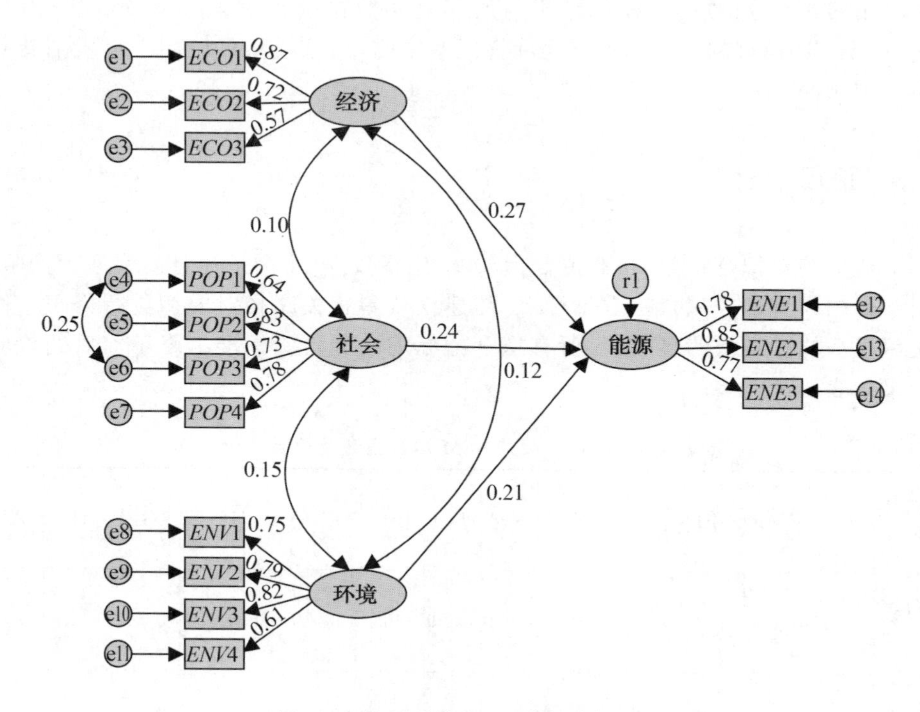

图 1-4　修正后的 SEM 路径分析图

通过结构方程模型的路径分析，得到外生潜变量的观测变量对能源消费总量、能源消费结构影响的最终路径系数，如表 1-6 所示。

表 1-6　影响煤炭消费的各个路径的路径系数

潜变量	显变量	因子负荷	路径系数	均一化路径系数 α	均一化路径系数 β
经济发展	*ECO*1	0.87	0.2349	0.402	0.122
	*ECO*2	0.72	0.1944	0.333	0.101
	*ECO*3	0.57	0.1539	0.263	0.080
社会人口	*POP*1	0.64	0.1536	0.214	0.079
	*POP*2	0.83	0.1992	0.278	0.103
	*POP*3	0.73	0.1712	0.244	0.089
	*POP*4	0.78	0.1872	0.261	0.097

续表

潜变量	显变量	因子负荷	路径系数	均一化路径系数 α	均一化路径系数 β
环境污染	$ENV1$	0.75	0.1575	0.252	0.081
	$ENV2$	0.79	0.1659	0.265	0.086
	$ENV3$	0.82	0.1722	0.276	0.089
	$ENV4$	0.61	0.1281	0.205	0.066

注:均一化路径系数 α 代表各个外生显变量对与之对应的外生潜变量的解释程度,均一化路径系数 β 代表各个外生显变量对内生潜变量的解释程度。

由表 1-6 分析可知,有 6 个均一化路径系数 β 较大的显变量,分别为 $ECO1$、$ECO2$、$POP2$、$POP4$、$ENV3$、$ENV2$,它们即为影响山东省煤炭消费的主要关键调控量,依次分别为 GDP 增长率、第二产业占比、人口总数、城镇化率、工业二氧化硫排放量、工业烟粉尘排放量。

1.4　敏感性分析

敏感性是指模型中某个自变量发生改变时对模拟结果的影响程度,变量的敏感性越高,说明其对系统模拟结果的影响程度越大。敏感性计算公式为:

$$\varepsilon = \frac{\dfrac{Y_2 - Y_1}{Y_1}}{\dfrac{X_2 - X_1}{X_1}} \tag{1-2}$$

其中,ε 代表各变量敏感性,X_1、X_2 代表自变量变化前后的值,Y_1、Y_2 代表因变量变化前后的值。通过改变各个辅助变量的输入值(上下浮动 5%),求得各变量敏感性。由公式(1-2)可得到敏感性较高的几个变量的敏感性分析图,具体如图 1-5 至图 1-9 所示。

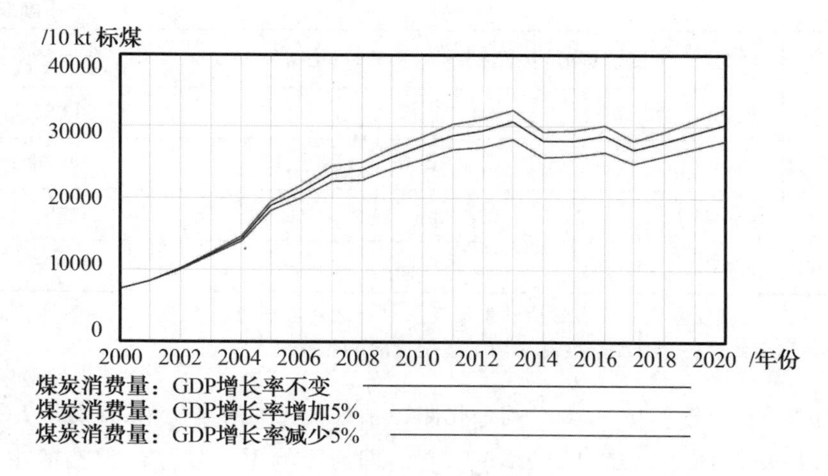

图 1-5　GDP 增长率敏感性分析图

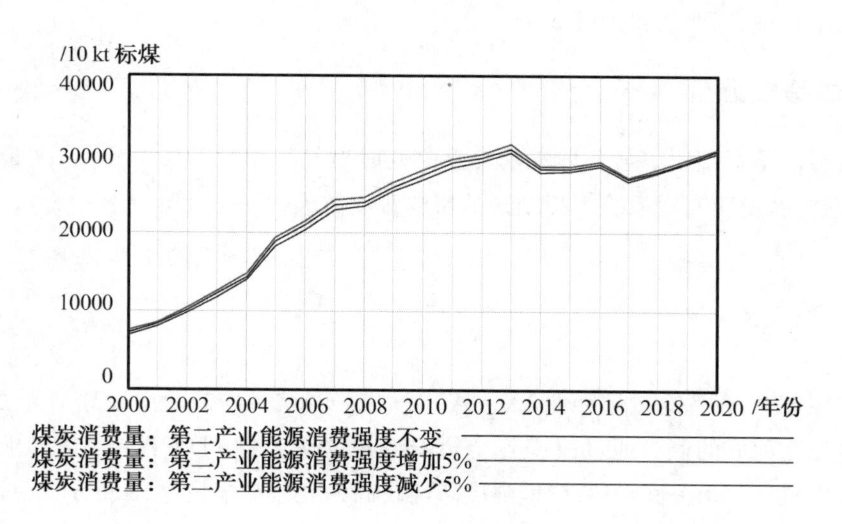

图 1-6　第二产业能源消费强度敏感性分析图

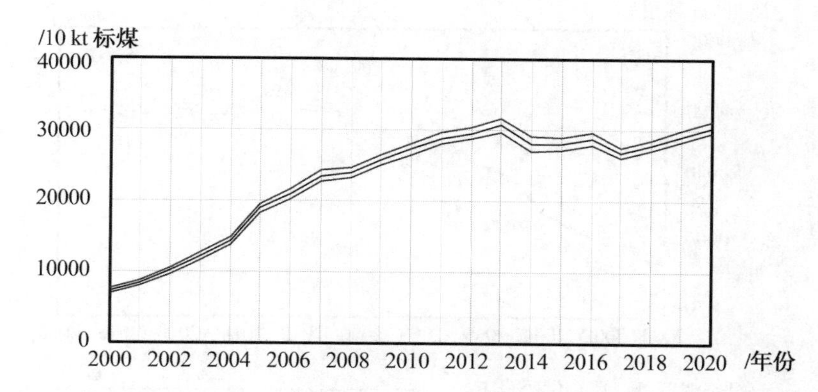

图 1-7　第二产业占比敏感性分析图

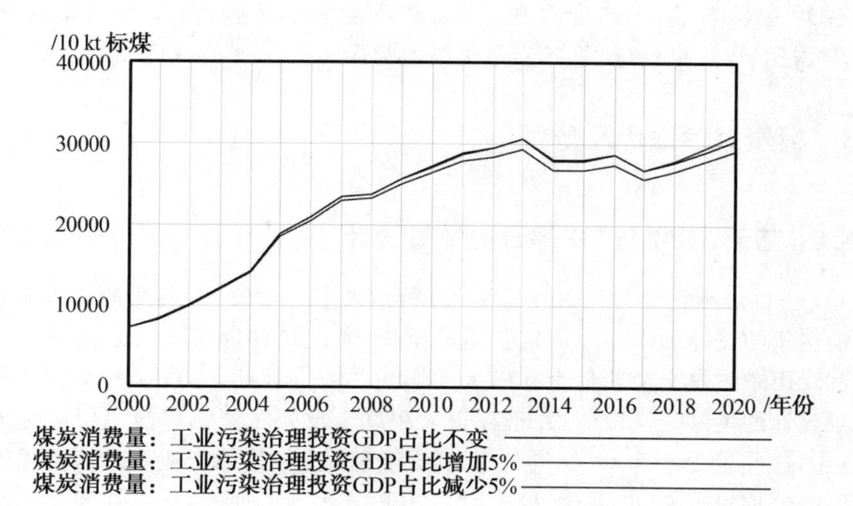

图 1-8　工业污染治理投资 GDP 占比敏感性分析图

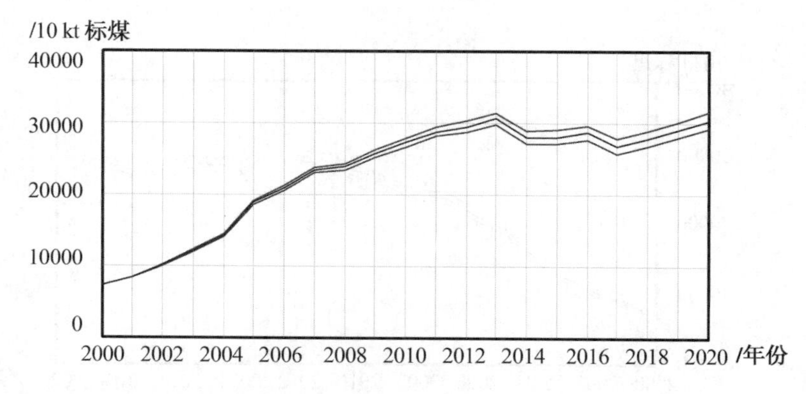

图 1-9 工业污染治理投资 GDP 占比敏感性分析图

由图 1-5 至图 1-9 分析可知，对山东省煤炭消费量敏感性最高的 6 个量依次为 GDP 增长率、第二产业占比、第二产业能源消费强度、工业污染治理投资 GDP 占比、煤炭供给量、第三产业能源消费强度。

1.5 情景组合设计及分析

1.5.1 基于 SEM 与 SD 耦合的情景设计

对 SD 敏感性分析及 SEM 路径分析结果进行比较，发现两种方法下影响煤炭消费量的关键因素存在一定程度的重合，表明这些因素不管采用哪种方法分析都对山东省煤炭消费量存在较大的影响关系。因此，选取这些重合变量作为情景设计的关键变量可信，并且在很大程度上反映了影响煤炭消费的绝大多数信息。这些量分别为 GDP 增长率、第二产业占比、第二产业能源消费强度及工业污染治理投资 GDP 占比，依次用 G、I、E、P 表示。此外，对上述情景关键变量分别按低、中、高（L、M、H）3 种不同梯度的情景方案进行设计，L、M、H 方案下的各情景设置及其依据如表 1-7 所示。

对以上 4 种情景要素的不同设计方案进行两两组合，通过剔除重复、与实际相矛盾或是无分析意义的情景组合，最终形成具有代表性的 21 种情景组合方案，以此代表未来规划年份可能出现的发展模式（见表 1-8）。此外，为便于比较分析各种不同的情景组合方案，又设置了参照情景，分别为 GH-IL-EL-PL、GM-IM-EM-PM、GL-IH-EH-PH。

表 1-7　低、中、高方案下不同变量的情景设置及其依据

情景变量	代号	规划值	情景设置依据
GDP 增速	GL	与 2020 年相比年均增长 5.5%	根据《山东省国民经济和社会发展第十四个五年规划和 2023 年远景目标纲要》,低情景 2025 年 GDP 年均增长 5.5%。根据“十四五”期间碳减排和节能减排的双重控制要求,GDP 增速将受到一定程度的限制。据咨询相关专家,中方案 GDP 年均增长率为 5.6%,高方案 GDP 年均增长率为 5.7%
	GM	与 2020 年相比年均增长 5.6%	
	GH	与 2020 年相比年均增长 5.7%	
第二产业占比	IL	到 2025 年降低至 33%	以 2000～2020 年的历史数据为基础,结合山东省 2010～2020 年的产业政策相关规划措施,运用灰色马尔可夫模型对山东省“十四五”期间的产业结构进行预测,2025 年的预测结果为 33%。经咨询相关专家,确定 2025 年低、中、高三个方案下第二产业比重分别降低至 33%、32%、31%
	IM	到 2025 年降低至 32%	
	IH	到 2025 年降低至 31%	
第二产业能源消费强度	EL	到 2025 年降低至 0.62	基于山东省 2000～2020 年有关产业政策规划和措施,运用灰色马尔可夫模型对山东省“十四五”期间的第二产业能源消费强度进行预测,2025 年预测结果是 0.62。经咨询相关专家,确定 2025 年低、中、高方案下第二产业能源消费强度将分别降至 0.62、0.60、0.58
	EM	到 2025 年降低至 0.60	
	EH	到 2025 年降低至 0.58	
工业污染治理投资 GDP 占比	PL	到 2025 年升高至 1.52%	查询环境统计年鉴、中国能源统计年鉴、中国城市统计年鉴及相关文件,获取 2000～2020 年相关历史数据,发现近年来工业污染治理投资 GDP 占比约为 1.48%。基于历史数据线性拟合,经咨询相关专家,确定低、中、高方案下分别提高至 1.52%、1.54%、1.56%
	PM	到 2025 年升高至 1.54%	
	PH	到 2025 年升高至 1.56%	

表 1-8 “十四五”期间参照情景及不同偏好下的情景组合方案

参照情景	经济偏好	产业偏好	环境偏好
GH-IL-EL-PL	GH-IM-EL-PH	GL-IH-EH-PH	GL-IL-EM-PH
GM-IM-EM-PM	GH-IL-EM-PH	GL-IM-EH-PH	GM-IM-EL-PH
GL-IH-EH-PH	GH-IL-EL-PH	GL-IH-EM-PH	GH-IH-EM-PH
	GH-IM-EM-PM	GL-IH-EH-PM	GL-IM-EH-PH
	GH-IH-EL-PM	GM-IM-EH-PM	GM-IM-EM-PH
	GH-IL-EH-PM	GM-IH-EM-PM	GH-IL-EL-PH

1.5.2 基于 SEM 与 SD 耦合的情景分析

在参照情景下，利用 SD 模型预测未来规划年煤炭消费量，并将模拟结果与国家的规划年（2025 年）煤炭压减指标进行比较，分别如表 1-9 和图 1-10 所示。

表 1-9 “十四五”期间参照情景下的煤炭压减预测结果

组合情景	2021 年	2022 年	2023 年	2024 年	2025 年	煤炭压减量/10 kt 标煤	最低目标压减比例/%	最低目标完成率
GH-IL-EL-PL	26359.71	25715.45	25046.27	24351.28	23719.63	2736.90	10.34	0.76
GM-IM-EM-PM	26159.12	25315.38	24546.23	23651.21	22812.57	3644.72	13.77	1.01
GL-IH-EH-PH	26137.85	25066.53	24024.21	22867.80	21780.47	4676.18	17.67	1.29

注：根据《关于严格控制煤炭消费总量推进清洁高效利用的指导意见》及《山东省国民经济和社会发展第十四个五年规划和 2035 年远景目标纲要》，到 2025 年，山东省压减煤炭的基本目标是在 2020 年的基础上压减煤炭至少 50 Mt，约为 36 Mt 标煤。

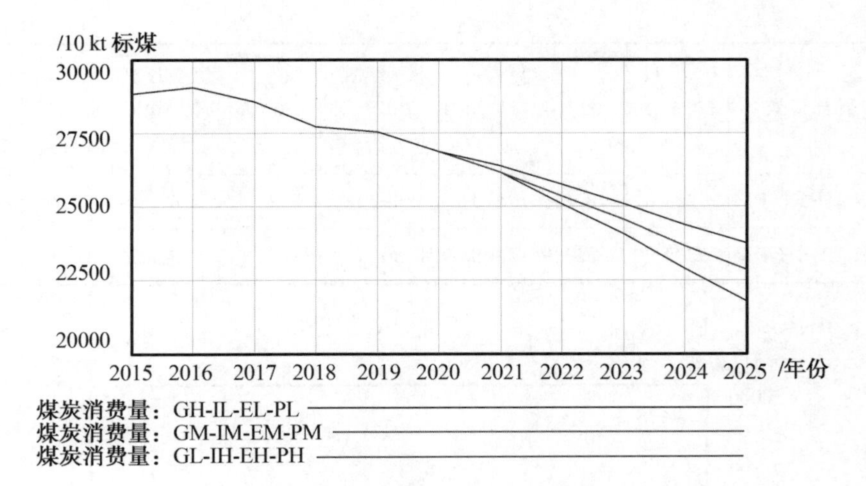

图 1-10　“十四五”期间参照情景下的煤炭压减预测图

由表 1-9 和图 1-10 分析可知，在未来，规划年（2025 年）相对于 2020 年，情景组合 GH-IL-EL-PL 煤炭压减比例达到 10.34%，共计 27.369 Mt 标煤，无法完成最低压减煤炭 36 Mt 的目标；情景组合 GM-IM-EM-PM 煤炭压减比例达到 13.77%，共计 36.4472 Mt 标煤，勉强能够完成最低压减任务；情景组合 GL-IH-EH-PH 压减煤炭比例达到 17.67%，共计 46.7618 Mt 标煤，能够超额完成压减目标，但该情景组合方案对 4 种情景关键变量的要求都是最高，实现起来较为困难。因此，在参考上述 3 种情景分析的基础上，本节提出了分别以经济偏好、产业偏好、环境偏好为主要手段的 18 种情景组合方案，具体如表 1-8 所示。

1.5.2.1　经济偏好下的情景模拟

经济偏好情景组合方案组的模拟结果如表 1-10 和图 1-11 所示。

表 1-10　“十四五”期间经济偏好下的煤炭压减预测结果

组合情景	2021 年	2022 年	2023 年	2024 年	2025 年	煤炭压减量/10 kt 标煤	最低目标压减比例/%	最低目标完成率
GH-IM-EL-PH	26261.31	25517.01	24347.81	23652.81	22909.60	3546.41	13.40	0.98
GH-IL-EM-PH	26366.31	25277.51	24588.71	23499.91	22698.59	3757.55	14.20	1.04
GH-IL-EL-PH	26529.41	25738.11	24995.81	24299.41	23341.47	3115.17	11.77	0.86
GH-IM-EM-PM	26456.51	25358.31	24660.11	23561.91	22276.58	4179.53	15.79	1.16

续表

组合情景	2021 年	2022 年	2023 年	2024 年	2025 年	煤炭压减量/10 kt 标煤	最低目标压减比例/%	最低目标完成率
GH-IH-EL-PM	25823.69	24800.66	24131.65	22929.92	22294.45	4161.60	15.72	1.15
GH-IL-EH-PM	25685.62	24851.94	23983.77	23016.08	22221.64	4234.41	16.00	1.17

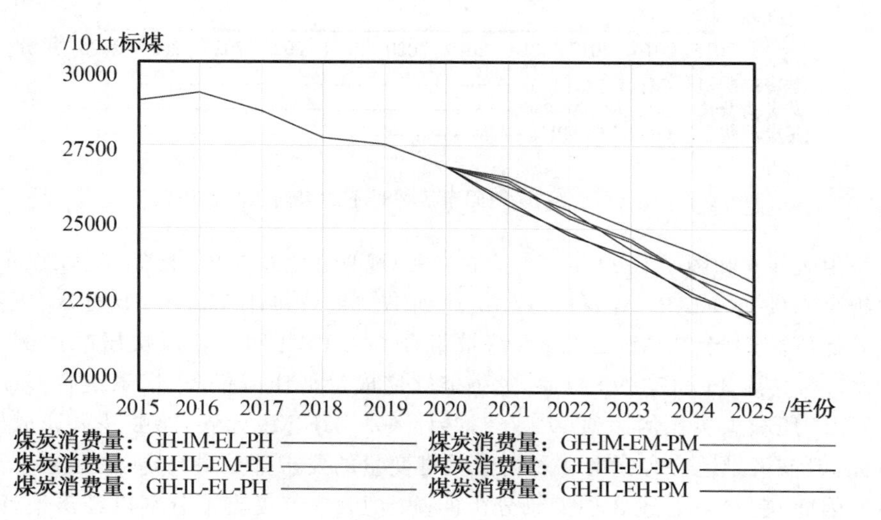

图 1-11 “十四五”期间经济偏好下的煤炭压减预测图

由表 1-10 和图 1-11 分析可知，经济偏好下的不同情景组合实现煤炭压减目标任务的程度差异较大。其中，GH-IM-EL-PH、GH-IL-EL-PH 无法完成最低压减目标。GH-IM-EM-PM、GH-IH-EL-PM、GH-IL-EH-PM 煤炭压减量均超过 41 Mt 标煤，最低压减目标完成率均在 1.15 以上，能够基本完成压减任务。此 3 种情景组合方案设定的经济发展速度都很快，但 GH-IL-EM-PM、GH-IH-EL-PM 产业结构优化力度低，GH-IL-EH-PM 能源消费强度的降低幅度也很低。由于过度追求经济增长速度，不能很好地兼顾产业结构优化调整和能效水平提升，不是中国高质量发展追求的最佳发展模式，因此，此 3 种经济偏好下的发展模式无法得到最优的煤炭压减效果。

1.5.2.2 产业偏好下的情景模拟

产业偏好情景组合方案组的模拟结果如表 1-11 和图 1-12 所示。

表 1-11　“十四五”期间产业偏好下的煤炭压减预测结果

组合情景	2021 年	2022 年	2023 年	2024 年	2025 年	煤炭压减量/10 kt 标煤	最低目标压减比例/%	最低目标完成率
GL-IH-EH-PH	25259.71	24515.43	23346.2	22651.27	21908.64	4548.50	17.19	1.26
GL-IM-EH-PH	25746.35	24657.51	23968.73	22879.93	22078.53	4378.67	16.54	1.21
GL-IH-EM-PH	25349.43	24658.15	23715.87	22819.45	22061.44	4395.19	16.61	1.22
GL-IH-EH-PM	25146.34	24648.16	23349.96	22751.73	21966.36	4490.12	16.97	1.24
GM-IM-EH-PM	25163.66	24640.60	23571.63	22769.91	22134.43	4322.15	16.33	1.20
GM-IH-EM-PM	25555.64	24721.973	23853.70	22886.09	22091.67	4364.96	16.49	1.21

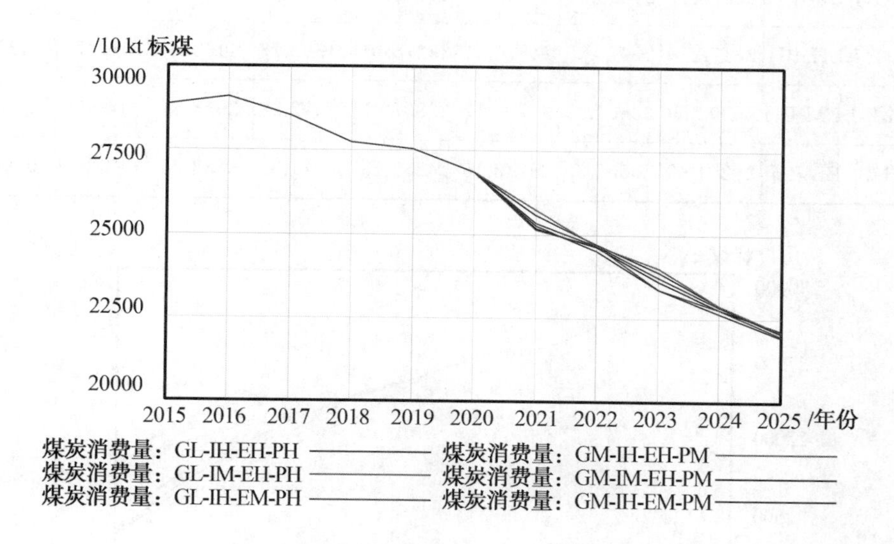

图 1-12　“十四五”期间产业偏好下的煤炭压减预测图

由表 1-11 和图 1-12 分析可知，在产业偏好下的情景组合方案中，所有情景的煤炭压减量均超过 43 Mt 标煤，相对于 2020 年压减比例均超过 16.3%，相比于 2025 年的煤炭最低压减目标的完成率均高于 1.2，均能够较好地完成煤炭最低压减目标。其中，压减力度较大的情景组合方案是 GL-IH-EH-PH、GM-IM-EH-PM，此两种情景组合方案设定的经济增长速度仅完成了山东省国民经济和社会发展第十四个五年计划的基本要求，对产业结构、能源消费强度的要求均很高,实现起来也较为困难。但 GM-IM-EH-PM、GM-IH-EM-PM 两种情景组合方案不仅要求经济发展速度适中,而且对于产业结构优化及能效水平提升的设定较为适度,环境治理也得到较好的改善,是产业偏好下比较适宜的发展模式。

1.5.2.3 环境偏好下的情景模拟

环境偏好情景组合方案组的模拟结果如表 1-12 和图 1-13 所示。

表 1-12 "十四五"期间环境偏好下的煤炭压减预测结果

组合情景	2021 年	2022 年	2023 年	2024 年	2025 年	煤炭压减量/10 kt 标煤	最低目标压减比例/%	最低目标完成率
GL-IL-EM-PH	26351.93	25253.71	24555.56	23457.36	22071.90	4284.09	16.19	1.09
GM-IM-EL-PH	26282.14	25751.20	25378.29	24731.89	24168.85	3291.70	12.44	0.91
GH-IH-EM-PH	25670.17	24836.46	23968.23	23000.57	22206.13	4249.89	16.06	1.10
GL-IM-EH-PH	26172.70	25074.55	24376.31	23278.13	21992.77	4463.77	16.87	1.23
GM-IM-EM-PH	26302.59	25604.37	24706.17	23807.91	22422.58	3933.44	14.86	1.09
GH-IL-EL-PH	26261.63	25587.33	25248.16	24753.18	24221.51	3238.88	12.24	0.89

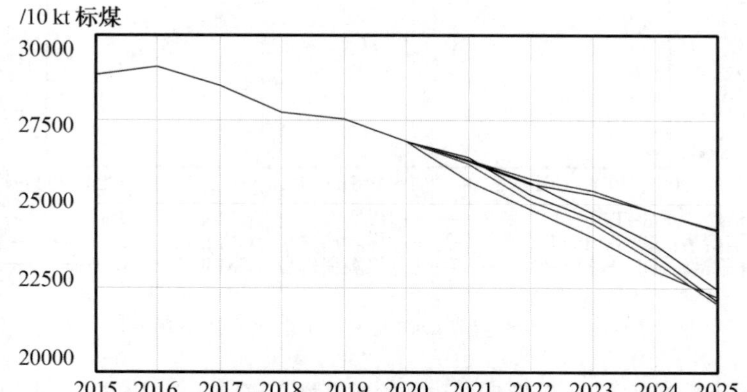

图 1-13 "十四五"期间环境偏好下的煤炭压减预测图

由表 1-12 和图 1-13 分析可知,环境偏好下的不同情景组合实现煤炭压减目

标任务的程度差异较大。其中，GH-IL-EL-PH、GM-IM-EL-PH 无法完成最低压减目标任务。GL-IL-EM-PH、GH-IH-EM-PH、GM-IM-EM-PH 能够基本完成压减目标任务，但 GL-IL-EM-PH 在经济及产业两个方面设定的发展要求较低，应不能选择为适宜的发展模式。GH-IH-EM-PH 对产业结构及经济发展速度的要求均很高，实现起来也较为困难。GL-IM-EH-PH 的煤炭压减力度最大，煤炭压减目标完成率达到 1.23。该情景组合方案设定的经济发展速度满足山东省国民经济和社会发展第十四个五年计划的基本要求，并且产业结构调整、能效水平和环境效益都得到不同程度的改善，是环境偏好下的适宜发展模式。

1.5.3　基于 TOPSIS 的适宜情景组合发展模式分析

对上述 3 种偏好下分别得出的适宜情景组合方案进行比较分析可知，经济偏好下的适宜情景是在注重经济较快增长的前提下实现煤炭压减目标，但由于其过分强调经济增长而在一定程度上减缓了产业结构调整和能效水平的提升；产业偏好下的适宜情景是在注重产业结构优化的前提下实现煤炭压减目标，该模式下的经济得到了适度的发展，能效水平得到了较大的提升，环境治理方面也能得到一定的改善；环境偏好下的适宜情景是在注重环境保护的前提下实现煤炭压减目标，该模式下环境效益十分明显，但经济发展速度不高。基于以上分析可知，以上不同偏好下的情景组合模式都有其优缺点，为了挑选出最优情景组合发展模式，利用 TOPSIS 对其进行量化分析，计算结果如表 1-13 所示。

表 1-13　各情景组合发展模式 TOPSIS 得分

情景组合发展模式	情景组合 TOPSIS 得分	TOPSIS 得分排序
GH-IL-EH-PM	0.357747677	4
GH-IH-EL-PM	0.382100439	3
GM-IM-EH-PM	0.711094765	2
GM-IH-EM-PM	0.758116890	1

由表 1-13 分析可知，GH-IL-EH-PM、GH-IH-EL-PM 的 TOPSIS 得分较低。究其原因，该两种情景组合方案设定的经济发展速度都是最高的，由于目前中国以能源（尤其是煤炭）为驱动力的经济发展模式在很长的一段时间内很难改变[34]，经济的快速发展必然会以消耗能源为代价，因此其不宜作为山东省“十四五”期间采用的最优情景组合发展模式。GM-IM-EH-PM、GM-IH-EM-PM 的 TOPSIS 得分较高，其对经济发展速度的设定要求适中，且产业结构调整、能效水平和环境治理都得到一定的改善。其中 GM-IH-EM-PM 相较于 GM-IM-EH-

PM而言，最大的不同是对产业结构调整的要求较高。目前，山东省产业结构偏重，亟须通过新旧动能转换方式加快对产业结构的调整，这已被列入山东省"十四五"规划中的重点任务。张(Zhang)等人认为调整产业结构是减少煤炭消费的关键途径，并且在产业结构得到优化的同时，也降低了以煤烟型为主的大气环境污染，对环境治理将起到很好的治理作用[35,36]。由此可见，加强对产业结构调整的力度符合山东省的未来发展要求。因此，将GM-IH-EM-PM作为山东省未来发展的最优情景组合发展模式，贴合山东省发展实际，具有较好的实践价值。

1.6 结论

本章在耦合SEM路径分析和基于SD模型敏感性分析结果的基础上，确定可信度高的影响山东省煤炭消费的情景设计关键变量，并构建了由参照情景和基于不同偏好组成的若干情景组合方案。利用SD预测模型，预测不同情景方案下山东省未来规划年煤炭消费量，探讨实现煤炭压减指标任务的适宜发展模式。研究结论可为山东省政府作出与煤炭消费相关的决策提供建议和依据，同时该方法学体系也可为类似领域的研究提供参考与借鉴。

将3种参照情景组合方案与不同偏好下的情景组合方案比较发现，产业偏好下的GM-IH-EM-PM不仅能确保经济适度发展，并且能使产业结构调整、能效水平和环境治理都得到一定程度的改善，容易实现煤炭压减目标任务，是山东省未来发展采用的最优情景发展模式。因此，建议山东省"十四五"期间适当放缓经济发展速度，降低第二产业占比，促进节能技术水平提升，大力发展新能源和可再生能源，进一步完善绿色低碳循环体系。基于此，山东省"十四五"期间的GDP平均增长率、第二产业占比、第二产业能源消费强度及工业污染治理投资GDP占比适宜发展区间建议分别为5.5%～5.6%、31%～32%、0.58%～0.60%、1.54%～1.56%。

本章SD建模过程中存在一些不确定性较高的系数，采用多次取值检验历史年份模拟结果误差值的方法确定其最优取值，中国环境统计年鉴中的历史数据缺失问题通过线性拟合方法补充，低、中、高情景方案数据相关规划向专家咨询后确定。以上因素给研究带来了一定的不确定性，希望该领域的研究引起学者们的关注，对其作进一步的补充和完善。

参考文献

[1]IPCC.Global Warming of 1.5 ℃[EB/OL].(2018-10-08)[2021-9-20].

https://www.ipcc.ch/sr15/.

[2]Rehman, A., Ma, H., Ahmad, M., et al. An Asymmetrical Analysis to Explore the Dynamic Impacts of CO_2 Emission to Renewable Energy, Expenditures, Foreign Direct Investment, and Trade in Pakistan[J]. Environmental Science and Pollution Research, 2021, 28:53520-53532.

[3]Liu, L., Cheng, L., Zhao, L., et al. Investigating the Significant Variation of Coal Consumption in China in 2002-2017[J]. Energy, 2020, 207:118307.

[4]Zhang, Y., Liu, C., Li, K., et al. Strategy on China's Regional Coal Consumption Control: A Case Study of Shandong Province[J]. Energy Policy, 2018, 112:316-327.

[5]Burke, A., Fishel, S. A Coal Elimination Treaty 2030: Fast Tracking Climate Change Mitigation, Global Health and Security[J]. Earth System Governance, 2020, 3:100046.

[6]Wang, Q., Song, X. Why Do China and India Burn 60% of the World's Coal? A Decomposition Analysis from A Global Perspective[J]. Energy, 2021, 227:120389.

[7]Muhammad, B., Khan, M. K. Foreign Direct Investment Inflow, Economic Growth, Energy Consumption, Globalization, and Carbon Dioxide Emission around the World[J]. Environmental Science and Pollution Research, 2021, 28:55643-55654.

[8]Zia, S., Rahman, M. U., Noor, M. H., et al. Striving towards Environmental Sustainability: How Natural Resources, Human Capital, Financial Development, and Economic Growth Interact with Ecological Footprint in China [J]. Environmental Science and Pollution Research, 2021, 28:52499-52513.

[9]Han, P., Lin, X., Zeng, N., et al. Province-Level Fossil Fuel CO_2 Emission Estimates for China Based on Seven Inventories[J]. Journal of Cleaner Production, 2020, 277:123377.

[10]Yang, H., Lu, Z., Shi, X., et al. How Well Has Economic Strategy Changed CO_2 Emissions? Evidence from China's Largest Emission Province [J]. Science of the Total Environment, 2021, 774:146575.

[11]Li, K., Guo, X., Dai, W., et al. Numerical Simulation of A Low Temperature Hybrid Refrigerator Combining GM Gas Expansion Refrigeration with Magnetic Refrigeration[J]. Cryogenics, 2021, 113:103235.

[12]Danish, Ozcan, B., Ulucak, R. An Empirical Investigation of

Nuclear Energy Consumption and Carbon Dioxide (CO_2) Emission in India: Bridging IPAT and EKC Hypotheses[J]. Nuclear Engineering and Technology, 2021, 53:2056-2065.

[13]Ju-Long D. Control Problems of Grey Systems[J]. Systems and Control Letters, 1982, 1:288-94.

[14]Jia, B., Zhou, J., Zhang, Y., et al. System Dynamics Model for the Coevolution of Coupled Water Supply-Power Generation-Environment Systems: Upper Yangtze River Basin, China[J]. Journal of Hydrology, 2021, 593:125892.

[15]Schoenenberger, L., Schmid, A., Tanase, R., et al. Structural Analysis of System Dynamics Models[J]. Simulation Modelling Practice and Theory, 2021, 110:102333.

[16]Jing, D., Dai, L., Hu, H., et al. CO_2 Emission Projection for Arctic Shipping: A System Dynamics Approach[J]. Ocean and Coastal Management, 2021, 205:105531.

[17]Chen, B., Liu, Q., Chen, H., et al. Multi-objective Optimization of Building Energy Consumption Based on BIM-DB and LSSVM-NSGA-Ⅱ[J]. Journal of Cleaner Production, 2021, 294:126153.

[18]Sun, X., Zhao, L., Zhang, P., et al. Enhanced NSGA-Ⅱ with Evolving Directions Prediction for Interval Multi-Objective Optimization[J]. Swarm and Evolutionary Computation, 2019, 49:124-133.

[19]Qiao, D., Li, P., Ma, G., et al. Realtime Prediction of Dynamic Mooring Lines Responses with LSTM Neural Network Model[J]. Ocean Engineering, 2021, 219:108368.

[20]Bonatti, C., Mohr, D. Neural Network Model Predicting Forming Limits for Bi-Linear Strain Paths[J]. International Journal of Plasticity, 2021, 137:102886.

[21]Zhang, M., Guo, H., Sun, M., et al. A Novel Flexible Grey Multivariable Model and Its Application in Forecasting Energy Consumption in China[J]. Energy, 2022, 239:122441.

[22]Yang, H., Li, X., Ma, L., et al. Using System Dynamics to Analyze Key Factors Influencing China's Energy-Related CO_2 Emissions and Emission Reduction Scenarios[J]. Journal of Cleaner Production, 2021, 320:128811.

[23]Muhammad, B., Khan, M. K. Foreign Direct Investment Inflow, Economic Growth, Energy Consumption, Globalization, and Carbon Dioxide

Emission around the World[J]. Environmental Science and Pollution Research, 2021, 28:55643-55654.

[24]Wang, H., Zhang, Z. A Novel Grey Model with Conformable Fractional Opposite-Direction Accumulation and Its Application[J]. Applied Mathematical Modelling, 2022, 108:585-611.

[25]Khettabi, I., Boutiche, M. A., Benyoucef, L. NSGA-Ⅱ VS NSGA-Ⅲ for the Sustainable Multi-Objective Process Plan Generation in A Reconfigurable Manufacturing Environment[J]. Ifac-Papersonline, 2021, 54:683-688.

[26]Wang, Q., Li, S., Li, R. Forecasting Energy Demand in China and India: Using Single-Linear, Hybrid-Linear, and Non-Linear Time Series Forecast Techniques[J]. Energy, 2018, 161:821-831.

[27]Lane DC. Should System Dynamics Be Described as A "Hard" or "Deterministic" Systems Approach? [J]. System Research of Behavier Science, 2000, 17:3-22.

[28]Selvakkumaran, S., Ahlgren, E. O. Review of the Use of System Dynamics (SD) in Scrutinizing Local Energy Transitions[J]. Journal of Environmental Management, 2020, 272:111053.

[29]Ma, L., Liu, Q., Qiu, Z., et al. Evolutionary Game Analysis of State Inspection Behaviour for Coal Enterprise Safety Based on System Dynamics[J]. Sustainable Computing: Informatics and Systems, 2020, 28:100430.

[30]Wang, Z., Zhao, L. The Impact of the Global Stock and Energy Market on EU ETS: A Structural Equation Modelling Approach[J]. Journal of Cleaner Production, 2021, 289:125140.

[31]Kursunoglu, N., Onder, M. Application of Structural Equation Modeling to Evaluate Coal and Gas Outbursts[J]. Tunnelling and Underground Space Technology, 2019, 88:63-72.

[32]Yang, D., Xie, K., Ozbay, K., et al. Fusing Crash Data and Surrogate Safety Measures for Safety Assessment: Development of A Structural Equation Model with Conditional Autoregressive Spatial Effect and Random Parameters [J]. Accident Analysis and Prevention, 2021, 152:105971.

[33]Figueroa-Jiménez, M. D., Cañete-Massé, C., Carbó-Carreté, M., et al. Structural Equation Models to Estimate Dynamic Effective Connectivity Networks in Resting Fmri. A Comparison between Individuals with Down Syndrome and Controls[J]. Behavioural Brain Research, 2021, 405:113188.

[34]Feng, J., Zeng, X., Yu, Z., et al. Status and Driving Forces of CO_2 Emission of the National Low Carbon Pilot: Case Study of Guangdong Province During 1995-2015[J]. Energy Procedia, 2019, 158:3602-3607.

[35]Zhang, H., Shen, L., Zhong, S., et al. Coal Resource and Industrial Structure Nexus in Energy-Rich Area: The Case of the Contiguous Area of Shanxi and Shaanxi Provinces, and Inner Mongolia Autonomous Region of China[J]. Resources Policy, 2020, 66:101646.

[36]Yu, C., Kang, J., Teng, J., et al. Does Coal-to-Gas Policy Reduce Air Pollution? Evidence from a Quasi-Natural Experiment in China[J]. Science of the Total Environment, 2021, 773:144645.

第2章　碳达峰路径之能源消费结构优化研究

近年来，能源不合理的生产与消费导致了全球范围内的气候变暖，对生态系统造成了严重的危害，威胁人类的生存与发展[1]。1994年3月，《联合国气候变化框架公约》的生效，意味着人类开始意识到气候问题的重要性并作出了积极反应。紧接着哥本哈根会议等明确气候问题“责任共担”并分配各国减排目标，能源消费问题在此背景下逐步成为全球范围内人们研究与讨论的主要热点话题[2]。中国是世界上最大的能源消费国之一[3]，2019年全球温室气体排放占比达到29%[4]，居世界第一位，究其原因主要是经济的快速增长是以煤炭为核心的能源消费驱动的[5]。因此，优化能源消费结构，积极发展新能源和可再生能源已成为中国目前高质量发展的内在要求。

山东省是中国经济、人口大省，能源消费总量、碳排放量在全国均居于首位[6-8]，能源消费结构的不合理性严重制约了山东省的可持续发展[9]。近年来，山东省能源消费结构中煤炭消费占比一直在70%左右，石油及天然气消费仍需进口，而清洁能源消费占比仅从3%升高至7.4%。因此，在今后较长时期内，煤炭作为山东省能源基本保障的地位和作用依然很难改变[10]。进一步优化以煤炭为主的能源消费结构是山东省实现“3060”目标的重要途径。基于此，如何科学预测出山东省在“十四五”期间的各类能源消费占比，并提出优化其能源消费结构的关键路径，对于山东省实现能源消费的可持续发展就显得尤为重要。

通过文献分析可知，大多数学者对能源消费结构的研究主要集中在影响因素探究和消费结构预测这两个方面。在对能源消费结构影响因素的探究方面，主要的研究方法包括数学建模、情景分析和结构方程模型。如夏(Xia)等人通过使用时间分解模型来探索国家和地区能源消费结构在不同时间阶段的主导因素，发现生态效益、单位GDP工业污染治理投入和经济发展的交互效应是造成能源消费结构不合理的主要因素[11]。唐(Tang)等人通过情景分析法对中国能源消费进行评价，认为在能源消费总量逐渐回落的前提条件下，2060年基准情景下的非化石能源占比约为65%,强化情景下的非化石能源占比约为70%[12]。李(Li)等人利用PLS结构方程模型从家庭、住宅、城市和区域等多样化的视角对家庭部门能源消费结构影响因素之间的相互关系进行了剖析,发现各种能源消费影响因素之间所产生的影响是交互式的,且可以通过直接或间接的路径对各类能源的消费量和碳排放量产生不同程度的影响[13,14]。在对能源消费结构和总量的预测方面,比较常见的有灰色模型[15,16]、系统动力学模型[17,18]、遗传算法[18,19]等。如李等人应用灰色系统理论,建立山东省能源消费的GM(1,1)预测模型,并对山东省一次能源消费总量和煤炭、石油、天然气消费量进行了预测,发现未来10年山东省一次能源消费总量仍呈稳步上升的趋势,能源消费结构仍然以煤炭为主,但其所占比重逐年下降[20]。何(He)等人利用系统动力学与情景分析相结合的方法模拟了中国能源消费的结构与总量变化情况,发现在加速转型情景下,到2050年煤炭占能源消费总量的比例将不足10%,非化石能源消费占比将超越化石能源[21]。陈(Chen)等人建立能源消费与建筑围护结构之间的LSSVM-NSGAⅡ预测模型,发现此能源消费预测模型更容易实现围护结构设计参数的优化,为类似问题的求解提供了有效的思路[18]。

基于上述文献分析可知,在能源消费结构预测及其关键因素的探究过程中,时间分解模型等方法存在着主观性、歧义性、随机性较强的问题,且在关联复杂、影响因素较多的系统中研究效果不佳[17]。灰色模型、遗传算法等预测方法对数据的适应性较差,且存在着预测精度不够和动态性不足的问题[22]。因此,在能源消费结构影响因素探究方面,本书采用SEM对其进行分析。它能够验证所提出模型的结构及因果关系,解决传统分析方法中存在的不确定性问题,不仅可以同时考虑多个因变量,分析自变量之间相互影响的路径系数,还能同时对多个因变量和自变量之间存在的直接和间接的相互关系进行建模和显示[23-25]。鉴于此,SEM与本书的研究内容有较好的契合度,所以采用该方法对制约山东省能源消费结构可持续发展路径的影响因素进行研究。在能源消费结构与总量预测方面,本书采用系统动力学的方法对其进行预测。该方法不仅体现出系统各部分存量、流量和辅助变量之间的反馈,也能很好地反映系统的动态性、反馈性、延迟性和复杂性,已成为预测动态复杂系统的重要方法[26-29]。鉴于能源消费系统是一个动态的复杂系统,需要考虑各变量及子系统间复杂的逻辑关系以及各部分间的反馈作用,以上特点与系统动力学功能性质较吻合,故选择系统动力学作为能源消费结构的预测方法。

2.1 方法学体系构建

首先,确定变量,构建能源消费SEM,利用历史数据解析制约山东省能源消费

的主要路径。其次，构建 SD 模型对未来规划年山东省能源消费量进行预测，并在敏感性分析的基础上，找到影响能源消费系统的关键因素。最后，在耦合 SEM 与 SD 敏感性分析结果的基础上，建立基于低、中、高不同方案设计的若干组合情景。通过不同偏好下的组合情景对比分析，找到不同偏好下的适宜情景发展模式，并结合 TOPSIS 量化的方式确定最优情景发展模式。研究思路框架图如图 2-1 所示。

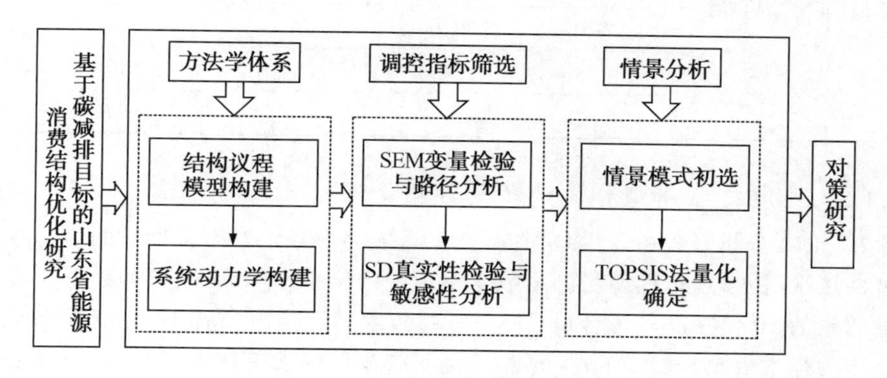

图 2-1　山东省能源消费结构优化研究思路框架图

2.1.1　结构方程模型构建

2.1.1.1　结构方程模型潜变量及显变量确定

从能源消费结构历史演进视角，借鉴已有研究结果[23,24]，将经济、社会、环境、能源作为潜变量，并分别找到其对应的显变量，分析它们对能源消费结构的影响。上述潜变量、显变量及其相应代号如表 2-1 所示。

表 2-1　山东省能源消费 SEM 显变量及潜变量汇总

潜变量	显变量	显变量代号
经济(经济发展)	GDP 增长率	*ECO*1
	第二产业占比	*ECO*2
	人均可支配收入	*ECO*3
人口(人口分布)	人口总量	*POP*1
	人口老龄化率	*POP*2
	城镇化率	*POP*3
	人口平均寿命	*POP*4
能源(能源消费)	煤炭强度效应	*ENE*1
	单位 GDP 能耗	*ENE*2
	一次能源消费总量	*ENE*3

续表

潜变量	显变量	显变量代号
结构(能源结构)	煤品	$STR1$
	油品	$STR2$
	天然气	$STR3$
	一次电力	$STR4$
	电力净调入	$STR5$
	其他	$STR6$

2.1.1.2 结构方程模型样本选取及数据处理

在 SEM 分析过程中,过多的样本数量可能会导致绝对拟合指数的值达不到显著性水平,使得理论模型与测量数据不适配的概率增加,所以样本数量为观测变量数量的 10 倍左右较为合适[25]。基于此,本书选择山东省 16 地市近十年数据集作为样本数据,共计 160 个样本。鉴于样本数据的单位不统一,采用极值标准化处理。处理公式为:

$$X' = \frac{X - X_{\min}}{X_{\max} - X_{\min}} \tag{2-1}$$

其中,X 代表标准化前的值,X' 代表标准化后的值,$X_{\min}$ 代表样本最小值,$X_{\max}$ 代表样本最大值。

将标准化之后的样本数据导入 Amos 24.0 软件中,即可输出模型检验结果及路径分析结果。

2.1.2 系统动力学构建

2.1.2.1 子系统划分及变量确定

将能源消费系统分为能源、经济、碳排放和人口子系统,将系统中的变量(根据变量对系统的作用性质)分为状态变量、速率变量和辅助变量,具体如表 2-2 所示。

表 2-2 SD 模型各子系统及其对应不同类型的变量

变量类型	能源子系统	经济子系统	碳排放子系统	人口子系统
状态变量	石油消费量	GDP	碳排放量	人口总量
	煤炭消费量			
	天然气消费量			

续表

变量类型	能源子系统	经济子系统	碳排放子系统	人口子系统
速率变量	石油消费增量 煤炭消费增量 天然气消费增量	GDP 变化量	碳排放增加量 碳排放减少量	人口增减
辅助变量	煤炭强度	GDP 增长率	煤炭碳排放量	人口自然增长率
	煤炭强度效应	第一产业占比	煤炭碳排放系数	城镇化率
	GDP 效应-c	第二产业占比	石油碳排放量	人均生活能耗
	GDP 效应-o	第三产业占比	石油碳排放系数	生活能耗
	石油强度	第一产业产值	天然气碳排放量	人口老龄化率
	石油强度效应	第二产业产值	天然气碳排放系数	人均可支配收入
	GDP 一阶微分	第三产业产值	碳减排目标	
	天然气强度	第一产业能源消费强度	碳减排目标完成度	
	天然气强度效应	第二产业能源消费强度	碳排放权交易市场影响因子	
	GDP 效应-g	第三产业能源消费强度	节能环保投资	
	煤炭消费占比	第一产业能耗	节能环保投资效果	
	石油消费占比	第二产业能耗	节能环保投资比重	
	天然气消费占比	第三产业能耗	节能环保投资效果系数	
	能源消费总量	生产能耗	新能源投资比重	
	电力导入量		新能源投资	
	清洁能源消费占比			
		其他		
		一次电力		

状态变量通过速率变量每年的变化累加值衡量，速率变量通过辅助变量建立逻辑方程计算得出，辅助变量通过查询相关资料得到。查询的资料主要包括山东统计年鉴[30]、中国能源统计年鉴[31]、中国环境统计年鉴[32]等各类统计年鉴以及相关文献、政府部门文件等。通过上述方法收集以上变量 2001～2020 年的历史数据作为模型模拟的基础数据，少量缺失数据通过线性拟合的方法得出，其拟合误差均在可接受范围内。以上数据如表 2-3 和表 2-4 所示。

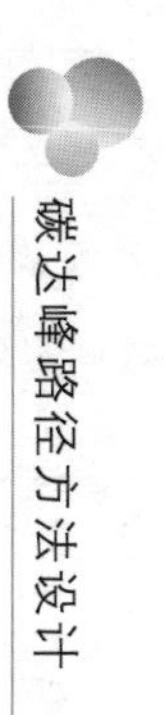

表 2-3　山东省 2001～2010 年能源消费系统基础数据

年份	2001	2002	2003	2004	2005	2006	2007	2008	2009	2010
GDP 实际值/亿元	9076.22	10076.52	10903.23	13308.08	15947.51	18967.8	22718.06	27106.22	29540.8	33922.49
GDP 增长率/%	11.75047	17.54319	25.14532	22.37311	19.26081	17.78346	20.12772	9.633818	15.64007	15.93015
第一产业占比/%	14.8	13.6	13.4	13.1	12.1	11.1	10.8	10.6	10.4	10.1
第二产业占比/%	49.2	50	52.4	55.1	55.4	55.7	55.1	55	53.9	52.2
第三产业占比/%	36	36.4	34.2	31.8	32.5	33.2	34.1	34.4	35.7	37.7
第一产业能源消费强度					0.211199	0.203992	0.192039	0.170102	0.169187	0.160498
第二产业能源消费强度					1.759604	1.643468	1.532511	1.328587	1.299127	1.209712
第三产业能源消费强度					0.55971	0.48538	0.445418	0.395749	0.381587	0.3368
总人口/万人	9024	9069	9108	9163	9212	9282	9346	9392	9449	9536
出生率/%	11.12	11.17	11.42	12.5	12.14	11.6	11.11	11.25	11.7	11.65
死亡率/%	6.24	6.62	6.64	6.49	6.31	6.1	6.11	6.16	6.08	6.26
城镇化水平/%	27.89	29.04	31.11	32.21	34.82	35.3	36.77	37.6	37.53	40.24
能源消费总量/10 kt 标煤	11649.88	13121.91	15974.5	19606.14	22044.29	24786.1	26194.99	28116.22	29535.66	30357.25
煤炭消费量/10 kt 标煤	8755.26	10738.97	12694.94	14896.75	18904.12	21304.68	23361.15	24554.17	24843.77	26709.59
人均生活能源消费量/10 kt 标煤	0.0481	0.0626	0.0675	0.0607	0.1371	0.1472	0.1606	0.1706	0.1898	0.2088

表 2-4　山东省 2011～2020 年能源消费系统基础数据

年份	2011	2012	2013	2014	2015	2016	2017	2018	2019	2020
GDP 实际值/亿元	39064.93	42957.31	47344.33	50774.84	55288.79	58762.46	63012.1	66648.87	70540.48	73129
GDP 增长率/%	10.35862	10.4389	7.606508	6.139503	6.368756	6.931891	5.280601	5.165232	5.839	3.669
第一产业占比/%	9.6	9.4	9.4	9.2	8.9	8.2	7.7	7.4	7.3	7.3
第二产业占比/%	52.1	49.5	47.8	46.4	44.9	43.5	42.7	41.3	39.9	39.1
第三产业占比/%	38.3	41.1	42.8	44.4	46.2	48.3	49.6	51.3	52.8	53.6
第一产业能源消费强度	0.146966	0.11686	0.149901	0.129772	0.133757	0.141476	0.141868	0.138658	0.13648	0.135489
第二产业能源消费强度	1.159514	1.118239	1.072122	0.968772	0.978777	0.960787	0.89595	0.88512	0.86514	0.856412
第三产业能源消费强度	0.307226	0.298492	0.261323	0.157657	0.148626	0.13822	0.136007	0.135845	0.133565	0.132548
总人口/万人	9591	9580	9612	9747	9822	9921	10009	10077	10106	10165
出生率/%	11.5	11.9	11.41	14.23	12.55	17.89	17.54	13.26	11.77	8.55
死亡率/%	6.1	6.95	6.4	6.84	6.67	7.05	7.4	7.18	7.5	7.25
城镇化水平/%	41.13	43.79	46.48	49.51	52.14	54.21	57.84	58.45	61.85	63.05
能源消费总量/10 kt 标煤	31211.8	32686.7	34234.9	35352.6	39331.6	40137.9	40097.7	40580.5	41390	41826.8
煤炭消费量/10 kt 标煤	27789.23	28726.21	29191.89	28247.05	30092.6	29669.93	29151.02	28130.05	29843.26	28965.55
人均生活能源消费量/10 kt 标煤	0.1994	0.2106	0.2255	0.2342	0.3391	0.3598	0.3773	0.3893	0.3952	0.3921

2.1.2.2　系统流图及方程构建

根据不同变量间及各子系统间的逻辑关系，绘制系统流图（见图 2-2）。能源消费总量分解为生产能耗及生活能耗，生产能耗通过经济子系统求得，生活能耗通过人口子系统求得。

2.2　模型检验

2.2.1　SEM 变量信度及效度

2.2.1.1　信度检验

对 SEM 模型进行信度检验，结果如表 2-5 所示。

表 2-5　山东省能源消费 SEM 样本数据信度检验

潜变量	显变量	Cronbach's α 值	KMO 测度值	显著性概率	自由度	近似卡方值
经济发展	GDP 增长率	0.773	0.713	0	3	242.137
	第二产业占比					
	人均可支配收入					
人口分布	人口总量	0.856	0.764	0	6	196.942
	人口老龄化率					
	城镇化率					
	人口平均寿命					
能源消费	煤炭强度效应	0.784	0.841	0	3	247.956
	单位 GDP 能耗					
	一次能源消费总量					
能源结构	煤品	0.872	0.953	0	9	245.730
	油品					
	天然气					
	一次电力					
	电力净调入					
	其他					

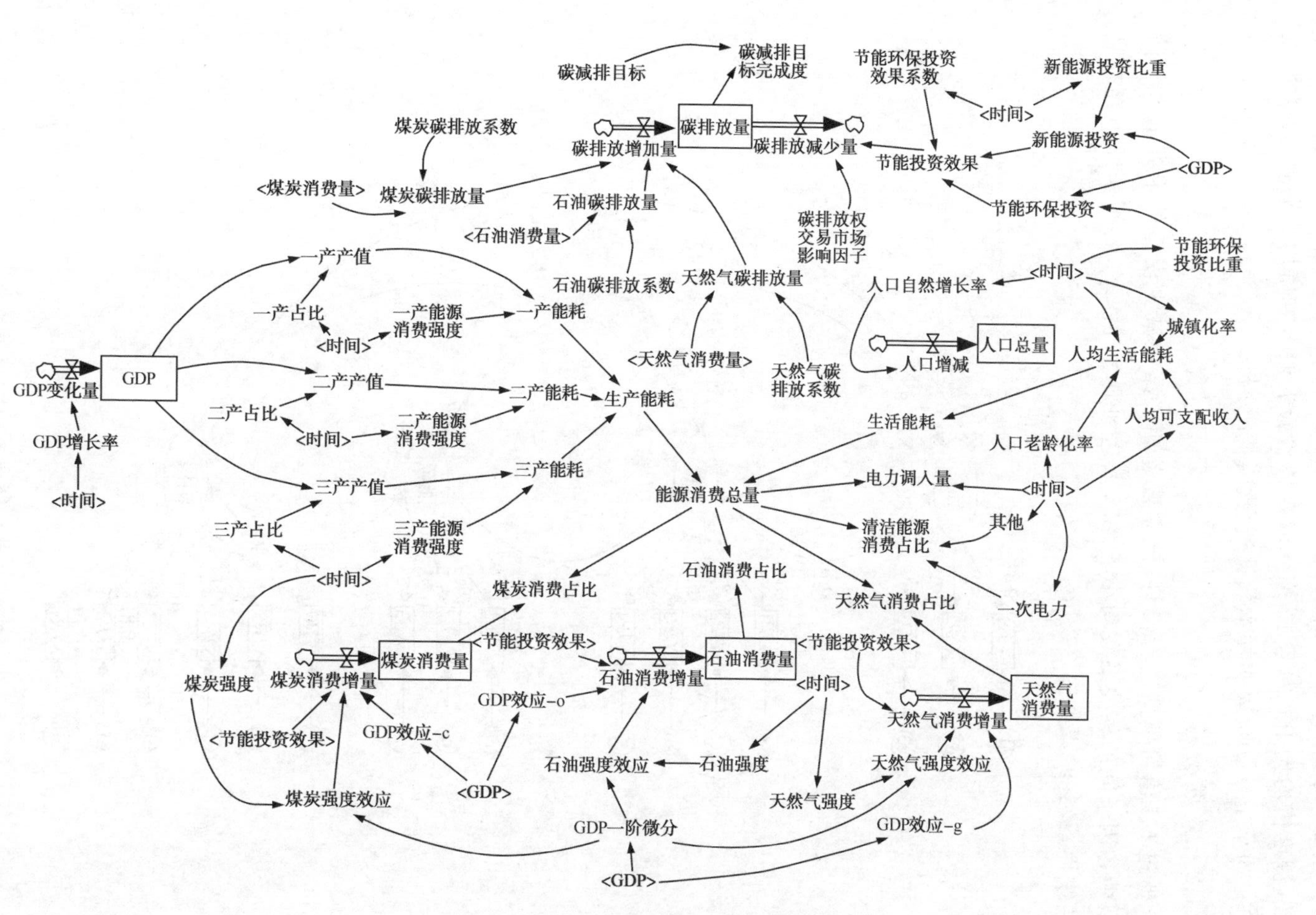

图2-2　山东省能源消费系统动力学流图

由表 2-5 分析可知，各潜变量样本数据信度均高于 0.7，信度检验通过。KMO 测度值均大于 0.7，且 Bartlett's 球体检验近似卡方值均足够大，显著性概率 Sig.均小于 0.001，表明样本数据适合作因子分析。

2.2.1.2 效度检验

通过 MI 值对模型进行修订，建立残差相关路径减少模型的卡方值。一阶模型中各因子间的相关系数均小于 0.5，未达到显著性水平，各因子间不存在高阶共线性，最终结果如图 2-3 所示。

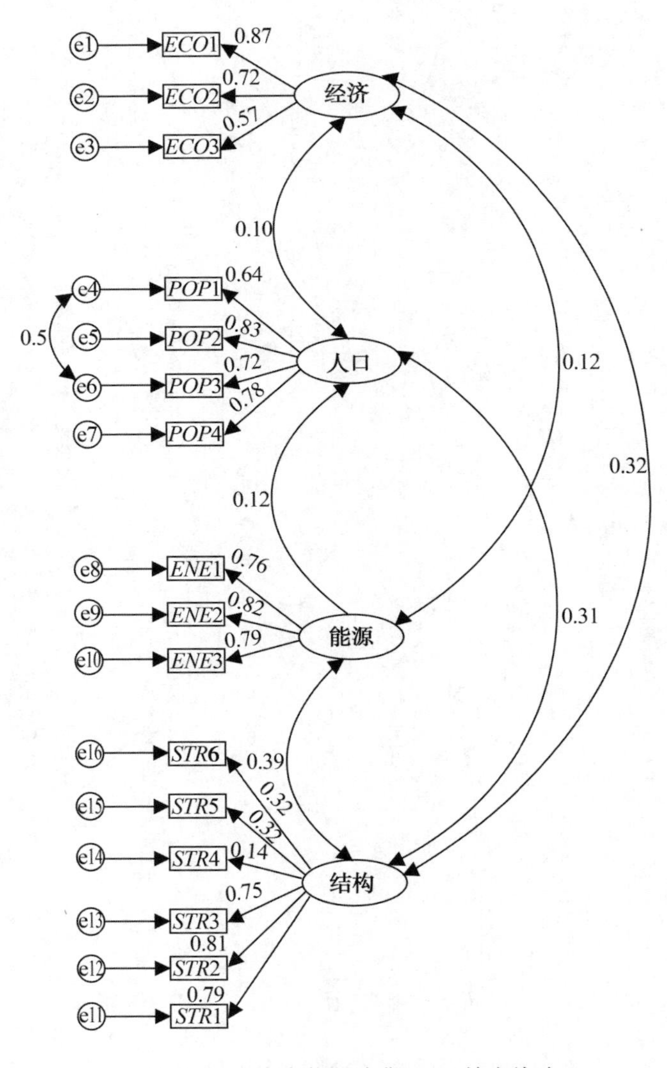

图 2-3 山东省能源消费 SEM 效度检验

以上检验说明 SEM 样本数据信度、效度均满足要求，模型不存在多阶共线性，收敛性较好，假设模型与实际模型相适配。

2.2.2　SD 真实性检验

建立 SD 模型后，需要通过模型调试和验证来确定模型的真实性，以此来判断模型是否能够用来预测未来规划年的能源消费情况。模型预测结果与 2001～2020 年的历史数据进行比较，结果如表 2-6 所示。

表 2-6　历年山东省能源消费总量模拟值与实际值

年份	能源消费总量模拟值/10 kt标煤	能源消费总量实际值/10 kt标煤	相对误差率/%
2001	11981.25	11649.88	+2.84
2002	13984.21	13121.91	+6.57
2003	14896.36	15974.50	−6.74
2004	19886.38	19606.14	+1.42
2005	21874.28	22044.29	−0.77
2006	25802.93	24786.10	+4.10
2007	26758.36	26194.99	+2.15
2008	27794.05	28116.22	−1.14
2009	28419.65	29535.66	−3.77
2010	31058.65	30357.25	+2.31
2011	31988.21	31211.80	+2.48
2012	33664.66	32686.70	+2.99
2013	34368.81	34234.90	+0.39
2014	34915.24	35352.60	−1.23
2015	38841.57	39331.60	−1.24
2016	39129.61	40137.90	−2.51
2017	41201.26	40097.70	+2.75
2018	40018.64	40580.50	−1.38
2019	41998.25	41390.00	+1.46
2020	42539.61	41826.80	+1.70

由表 2-6 分析可知，模拟结果与历年真实数据的相对误差率均在±7%以内，说明 SD 模型的仿真结果与实际情况基本吻合，该模型可以用于能源消费模拟预测。

2.3 关键变量提取

由于初始模型部分拟合指数不理想，需建立残差相关路径（e4-e6）对模型进行修正，各潜变量之间的数值表示修正后的标准化路径系数，最终 SEM 路径分析模型如图 2-4 所示，变量间路径系数如表 2-7 所示。

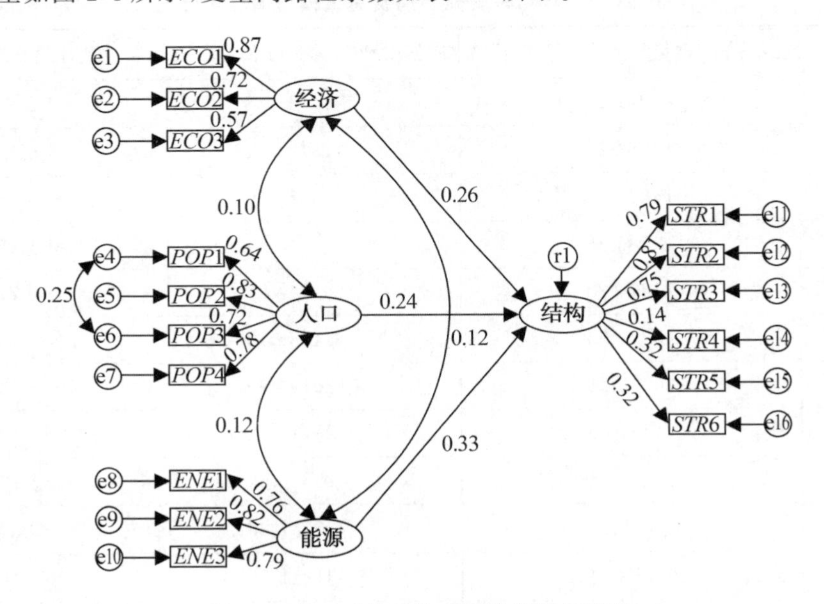

图 2-4　修正后的结构方程路径分析模型

表 2-7　山东省能源消费 SEM 路径系数

潜变量	显变量	显变量代号	因子负荷	路径系数	均一化路径系数 α
经济发展	GDP 增长率	*ECO*1	0.87	0.2262	0.402
	第二产业占比	*ECO*2	0.72	0.1872	0.333
	人均可支配收入	*ECO*3	0.57	0.1482	0.263
人口分布	人口总量	*POP*1	0.64	0.1536	0.215
	人口老龄化率	*POP*2	0.83	0.1992	0.279
	城镇化率	*POP*3	0.72	0.1728	0.242
	人口平均寿命	*POP*4	0.78	0.1872	0.262

续表

潜变量	显变量	显变量代号	因子负荷	路径系数	均一化路径系数 α
能源消费	煤炭强度效应	*ENE*1	0.76	0.2508	0.320
	单位 GDP 能耗	*ENE*2	0.82	0.2706	0.345
	能源消费总量	*ENE*3	0.79	0.2607	0.333

注：均一化路径系数 α 代表各个外生显变量对与之对应的外生潜变量的解释程度。

由图 2-4 和表 2-7 分析可知，路径系数的显变量分别为 *ECO*1、*POP*2、*ENE*2，即为影响山东省能源消费结构的主要关键调控变量，依次分别为 GDP 增长率、人口老龄化率与单位 GDP 能耗。

2.4　敏感性分析

通过敏感性分析确定影响山东省能源消费的关键变量。敏感性计算公式为：

$$\varepsilon = \frac{\dfrac{Y_2 - Y_1}{Y_1}}{\dfrac{X_2 - X_1}{X_1}} \tag{2-2}$$

其中，ε 代表各变量敏感性，X_1、X_2 代表自变量变化前后的值，Y_1、Y_2 代表因变量变化前后的值。通过改变各个辅助变量的输入值（上下浮动 5%），求得各变量敏感性。利用公式（2-2），对山东省能源消费系统进行敏感性分析，结果如图 2-5 至图 2-8 所示。

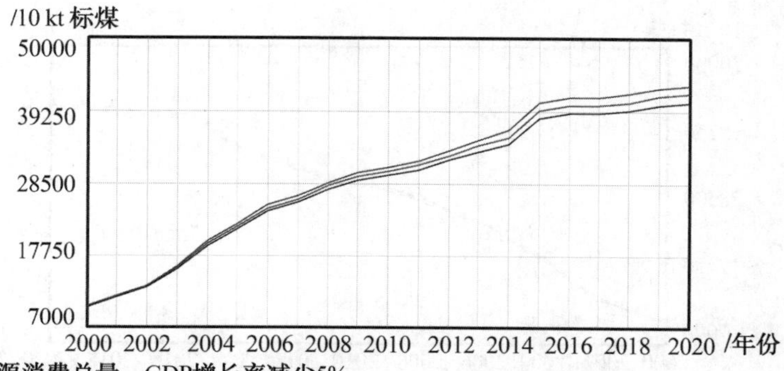

图 2-5　GDP 增长率敏感性分析图

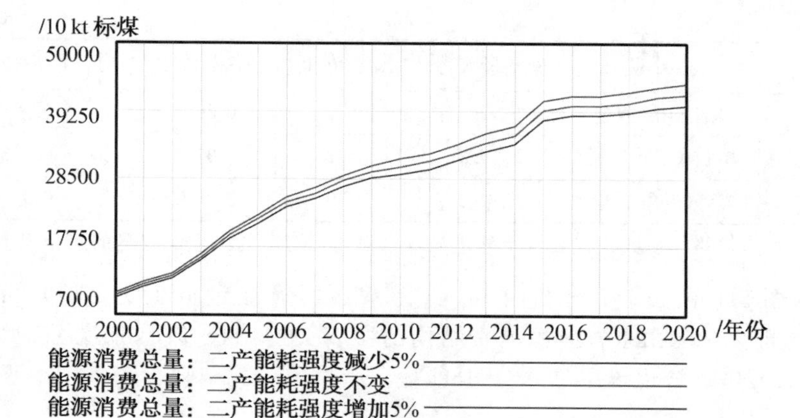

图 2-6　第二产业能源消费强度敏感性分析图

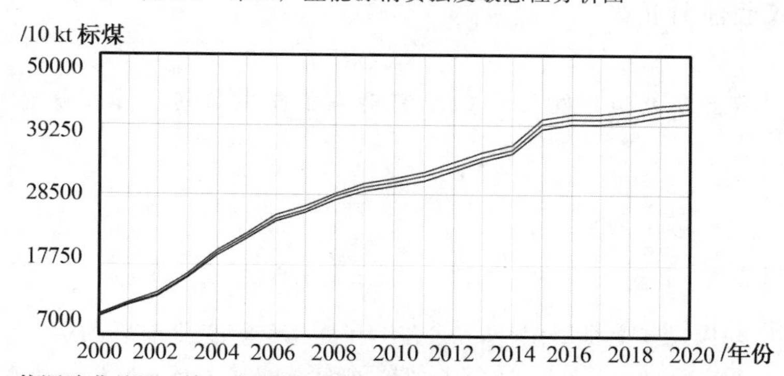

图 2-7　第二产业占比敏感性分析图

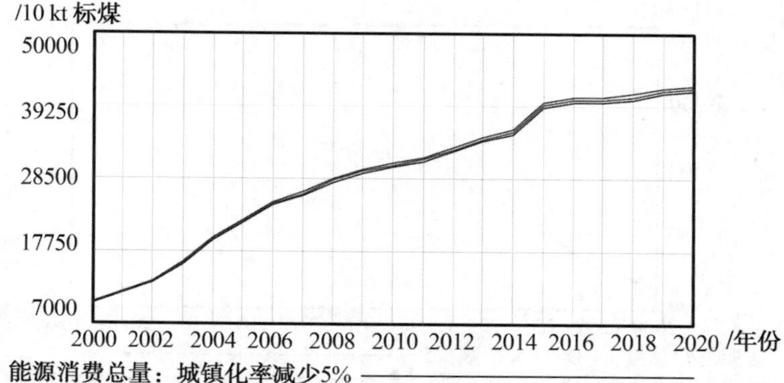

图 2-8　城镇化率敏感性分析图

由图 2-5 至图 2-8 分析可知，山东省能源消费敏感性最高的 4 个变量依次为 GDP 增长率、第二产业占比、第二产业能源消费强度和城镇化率。

2.5　情景组合发展模式设计与分析

2.5.1　情景设计关键变量的确定

将 SEM 路径分析和 SD 敏感性分析的结果进行对比，发现两种方法下影响能源消费总量的关键因素存在较大程度的重合。因此，选取这些重合的重要变量作为情景设计的关键变量，从而确保了关键变量选择的科学性和可信性。关键变量分别为 GDP 增长率、第二产业占比、第二产业能源消费强度及城镇化率，依次按代码 A、B、C、D 设置。依据调控力度大小，分别按低、中、高（L、M、H）3 种不同情景模式进行设计，具体如表 2-8 所示。

表 2-8　情景设置

情景设置	情景代号	2021 年	2022 年	2023 年	2024 年	2025 年	情景设置依据
GDP 增长率	LA	5.3%	5.2%	5.1%	5%	4.9%	GDP 增长率情景设计：山东省 GDP 增长率从 2011 年的 10.7%降低到 2019 的 5.5%，有研究表明未来发展年份山东省 GDP 增长率仍会有所下降，有望保持在 4.5%～5.5%。综合考虑山东省经济发展速度及压减煤炭任务的前提下，将 L 情景下的 GDP 增长率设置为从 5.3%递减至 4.9%，M 情景下从 5.1%递减至 4.7%，H 情景下从 4.9%递减至 4.5%
	MA	5.1%	5%	4.9%	4.8%	4.7%	
	HA	4.9%	4.8%	4.7%	4.6%	4.5%	
第二产业占比	LB	37.1%	35.9%	34.7%	34.3%	32.1%	第二产业占比及其能源消费强度情景设计：由《山东省煤炭消费压减工作总体方案（2019～2020 年）》《山东省 2018～2020 年煤炭消费减量替代工作方案》等政府文件及相关文献分析，山东省近几年正进行产业结构优化调整，淘汰落后产能，促进能效水平提高，因此第二产业占比、第二产业
	MB	35.9%	34.7%	34.3%	32.1%	31.9%	
	HB	34.7%	34.3%	32.1%	31.9%	31.7%	

续表

情景设置	情景代号	2021 年	2022 年	2023 年	2024 年	2025 年	情景设置依据
第二产业能源消费强度	LC	0.669	0.627	0.585	0.543	0.501	能源消费强度在未来规划年均会有所降低，呈逐年递减趋势。因此，L 情景下，第二产业占比从 37.1%降至 32.1%，第二产业能源消费强度从 0.669 降至 0.501；M 情景下，第二产业占比从 35.9%降至 31.9%，第二产业能源消费强度从 0.627 降至 0.459；H 情景下，第二产业占比从 34.7%降至 31.7%，第二产业能源消费强度从 0.585 降至 0.417
	MC	0.627	0.585	0.543	0.501	0.459	
	HC	0.585	0.543	0.501	0.459	0.417	
城镇化率	LD	64.05%	65.05%	66.05%	67.05%	68.05%	城镇化率情景设计：查询山东省统计年鉴、中国城市统计年鉴等相关资料，获取 2000～2020 年的相关历史数据，2020 年年底，山东常住人口城镇化率达到 63.05%，比 2015 年提高 6 个百分点，“十三五”期间年均提高 1.2 个百分点，城镇化呈现速度和质量“双升”的良好局面。因此 M 情景下，“十四五”期间山东省城镇化率年增长 1.2%；L 情景下，“十四五”期间山东省城镇化率年增长 1%；H 情景下，“十四五”期间山东省城镇化率年增长 1.4%
	MD	64.25%	65.45%	66.65%	67.85%	69.05%	
	HD	64.45%	65.85%	67.25%	68.65%	70.05%	

对以上 4 种情景要素的不同设计方案进行两两组合，通过剔除重复、与实际相矛盾或是无分析意义的情景组合，最终形成具有代表性的 21 种情景组合方案，以此代表未来规划年可能出现的发展模式（见表 2-9）。此外，为便于比较分析各种不同的情景组合方案，设置了参照情景（3 种极端情况，实际情况中难以出现，主要是为了和其他情景模式进行对比），即 LA-LB-LC-LD、MA-MB-MC-MD、HA-HB-HC-HD。

表 2-9　不同梯度下关键变量的若干情景组合方案

参照情景	经济偏好	产业偏好	社会偏好
LA-LB-LC-LD	HA-LB-HC-LD	LA-HB-HC-LD	MA-HB-LC-HD
MA-MB-MC-MD	HA-LB-HC-HD	LA-HB-HC-HD	MA-HB-MC-HD
HA-HB-HC-HD	HA-MB-HC-LD	MA-HB-HC-LD	LA-LB-HC-HD
	HA-MB-HC-HD	MA-HB-HC-HD	LA-MB-HC-HD
	HA-LB-LC-HD	LA-HB-LC-HD	MA-LB-HC-HD
	HA-MB-LC-HD	LA-HB-MC-HD	HA-HB-MC-HD

2.5.2　基于 SEM 与 SD 耦合的情景分析

利用 SD 模型预测了参照情景和 3 种不同偏好情景未来规划年能源总量、碳排放量和各项能源消费占比，具体分析结果如表 2-10 至表 2-13 所示。

2.5.2.1　参照情景分析

利用 SD 模型对参照情景模式下的能源结构调控结果进行预测，结果如表 2-10 所示。

表 2-10　2025 年参照情景下各参数的模拟值

参照情景	能源消费总量/10 kt 标煤		煤炭消费占比/%		石油消费占比/%		天然气消费占比/%		清洁能源消费占比/%		碳排放量/10 kt	
年份	2020	2025	2020	2025	2020	2025	2020	2025	2020	2025	2020	2025
LA-LB-LC-LD	41876.93	45358.17	66.84	55.89	13.61	13.95	5.83	9.18	7.4	13.25	25567.90	24735.24
MA-MB-MC-MD	41876.93	45124.94	66.84	54.46	13.61	13.68	5.83	9.34	7.4	14.32	25567.90	24081.29
HA-HB-HC-HD	41876.93	4419.66	66.84	53.12	13.61	13.48	5.83	9.51	7.4	15.26	25567.90	23498.36

由表 2-10 分析可知，在 LA-LB-LC-LD 情景组合模式下，能源消费总量依然在迅速增长，煤炭消费占比压减力度较小，2025 年的煤炭消费占比仍有

55.89%,清洁能源的开发力度不够大,碳排放量过高。该情景的4项指标都不利于优化能源结构,是最差的发展模式。在MA-MB-MC-MD情景组合模式下,能源消费总量增速放缓,煤炭消费占比压减效果较好,2025年的煤炭消费占比压减至54.46%,清洁能源消费占比达到14.32%,天然气消费占比获得较快增长,达到9.34%,碳排放量较高。该情景的4项指标都取中等梯度,是最中庸的发展模式。在HA-HB-HC-HD情景组合模式下,能源消费总量得到有效控制,煤炭消费占比压减效果显著,2025年的煤炭消费占比仅有53.12%,清洁能源得到有效利用,其消费占比达到15.26%,天然气消费占比快速增长,达到9.51%,碳排放量得到了较为有效的控制。该情景的4项指标都最有利于优化能源结构,但其实现难度最大。

2.5.2.2 经济偏好下的情景模拟

利用SD模型对经济偏好情景组合模式下的能源结构调控结果进行预测,结果如表2-11所示。

表2-11 2025年经济偏好下各情景组合模拟情况

经济偏好	能源消费总量/10 kt标煤		煤炭消费占比/%		石油消费占比/%		天然气消费占比/%		清洁能源消费占比/%		碳排放量/10 kt	
年份	2020	2025	2020	2025	2020	2025	2020	2025	2020	2025	2020	2025
HA-LB-HC-LD	41876.93	45051.31	66.84	53.86	13.61	13.69	5.83	9.35	7.4	14.72	25567.90	23842.32
HA-LB-HC-HD	41876.93	44934.43	66.84	53.69	13.61	13.62	5.83	9.41	7.4	14.93	25567.90	23716.39
HA-MB-HC-LD	41876.93	44996.12	66.84	53.74	13.61	13.68	5.83	9.37	7.4	14.84	25567.90	23773.70
HA-MB-HC-HD	41876.93	44907.64	66.84	53.54	13.61	13.51	5.83	9.46	7.4	15.02	25567.90	23632.47
HA-LB-LC-HD	41876.93	45157.47	66.84	54.36	13.61	13.72	5.83	9.30	7.4	14.58	25567.90	24066.99
HA-MB-LC-HD	41876.93	45118.31	66.84	54.12	13.61	13.71	5.83	9.32	7.4	14.61	25567.90	23965.67

经济偏好下的情景组合主要侧重通过控制GDP增长率来达到调控能源消费结构的目的。由表2-11分析可知，HA-MB-HC-HD的能源消费结构优化效果最佳，煤炭、石油、天然气及清洁能源的消费之比为53.54∶13.51∶9.46∶15.02。其中，煤炭消费占比实现了较大幅度的压减，天然气及清洁能源消费占比也获得了较大幅度的提升。但考虑到该情景组合模式下的清洁能源消费占比是所有情景中最高的，实现起来难度较大，因此不是最佳选择。而基于HA-MB-HC-LD情景组合模式下预测的煤炭、石油、天然气及清洁能源的消费之比为53.74∶13.68∶ 9.37∶14.84，煤炭消费占比等各项指标均超额完成了山东省能源发展"十四五"规划的基本要求，并且清洁能源也得到了较快的发展。因此，HA-MB-HC-LD是经济偏好下的适宜情景发展模式。

2.5.2.3　产业偏好下的情景模拟

利用SD模型对产业偏好情景组合模式下的能源结构调控结果进行预测，结果如表2-12所示。

表2-12　2025年产业偏好下各情景组合模拟情况

产业偏好	能源消费总量/10 kt标煤		煤炭消费占比/%		石油消费占比/%		天然气消费占比/%		清洁能源消费占比/%		碳排放量/10 kt	
年份	2020	2025	2020	2025	2020	2025	2020	2025	2020	2025	2020	2025
LA-HB-HC-LD	41876.93	45096.45	66.84	54.06	13.61	13.72	5.83	9.34	7.4	14.63	25567.90	23940.29
LA-HB-HC-HD	41876.93	44911.57	66.84	53.59	13.61	13.57	5.83	9.43	7.4	15.02	25567.90	23661.25
MA-HB-HC-LD	41876.93	44973.26	66.84	53.66	13.61	13.63	5.83	9.39	7.4	14.93	25567.90	23725.29
MA-HB-HC-HD	41876.93	44885.43	66.84	53.47	13.61	13.47	5.83	9.48	7.4	15.11	25567.90	23590.54
LA-HB-LC-HD	41876.93	45135.37	66.84	54.21	13.61	13.75	5.83	9.32	7.4	14.61	25567.90	24016.02
LA-HB-MC-HD	41876.93	45028.15	66.84	53.78	13.61	13.68	5.83	9.37	7.4	14.82	25567.90	23804.24

产业偏好下的情景组合侧重通过调整第二产业占比与第二产业能源消费强度来达到调控能源消费结构的目的。由表 2-12 分析可知，到 2025 年，产业偏好下的所有情景组合中，能源消费结构优化效果最佳的情景为 MA-HB-HC-HD。该情景组合模式下的煤炭、石油、天然气及清洁能源的消费之比为 53.47∶13.47∶9.48∶15.11。其中，煤炭及石油消费占比获得了较大幅度的压减，而天然气及清洁能源消费占比相比较其他情景组合发展模式也获得了较大幅度的提升，但实现起来困难最大，因此不是最佳选择。而基于 MA-HB-HC-LD 情景组合模式下预测的煤炭、石油、天然气及清洁能源的消费之比为 53.66∶13.63∶9.39∶14.93，煤炭消费占比等各项指标均超额完成了山东省能源发展“十四五”规划的基本要求，并且清洁能源也得到了较快的发展。因此，MA-HB-HC-LD 是产业偏好下的适宜情景发展模式。

2.5.2.4 社会偏好下的情景模拟

利用 SD 模型对社会偏好情景组合模式下的能源结构调控结果进行预测，结果如表 2-13 所示。

表 2-13 2025 年社会偏好下各情景组合模拟情况

社会偏好	能源消费总量/10 kt标煤		煤炭消费占比/%		石油消费占比/%		天然气消费占比/%		清洁能源消费占比/%		碳排放量/10 kt	
年份	2020	2025	2020	2025	2020	2025	2020	2025	2020	2025	2020	2025
MA-HB-LC-HD	41876.93	45065.61	66.84	53.99	13.61	13.74	5.83	9.33	7.4	14.66	25567.90	23903.33
MA-HB-MC-HD	41876.93	44949.46	66.84	53.76	13.61	13.68	5.83	9.39	7.4	14.82	25567.90	23759.87
LA-LB-HC-HD	41876.93	45173.51	66.84	54.38	13.61	13.86	5.83	9.28	7.4	14.52	25567.90	24115.36
LA-MB-HC-HD	41876.93	45019.67	66.84	53.86	13.61	13.75	5.83	9.35	7.4	14.73	25567.90	23841.40
MA-LB-HC-HD	41876.93	45136.54	66.84	54.29	13.61	13.78	5.83	9.3	7.4	14.57	25567.90	24047.82
HA-HB-MC-HD	41876.93	44923.19	66.84	53.67	13.61	13.54	5.83	9.44	7.4	14.93	25567.90	23688.66

社会偏好下的情景组合主要侧重通过控制城镇化率来达到调控能源消费结构的目的。由表 2-13 分析可知，到 2025 年，社会偏好下的所有情景组合中，能源消费结构优化效果最佳的情景为 HA-HB-MC-HD。该情景组合模式下的煤炭、石油、天然气及清洁能源的消费之比为 53.67 ∶ 13.54 ∶ 9.44 ∶ 14.93。其中，煤炭及石油消费占比获得了较大幅度的压减，而天然气及清洁能源消费占比相比较其他情景组合发展模式也获得了较大幅度的提升，但实现起来困难最大，因此不是最佳选择。而基于 MA-HB-MC-HD 情景组合模式下预测的煤炭、石油、天然气及清洁能源的消费之比为 53.76 ∶ 13.68 ∶ 9.39 ∶ 14.82，煤炭消费占比等各项指标均超额完成了山东省能源发展“十四五”规划的基本要求，并且清洁能源也得到了较快的发展。因此，MA-HB-MC-HD 是社会偏好下的适宜情景发展模式。

2.5.3　基于 TOPSIS 的适宜情景组合发展模式分析

对上述 3 种偏好下分别得出的适宜情景进行比较分析可知，经济偏好下的适宜情景以降低经济发展速度为核心，注重通过经济速度的调整实现能源消费结构的优化，因此对于煤炭的压减效果稍微小一些。究其原因，中国目前是以能源为驱动的经济发展模式[33]，其适宜情景模式下的煤炭消费占比为 53.74%。社会偏好下的适宜情景以促进城镇化发展为核心，注重通过城镇化水平的提升以实现能源消费结构的优化，因此相较于经济偏好和产业偏好情景下的煤炭压减效果更差一些，其适宜情景模式下的煤炭消费占比为 53.76%。产业偏好下的适宜情景以调整产业结构为核心，注重通过降低第二产业比重实现能源消费结构的优化，因此对于煤炭的压减效果最大。究其原因，中国的经济结构目前偏重，第二产业是能源消费集中的部门[34]，其适宜情景模式下的煤炭消费占比为 53.66%。基于以上分析可知，不同偏好下的情景组合模式都有其优缺点，为了筛选出最优情景组合发展模式，利用 TOPSIS 对其进行量化分析，结果如表 2-14 所示。

表 2-14　各情景组合发展模式 TOPSIS 得分表

情景组合发展模式	情景组合 TOPSIS 得分	TOPSIS 得分排序
经济偏好下 HA-MB-HC-LD	0.1696	3
产业偏好下 MA-HB-HC-LD	0.6765	1
社会偏好下 MA-HB-MC-HD	0.5282	2

由表 2-14 分析可知，产业偏好下的适宜情景 MA-HB-HC-LD 的 TOPSIS 得分最高，是能源消费结构选择的最优情景。究其原因，相较于其他两种情景组合发展模式下预测的规划年煤炭消费占比最低并且二氧化碳排放量也最少，分别为 53.66％和 237.2529 Mt。此外，该情景发展模式的另一个主要特征是追求未来规划年的能源消费强度最低。基于积极发展新能源和可再生能源是实现能源消费强度降低的有效途径，因此相较于其他两种情景组合发展模式清洁能源消费占比最高，为 14.92％。同时，还发现该模式经济发展速度适中，很好地体现了我国追求高质量经济发展的内在要求，也较好地体现了通过产业结构调整和能源结构调整是实现“3060”目标的根本要求。基于以上分析可知，产业偏好下的适宜情景 MA-HB-HC-LD 贴近我国当前发展实际，是山东省实现能源结构优化追求的最优情景发展模式。

2.6 结论

在耦合 SEM 路径分析和基于 SD 模型敏感性分析结果的基础上，本书确定可信度高的影响山东省能源消费的情景设计关键变量，并构建了由参照情景和基于不同偏好组成的若干情景组合方案。利用 SD 预测模型，预测不同情景方案下山东省未来规划年能源消费量，探讨实现最适宜产业结构的发展模式。研究结论可为山东省政府作出与能源消费相关的决策提供建议和依据，同时该方法学体系也可为类似领域的研究提供参考与借鉴。

将 3 种不同偏好下的情景组合方案对比分析发现，产业偏好下的 MA-HB-HC-LD 情景以调整产业结构为核心，通过适度发展经济和降低能源消费强度，使未来规划年煤炭、石油、天然气及清洁能源的消费之比达到了 53.66：13.63：9.39：14.93，不仅实现了山东省能源发展“十四五”规划的基本要求，而且也有效降低了碳排放总量。该模式贴近山东省发展实际，是追求能源消费结构优化的最优情景发展模式。因此，建议山东省在“十四五”期间 GDP 平均增长率适宜发展区间为 4.7％～5.1％；第二产业占比适宜发展区间为 31.7％～34.7％；第二产业能源消费强度适宜发展区间为 0.417～0.585；城镇化率适宜发展区间为 64.05％～68.05％。

SD 建模过程中存在一些不确定性系数，情景设计中对于低、中、高方案中的相关参数的选取是基于相关规划和专家咨询的结果，以上存在的问题给研究带来了一定的不确定性，希望该领域的研究引起学者们的关注，对其作进一步的补充和完善。

参考文献

［1］Wang，H.L.，Huang，X.D.，Zhao，X.F.，et al. Key Global Climate Governance Problems and Chinese Countermeasures［J］. Chinese Journal of Population，Resources and Environment，2021，19:125-132.

［2］Du，W. Low Carbon Economy and the Development of Petroleum and Petrochemical Industry in China［J］. International Petroleum Economy，2010，(01):32-37.

［3］Zeng，J.J.，Tong，W.S.，Tang，T. How Do Energy Policies Affect Industrial Green Development in China：Renewable Energy，Energy Conservation，or Industrial Upgrading？［J］. Chinese Journal of Population，Resources and Environment，2020，18:79-86.

［4］Muhammad，B.，Khan，M.K. Foreign Direct Investment Inflow，Economic Growth，Energy Consumption，Globalization，and Carbon Dioxide Emission around the World［J］. Environmental Science and Pollution Research，2021，28:55643-55654.

［5］Zia，S.，Rahman，Mu.，Noor，Muhammad.，et al. Striving towards Environmental Sustainability：How Natural Resources，Human Capital，Financial Development，and Economic Growth Interact with Ecological Footprint in China［J］. Environmental Science and Pollution Research，2021，28:52499-52513.

［6］Han，P.，Lin，X.，Zeng，N.，et al. Province-Level Fossil Fuel CO_2 Emission Estimates for China Based on Seven Inventories［J］. Journal of Cleaner Production，2020，277:123377.

［7］Yang，H.，Lu，Z.，Shi，X.，et al. How Well Has Economic Strategy Changed CO_2 Emissions？Evidence from China's Largest Emission Province［J］. Science of the total Environment，2021，774:146575.

［8］Chen，Y.，Chen，A.T.，Zhang，D.N. Evaluation of Resources and Environmental Carrying Capacity and Its Spatial-Temporal Dynamic Evolution：A Case Study in Shandong Province，China［J］. Sustainable Cities and Society，2022，82:103916.

［9］Zhou，Y.，Zeng，K. Analysis of Energy Consumption in Shandong Province Based on Complete Decomposition Model［J］. Energy Procedia，2011，5:1647-1653.

［10］Wang，H.F. Policy Analysis and Prospect of Coal-Fired Industrial

Boilers in China[J]. Clean Coal Technology, 2020, 26(02):1-6.

[11]Xia, C.X., Wang, Z.L., Xia, Y.H. The Drivers of China's National and Regional Energy Consumption Structure under Environmental Regulation [J]. Journal of Cleaner Production, 2021, 285:124913.

[12]Tang, Z.P., Yu, Z.P., Chen, M.X.,et al. Scenario Analysis of Peak Carbon Neutralization in China Based on Extreme Value of Function[J]. Journal of Natural Resources, 2022, 37(05):1247-1260.

[13]Li, S.C., Xiao, J.D., Wang, Z.B. Influence Factors of Household Energy Consumption and Carbon Emission Structure: Empirical Analysis Based on PLS Structural Equation Model[J]. Soft Science, 2020, 34(02): 117-123.

[14]Li, K., Guo, X., Dai, W.,et al. Numerical Simulation of A Low Temperature Hybrid Refrigerator Combining GM Gas Expansion Refrigeration with Magnetic Refrigeration[J]. Cryogenics, 2021, 113:103235.

[15]Li, Y.M., Zhang, Z.P., Jing, Y.Y.,et al. Forecasting of Reducing Sugar Yield from Corncob After Ultrafine Grinding Pretreatment Based on GM (1, N) Method and Evaluation of Biohydrogen Production Potential [J]. Bioresource Technology, 2022, 348:126836.

[16]Jia, B., Zhou, J., Zhang, Y.,et al. System Dynamics Model for the Coevolution of Coupled Water Supply-Power Generation-Environment Systems: Upper Yangtze River Basin, China[J]. Journal of Hydrology, 2021, 593:125892.

[17]Schoenenberger, L., Schmid, A., Tanase, R., et al. Structural Analysis of System Dynamics Models[J]. Simulation Modelling Practice and Theory, 2021, 21:102333.

[18]Chen, B., Liu, Q., Chen, H.,et al. Multi Objective Optimization of Building Energy Consumption Based on BIM-DB and LSSVM-NSGA-Ⅱ[J]. Journal of Cleaner Production, 2021, 294:126153.

[19]Sun, X., Zhao L., Zhang, P., et al. Enhanced NSGA-Ⅱ with Evolving Directions Prediction for Interval Multi-Objective Optimization[J]. Swarm and Evolutionary Computation, 2019, 49:124-133.

[20]Li, X.Y., Li, X.H., Huang, M. Energy Consumption and Energy Consumption Structure Forecast in Shandong Province Based on Grey GM (1, 1) Model[J]. Environment and Sustainable Development, 2012, 37(05):67-72.

[21] He, Z., Zhou, Y. N., Liu, Y. System Dynamics Simulation of China's Energy Consumption Structure in 2050 Based on Transition Scenarios of Key Industries[J]. Journal of Natural Resources, 2020, 35(11):2696-2707.

[22]Jing, D., Dai, L., Hu, H., et al. CO_2 Emission Projection for Arctic Shipping: A System Dynamics Approach[J]. Ocean and Coast Management, 2021, 205:105531.

[23] Long, H. D., Lei, Y. T. Analysis of Middle Class Consumption Behavior Based on Structural Equation Model[J]. Operation and Management, 2021, 12(03):71-75.

[24] Kursunoglu, N., Onder, M. Application of Structural Equation Modeling to Evaluate Coal and Gas Outbursts[J]. Tunnelling and Underground Space Technology, 2019, 88:63-72.

[25]Shao, M., Hui, X.Y., Yan, G.H. Study on the Path of Total Coal Consumption Control in Shandong Province[J]. Energy of China, 2020, 42 (02):44-47.

[26]Wang, J., Feng, L., Zhao, L., et al. A Comparison of Two Typical Multi Cyclic Models Used to Forecast the World's Conventional Oil Production [J]. Energy Policy, 2011, 39:7616-7621.

[27]Wang, Q., Li, S., Li, R. Forecasting Energy Demand in China and India: Using Single-Linear, Hybrid-Linear, and Non-Linear Time Series Forecast Techniques[J]. Energy, 2018, 161:821-831.

[28]Lane, D.C. Should System Dynamics be Described asA "Hard" or "Deterministic" Systems Approach? [J]. System Research of Behavier Science, 2000, 17:3-22.

[29]Selvakkumaran, S., Ahlgren, E.O. Review of the Use of System Dynamics (SD) in Scrutinizing Local Energy Transitions[J]. Journal of Environment Management, 2020, 272:111053.

[30]山东省统计局. 山东统计年鉴 2020[EB/OL]. (2021-06-30)[2021-12-24].http://tjj.shandong.gov.cn/tjnj/nj2020/zk/indexch.htm.

[31]国家统计局. 中国能源统计年鉴 2013[EB/OL]. (2014-07-30)[2021-12-24].https://www.yearbookchina.com/navibooklist-n3020013309-1.html.

[32]国家统计局. 中国环境统计年鉴 2007[EB/OL]. (2008-07-30)[2021-12-24]. http://www.stats.gov.cn/ztjc/ztsj/hjtjzl/2007/.

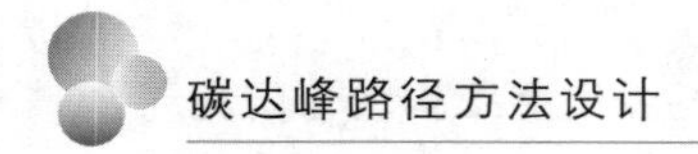

[33]Feng，J.C.，Zeng，X.L.，Yu，Z.，et al. Status and Driving Forces of CO_2 Emission of the National Low Carbon Pilot：Case Study of Guangdong Province during 1995-2015[J]. Energy Procedia，2019，158:3602-3607.

[34]Zhang，W.，Li，K.，Zhou，D.Q.，et al. Decomposition of Intensity of Energy-Related CO_2 Emission in Chinese Provinces Using the LMDI Method [J]. Energy Policy，2016，92:369-381.

第3章　碳达峰路径之产业结构调整优化研究

3.1　产业结构调整优化背景

能源是当前经济增长的重要引擎,同时也是碳排放的重要来源。近40年来,全球GDP从1978年的263010亿美元增加到2018年的826350亿美元,增长了三倍多。与此同时,一次能源消耗量却比以往翻了一番[1]。中国也不例外,自改革开放以来,经济发展年平均速度为9.7%,而能源消费总量由1978年的571.44 Mt标煤,上升为2018年的4640 Mt标煤[2],能源消耗近十年连续位居世界第1位。截至2018年,全国单位GDP能耗为0.570 tce/万元,采用汇率法换算后,能源强度是世界平均水平的1.8倍、美国的2.5倍、欧盟的3.3倍、日本的4.3倍[3]。对能源的大幅需求,导致化石资源日益枯竭,而化石能源的快速消耗也会给环境造成较大影响[4-6]。其中,备受关注的温室气体浓度的迅速上升与化石能源的消耗有着密切关联[7]。为此,关于如何保持经济稳定增长的同时减少对能源消费的依赖,从而减缓对温室效应的影响,世界各国对目前的经济发展模式都进行了反思[8-10]。各国普遍认为改善产业结构尤其是增加第三产业比重是缓解经济和能源发展矛盾的有效途径[11-13]。此外,提升产业能效水平,增加新能源与可再生能源的消费比例,也是缓解上述矛盾的有效措施之一[14-16]。在这样的前提背景下,如何在有效统筹经济发展与能源消耗关系的基础上,以产业结构调整和产业能效水平提升为研究对象,对其作出合理的决策,是中国政府在推进高质量经济发展模式中必须正视的一个关键环节,也是学者们研究关注的一个热点问题。

基于上述研究背景,许多学者对高耗能行业的节能技术水平相继开展了研究[17-19]。如张(Zhang)等人开发了一个集成的关系评估工具来增强能效(EE)政策分析,认为中国京津冀地区水泥行业实施所有可利用的最佳技术以提高能效,可以节省23%的能源[20]；薛(Xue)等人研究认为通过煤预干燥处理，发电厂净效率可提升0.6%～0.9%[21]；韩(Han)等人回顾了复杂石化行业能效评价方法，为复杂石化行业的节能减排提出了有效的理论指导[22]。上述研究是以直接能源效率为研究对象开展的。一些学者认为在产品生产过程中，中间环节也会造成间接能源消耗，所以核算产业的隐藏能源效率，应更能反映产业能源消耗真实情况[23]。对隐藏能源的研究较为丰富，研究方法主要有基于投入产出(I-O)模型、过程分析模型、混合模型的方法以及统计分析法等。每种方法都有其局限性，其中I-O模型因引入较多假设导致分析结果合理性欠佳，但其综合考虑了整个行业的投入产出数据，相比于其他方法，其分析更为完整[24]。如常(Chang)等人通过投入产出生命周期评估(IO-LCA)计算该模型分解的计算结构对隐藏能源消耗的影响，构建了中国建筑行业的能源链[25]。谢泼德(Shepard)等人构建了世界上136个经济体之间混合投入产出数据库，比较了直接能源与间接能源的能源安全指标，发现世界上23%的隐藏能源网络是由间接能源贸易构成的[26]。无论是减少直接能源消耗还是间接能源消耗，通过改进技术来降低能源强度是一个长期且较为困难的方法。因此，有些学者认为通过产业结构调整，优化整体能源经济体系，同样可以改善能源经济效益。谭忠富等人采用状态空间模型和线性协整，发现第三产业的GDP占比升高能有效降低能源强度[27]。祁志新等人通过分解分析发现，结构变化是降低能量强度的主要因素[28]。胡(Hu)等人构建了一种广义约化梯度法寻求工业园区的最佳产业结构，发现通过优化产业结构，园区经济将在五年内实现186%的增长，污染物也将减少30%[29]。与此同时，在对产业结构分析的研究中，I-O模型作为描述产业间具体经济关系重要的工具也受到了广泛的运用。随着研究的进一步深入，产业结构调整中的多目标问题也引起了学者们的重视，一些学者通过引入多目标优化模型获得优化方案[34]。如于(Yu)等基于动态投入产出模型与多目标优化模型研究产业结构调整对中国节能目标的影响，经优化后，能源强度相比2015年水平下降约17%[35]。江(Jiang)等人提出了一种基于消费视角的多目标优化模型，相比于生产视角的模型，可以以相对较小的产业结构调整来实现经济增长和节能目标[36]。然而，尽管目前对多目标投入产出模型已有较多的研究，但研究中给出的产业结构调整方案还是较为粗放的，如何基于现有产业情况给出更为精准的产业结构调整方案，同时使决策者在决策过程中能有较大的决策空间，仍有待解决。并且在对多目标投入产出模型的使用中，有些学者引入松弛变量对难以计算的公式进行转换[37]，但缺少对于松弛变量的解释与讨论，使得模型缺乏严谨性和确定性。

基于以上分析，本章提出了一种两阶段优化方法。首先通过指标评价模型

对产业的能源经济效益进行初步定性评价，以此作为约束依据并综合考虑规模调整对现有产业结构的影响，构建了“能源—经济—产业变化率”的多目标优化模型，优化得到每个具体产业规模的调整范围方案。以优化结果为基础，通过敏感性分析从能源效率角度识别影响能源经济系统的关键产业。最后针对研究过程中可能存在的公式松弛问题，提出合理解释。为验证上述研究思路的可行性，本书以中国 2017 年的产业结构为例，为其调整与能效提升方案提供了相应对策和建议。

3.2　方法及数据

3.2.1　数据来源及参数选择

投入产出数据来自中国 2017 年投入产出表[38]。该表包含 149 个产业。为匹配能源消耗数据，本书将 149 个产业合并为 31 个产业，并按照产业类型进行编码、排序，如表 3-1 所示。能源数据来自中国能源统计年鉴[39]。投入产出表中数据单位为万元。能源消耗量单位为 10^4 tce，煤炭消耗量单位为 10^4 t。

表 3-1　产业分类

部门编码	部门合并	投入产出表部门
1	煤炭开采和洗选业	煤炭开采和洗选业
2	石油和天然气的开采	石油和天然气的开采
3	化石燃料产品	精炼石油和核燃料产品
		煤炭加工产品
4	电力产品	电力产品
5	燃气产品	燃气产品
6	农业	农产品
		林产品
		畜牧产品
		渔产品
		农业服务
7	金属矿石的开采	黑色金属矿石的开采
		有色金属矿石的开采

续表

部门编码	部门合并	投入产出表部门
8	非金属矿石及其他矿物开采	非金属矿石的开采
		其他采矿业
9	食品加工和烟草生产	粮机产品
		饲料加工
		加工植物油
		糖和糖制品
		肉类加工
		加工水产品
		蔬菜、水果、坚果和其他加工过的农产品
		方便食品
		乳制品
		调味及发酵产品
		其他食品
		酒精和葡萄酒
		饮料
		精制茶
		烟制品
10	纺织产品	棉、化纤纺织品及印染整理产品
		毛纺及染整整理产品
		麻、丝纺织品
		针织或钩针制品
		纺织产品
11	纺织、服装、皮革、毛皮、羽毛产品和鞋类	纺织品服装
		皮革、毛皮及羽毛制品
		鞋类
12	木制品及家具行业	木制品及家具行业
		家具

续表

部门编码	部门合并	投入产出表部门
13	纸张、印刷、教育、艺术、体育和娱乐产品	纸制品
		印刷业
		工艺美术
		教育、体育、娱乐产品
14	化工产品	基础化学材料
		化肥
		农药
		油漆、油墨、颜料及类似产品
		合成材料
		特种化工产品及炸药、烟火制品、烟花制品
		家用化学制品
		医用品
		化学纤维
		橡胶制品
		塑料制品
15	非金属制品	水泥、石灰和石膏
		石膏、水泥及类似产品
		砖、石和其他建筑材料
		玻璃及其制品
		陶瓷制品
		耐火制品
		石墨及其他非金属矿产品
16	黑色和有色金属加工	钢铁
		轧钢制品
		铁及铁合金制品
		有色金属及其合金
		有色金属压延制品
17	金属制品	金属制品

续表

部门编码	部门合并	投入产出表部门
18	通用设备	锅炉及其他动力设备
		金属加工机械
		物料搬运设备
		泵、阀门、压缩机和类似的机器
		文化与办公设备
		其他通用设备
19	特殊设备	采矿、冶金和建筑专用设备
		化工、木材和非金属加工专用设备
		农林牧渔业专用设备
		其他专用设备
20	车辆及运输设备	车辆
		机动车辆部件和附件
		铁路运输和城市轨道交通设备
		船舶及相关设备
		其他运输设备
21	电气设备	电机
		传输、配电和控制设备
		电线、电缆、光缆及电气设备
		电池
		家用器皿
		其他电气设备
22	电信、计算机及其他电子设备	计算机
		通信设备
		无线电、电视、雷达及辅助设备
		视听设备
		电子元器件
		其他电子设备
23	测量仪器	测量仪器

续表

部门编码	部门合并	投入产出表部门
24	其他制造业	其他制造业
25	废物及循环再造	废物及循环再造
26	金属产品,机械和设备修理	金属产品,机械和设备修理
27	水产品	水产品
28	建筑	住宅建筑
		土木工程建筑
		施工安装
		建筑装饰、装饰及其他建筑服务
29	运输和仓储	铁路客运
		铁路货运
		城市公共交通
		道路货物运输
		水上客运
		水上货运
		航空客运
		航空货运
		管道运输
		多式联运及运输代理
		装卸、搬运、仓储
		邮政服务
30	批发、零售贸易、住宿和餐饮	批发业
		零售业
		住宿
		餐饮服务
31	其他服务业	通讯服务
		无线电、电视和卫星传输业务
		互联网及相关服务
		软件维护

续表

部门编码	部门合并	投入产出表部门
31	其他服务业	信息技术服务
		货币金融及其他金融服务
		资本市场服务
		保险业
		房地产
		租赁
		商业服务
		科学研究与开发
		专业技术服务
		技术推广和应用服务
		用水管理
		生态保护和环境治理
		公共设施和土地管理
		居民服务
		其他服务
		教育
		健康
		社会福利工作
		新闻出版业
		广播、电视、电影、电视录音制作
		文化艺术
		运动
		娱乐
		社会保障
		公共管理和社会组织

注：能源部门为1～5；农业部门为6；工业部门为7～27；建筑部门为28；服务业为29～31。

3.2.2　投入产出模型

投入产出模型是由莱昂蒂夫(Leontief)在 20 世纪三四十年代提出的,其反映了各个产业之间复杂的经济技术关系,如表 3-2 所示。其中,存在列平衡和行平衡两个重要的平衡关系。

表 3-2　投入产出表

<table>
<tr><td colspan="2" rowspan="3">投入</td><td colspan="5">产出</td></tr>
<tr><td>中间产出</td><td colspan="2">最终产出</td><td rowspan="2">净进口</td><td rowspan="2">总产出</td></tr>
<tr><td>部门 j</td><td>总消耗</td><td>资本形成总额</td></tr>
<tr><td>中间投入</td><td>部门 i</td><td>x_{ij}</td><td>y_{1i}</td><td>y_{2i}</td><td>t_i</td><td>X_i</td></tr>
<tr><td colspan="2">增加值</td><td>N_j</td><td colspan="4" rowspan="2"></td></tr>
<tr><td colspan="2">总投入</td><td>X_j</td></tr>
</table>

注:部门编码参见表 3-1。

列平衡反映各行业的收支平衡关系,行平衡反映各产业的供求关系,参考现有对投入产出模型的研究,建立供求平衡关系式:

$$\boldsymbol{X} = \boldsymbol{AX} + \boldsymbol{y} - \boldsymbol{t} \tag{3-1}$$

其中,$\boldsymbol{X}$ 表示产业总产出列向量,$\boldsymbol{y}$ 表示产业最终需求列向量,$\boldsymbol{t}$ 表示产业净进口列向量,$\boldsymbol{A}$ 表示各产业之间的直接消耗系数矩阵。$\boldsymbol{y}$ 由两方面组成,即消费支出$\boldsymbol{y}_1$、资本形成$\boldsymbol{y}_2$。

$$\boldsymbol{y} = \boldsymbol{y}_1 + \boldsymbol{y}_2 \tag{3-2}$$

$\boldsymbol{A}$ 矩阵中的元素为a_{ij},a_{ij}表示 j 产业生产单位总产出需要的 i 产业的产品量,该矩阵反映了各产业之间的相互依赖关系。

$$\boldsymbol{A} = \{a_{ij}\} = \left\{\frac{x_{ij}}{X_j}\right\} \tag{3-3}$$

改变公式(3-1),得到各产业总产出的计算方程为:

$$\boldsymbol{X} = (\boldsymbol{E} - \boldsymbol{A})^{-1}(\boldsymbol{y} - \boldsymbol{t}) \tag{3-4}$$

其中,$\boldsymbol{E}$ 为单位矩阵,$\boldsymbol{L} = (\boldsymbol{E} - \boldsymbol{A})^{-1}$ 为 Leontief 逆矩阵,$v = \boldsymbol{y} - \boldsymbol{t}$ 为产业附加值。$\boldsymbol{L}$ 矩阵中的元素为l_{ij},表示 j 产业最终使用增加一个单位引起的 i 产业的总产出变化量。

区别于行平衡关系,从各产业收支平衡角度分析,各产业的总投入被认为是由初始投入与产业中间消耗组成的,其表达式为:

$$\boldsymbol{X}' = \boldsymbol{X}'\boldsymbol{B} + \boldsymbol{N} \tag{3-5}$$

其中,$\boldsymbol{X}'$为总投入向量,即总产出向量的转置向量,$\boldsymbol{N}$ 为初始投入矩阵,$\boldsymbol{B}$

为直接投入系数矩阵。

$$\boldsymbol{B}=\{B_{ij}\}=\left\{\frac{x_{ij}}{X'_j}\right\} \tag{3-6}$$

改变公式(3-5),得到各产业总投入计算方程为:

$$\boldsymbol{X}'=\boldsymbol{N}(\boldsymbol{E}-\boldsymbol{B})^{-1} \tag{3-7}$$

其中,$\boldsymbol{G}=(\boldsymbol{E}-\boldsymbol{B})^{-1}$为高希(Ghosh)逆矩阵。$\boldsymbol{G}$ 矩阵中的元素为g_{ij},表示 i 产业增加单位初始投入对 j 产业总产出造成的影响。

3.2.3 关键产业识别模型

为了初步识别在能源经济系统中表现相对较差或较好的产业,定性分析产业调整方案,本书建立了指标评价模型。其中,经济关联指标与经济总量指标反映产业经济水平;能源强度指标与能源结构指标反映产业能源消费状况。最后,通过组合赋权的方法计算产业能源经济综合表现。

3.2.3.1 经济指标

(1)经济关联指标

根据拉斯穆森(Rasmussen)提出的关联分析法,通过扩散能力和扩散感应两个标准化指标,表示产业对经济体系的推动作用与拉动作用[41]。

$$BL_j=\frac{\sum_{i=1}^{n}l_{ij}}{\frac{1}{n}\sum_{j=1}^{n}\sum_{i=1}^{n}l_{ij}} \tag{3-8}$$

$$FL_i=\frac{\sum_{j=1}^{n}g_{ij}}{\frac{1}{n}\sum_{i=1}^{n}\sum_{j=1}^{n}g_{ij}} \tag{3-9}$$

如果$BL_j\geqslant 1$,则表示 j 产业最终使用增加一单位导致的经济活动高于平均值;同样地,如果$FL_i\geqslant 1$,则表示 i 产业初始投入增加一单位导致的经济活动高于平均值[42]。因此,产业 BL、FL 值越高,表示其对经济体系的重要程度越高。相反,BL、FL 值越低,则表明该产业属于非重要产业。由于两者都是标准化后的指标,且重要程度相当,为避免组合赋权法应用时重复计算权重,将二者合并成一个指标,即关联指标:

$$BnF_i=\frac{BL_i+FL_i}{2} \tag{3-10}$$

(2)经济总量指标

GDP 的计算一般有 3 种方法:生产法、收入法、支出法。由于在此重点分析

投入产出行平衡关系,所以采用支出法核算GDP:

$$\mathrm{GDP}=\sum_{i=1}^{n} v_i \tag{3-11}$$

附加值比重体现产业附加值占国内生产总值的比例,占比越高说明产业对国内生产总值的贡献越高,在一定程度上反映了总量关系,记为P。

$$P=\frac{v_i}{\sum_{i=1}^{n} v_i} \tag{3-12}$$

3.2.3.2　能源指标

(1)能源强度指标

能源强度指各产业对能源的综合利用效率,表示不同产业的技术现状,通过引入外生变量——各产业直接能源消耗d,计算各产业的直接能源消耗强度$q_0=\frac{d}{X}$。结合投入产出模型提供的产业间依赖关系,进一步得到各产业直接能源消耗强度与通过产业链传递给其他产业的间接能源消耗强度,两者相加得到产业隐藏能源消耗强度q。

$$d_j+\sum_{i=1}^{n} q_i x_{ij}=q_j X_j' \tag{3-13}$$

将公式(3-13)改写成向量形式,并整理得到计算q的方程,其中$\hat{\boldsymbol{X}}$表示总产出向量的对角矩阵。

$$q=d\,\hat{\boldsymbol{X}}^{-1}\,(\boldsymbol{E}-\boldsymbol{A})^{-1} \tag{3-14}$$

(2)能源结构指标

能源消费结构指在能源消费总量中各种能源的构成及其比例关系,反映能源经济体系中各产业的最终用能方式。由于不同的能源消耗对环境的破坏性不同,能源消费结构也能间接反映各产业通过能源消耗对环境造成的影响。本书通过煤炭消耗量在能源消耗总量中的占比来体现产业能源消费结构的合理性。

$$k_i=\frac{c_i}{d_i} \tag{3-15}$$

其中,c_i为i产业的煤炭消耗量,k_i为i产业煤炭消耗占总能源消耗的比例。

3.2.3.3　指标权重确定

赋权方法采用主观赋权与客观赋权相结合的组合赋权法[44]。一方面,避免权重过于依赖专家意见;另一方面,避免过于依赖统计学的定量方法,而忽略主观定性分析。其中客观赋权法采用熵权法,主观赋权法采用平均赋权法。

熵权法是一种客观赋权方法。该方法通过信息熵反映数据的离散程度,进而确定各指标的权重，可避免赋权过程中人为因素的干扰[45]。其计算过程为：

$$\varphi_j = \frac{1 - en_j}{\sum_{j=1}^{m} (1 - en_j)} \tag{3-16}$$

其中，en_j 为第 j 项指标的信息熵。

$$en_j = -\frac{1}{\ln n} \sum_{i=1}^{n} f_{ij} \ln f_{ij} \tag{3-17}$$

$$f_{ij} = \frac{1 + k_{ij}}{\sum_{i=1}^{n} (1 + k_{ij})} \tag{3-18}$$

其中，k_{ij} 为 i 产业第 j 项指标标准化后的数据，根据原始数据的正负属性，分别依照公式(3-19)和公式(3-20)进行标准化：

$$k_{ij} = \frac{h_{ij} - h_{j\min}}{h_{j\max} - h_{j\min}} \tag{3-19}$$

$$k_{ij} = \frac{h_{j\max} - h_{ij}}{h_{j\max} - h_{j\min}} \tag{3-20}$$

h_{ij} 为 i 产业第 j 项指标原始数据，$h_{j\max}$ 与 $h_{j\min}$ 分别表示第 j 项指标最大与最小数据。

主观权重赋权采用平均赋权，认为不同指标的重要程度相当，$\mu_j = \frac{1}{m}$。

设组合权重为 w_j，基于最小鉴别信息原理，建立优化方程：

$$\min\{F\} = \sum_{i=1}^{n} w_j \ln \frac{w_j}{\mu_j} + w_j \ln \frac{w_j}{\varphi_j} \tag{3-21}$$

$$\text{s.t.} \sum_{i=1}^{n} w_j = 1, w_j > 0 \tag{3-22}$$

采用拉格朗日乘子法求最小值，得到公式(3-23)。

$$w_j = \frac{[\mu_j \varphi_j]^{0.5}}{\sum_{i=1}^{n} [\mu_j \varphi_j]^{0.5}} \tag{3-23}$$

3.2.3.4　产业分类

为了定性判断产业规模的调整方案，根据公式(3-23)所得的各指标权重，计算不同产业的综合加权得分。

$$CS_i = \frac{ES_i + ENS_i}{2} \tag{3-24}$$

其中，CS_i 表示 i 产业综合得分，ES_i 表示 i 产业经济得分，ENS_i 表示 i 产业能源得分。

$$ES_i = \sum_{j=1}^{2} k_{ij}^{e} w_j^{e} \tag{3-25}$$

$$ENS_i = \sum_{j=1}^{2} k_{ij}^{en} w_j^{en} \tag{3-26}$$

由公式(3-24)至公式(3-26),参考传统统计学的四分位法[46],将综合得分在前25%的界定为鼓励类产业,即在现有技术水平条件下且外生因素不变时,这些产业需要鼓励发展,使其在总体产业规模占比中稳中有升。后 25%的界定为限制类产业,这些产业目前可能存在能源消费结构不合理、能效偏低等问题,其发展过快会导致能源-经济体系走向更脆弱的处境,需要限制其在总体产业规模中的占比。其余产业在指标评价体系中处于中等水平,不能过早地将其定性为鼓励或限制产业,界定为允许发展类。

因此,下文将使用多目标优化模型,计算每种产业的具体调整范围,以及产业结构调整后对能源经济的影响。

3.2.4　多目标优化模型

3.2.4.1　目标与决策变量

在传统的能源经济优化模型中,产业结构优化的目标为国内生产总值与能源消耗量,且约束条件较少,导致计算结果产业规模调整较为粗放。即使选择较为保守的调整方案,由于计算过程已经陷入对两目标的局部最优,致使得到的调整方案过于理想。虽然对实际调整有一定参考价值,却难以给出操作性强的调整方案[36]。

基于对产业结构现状的考量,本书在模型的目标中加入最小产业结构调整比例,旨在通过较小的产业结构调整,实现能源与经济的协同发展。使用国内生产总值(GDP)来衡量经济增长,使用隐藏能源消耗总量(EN)来衡量能源消耗情况,产业结构变化率用 S 表示。

$$\max\{\mathrm{GDP}\} = \boldsymbol{e}(\boldsymbol{X} - \boldsymbol{AX}) \tag{3-27}$$

$$\min\{EN\} = \boldsymbol{q}'\boldsymbol{X} \tag{3-28}$$

$$\min\{S\} = \sqrt{\frac{\boldsymbol{e}\left(\dfrac{\boldsymbol{X} - \boldsymbol{X}_0}{\boldsymbol{X}_0}\right)^2}{n}} \tag{3-29}$$

其中,$\boldsymbol{e}$ 为单位行向量,$\boldsymbol{q}'$为隐藏能源消耗系数行向量,$\boldsymbol{X}_0$为基准年总产出列向量。决策变量为各产业总产出向量($\boldsymbol{X}$),通过总产出向量的变化体现产业结构的调整。

3.2.4.2 约束条件

(1)投入产出平衡约束

根据投入产出模型,决策变量需要满足国内供求平衡关系,对公式(3-1)进行展开,得到公式(3-30):

$$\boldsymbol{X}+\boldsymbol{S}_{t}\boldsymbol{X}=\boldsymbol{A}\boldsymbol{X}+\boldsymbol{S}_{C}\boldsymbol{X} \tag{3-30}$$

其中,$\boldsymbol{S}_{t}=\frac{\boldsymbol{t}_{0}}{\boldsymbol{X}_{0}}$ 表示净进口系数列向量,$\boldsymbol{S}_{C}=\frac{\boldsymbol{y}_{0}}{\boldsymbol{X}_{0}}$ 表示最终需求系数列向量,$\boldsymbol{t}_{0}$、$\boldsymbol{y}_{0}$ 分别为基准年净出口量与最终需求量。由于等式约束过于严格,会对多目标问题求解过程造成困难[37],因此需要对等式进行松弛,引入松弛变量(D),考虑到贸易全球化为国内供求带来的缓冲,将松弛变量理解为净进口量的变化。将净进口量($\boldsymbol{S}_{t}\boldsymbol{X}$)与松弛变量($D$)合并,得到 $\boldsymbol{S}_{tD}\boldsymbol{X}$ 。

$$\boldsymbol{S}_{t}\boldsymbol{X}+D=\boldsymbol{S}_{tD}\boldsymbol{X} \tag{3-31}$$

$\boldsymbol{S}_{tD}$ 为松弛后的净进口系数向量,根据 2012 年、2015 年、2017 年投入产出表对净进口量的统计,计算各部门净进口量占总产出的比例(见图 3-1)。

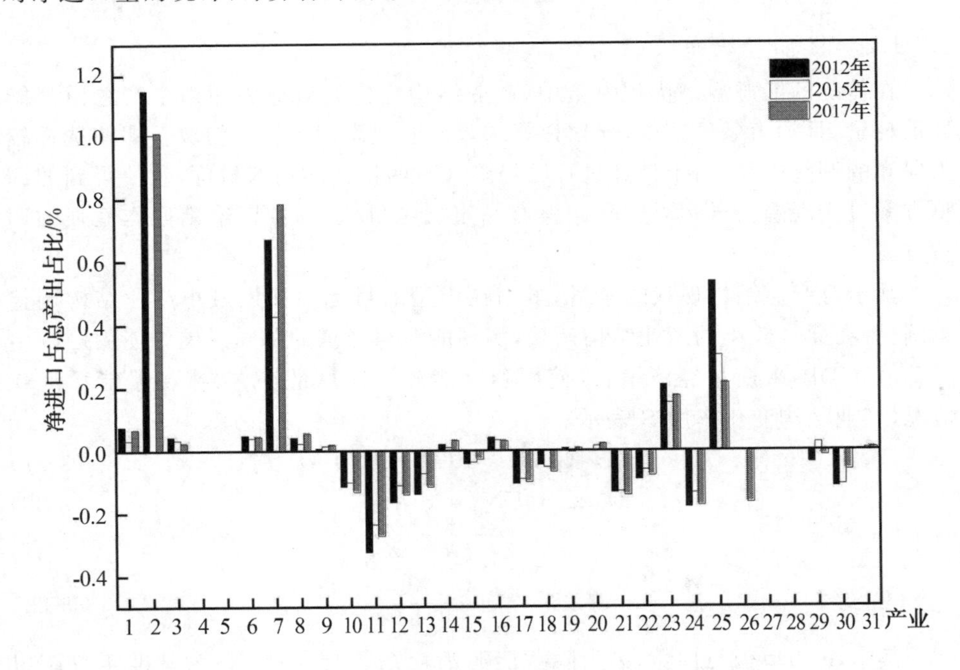

图 3-1 2012 年、2015 年、2017 年各行业净进口量占总产出的比例

由图 3-1 分析可知,2、7 产业对进口依赖较高,近年来的净进口占比达 100%与 50%左右,设置 $\boldsymbol{S}_{tD,2}=1$、$\boldsymbol{S}_{tD,7}=0.5$,其余行业对进口依赖较少,因此系

数设置为 0.2。得到松弛后的不等式为：

$$\boldsymbol{X}+\boldsymbol{S}_{tD}\boldsymbol{X}\geqslant\boldsymbol{A}\boldsymbol{X}+\boldsymbol{S}_{C}\boldsymbol{X} \tag{3-32}$$

(2)政策约束

根据《中华人民共和国国民经济和社会发展第十三个五年规划纲要》，自 2015 年起，国内生产总值年均增速大于 6.5%[47]，且中国经济正进入高质量发展阶段，经济发展必须坚持质量第一、效益优先[48]，GDP 增速不宜过高。由 2017 年投入产出表可知，基准年 GDP 已经完成政策设定的目标。因此，要求产业结构调整后的 GDP 只需比基准年现有水平高即可，得到公式(3-33)。

$$\boldsymbol{e}(\boldsymbol{X}-\boldsymbol{A}\boldsymbol{X})\geqslant 8232157064 \tag{3-33}$$

《“十三五”节能减排综合工作方案》明确提出，能源消费总量控制在 5 Gt 标煤以内[49]，得到公式(3-34)。

$$\boldsymbol{q}_0'\boldsymbol{X}\leqslant 500000 \tag{3-34}$$

其中，$\boldsymbol{q}_0'$ 表示直接能源消耗强度行向量。

(3)产业规模约束

在短期内某一产业规模不会产生剧烈的变化，根据前期研究中设置的产业规模变化限制，借鉴坤东(Kun Dong)的研究成果[50]，将产业规模变化区间设置为 80%～120%，得到公式(3-35)。

$$0.8\boldsymbol{X}_0\leqslant\boldsymbol{X}\leqslant 1.2\boldsymbol{X}_0 \tag{3-35}$$

根据 2.3.4 小节对产业的定性判断，对限制组与鼓励组进行产业规模调整约束，得到公式(3-36)。这样直接约束产业规模既避免了引入过多约束条件而导致优化模型计算困难，也保证了模型的计算结果符合前文对各产业在指标评价模型中的判断。

$$\boldsymbol{e}_1\frac{\boldsymbol{X}}{\boldsymbol{e}\boldsymbol{X}}\geqslant\boldsymbol{e}_1\frac{\boldsymbol{X}_0}{\boldsymbol{e}\boldsymbol{X}_0};\boldsymbol{e}_2\frac{\boldsymbol{X}}{\boldsymbol{e}\boldsymbol{X}}\leqslant\boldsymbol{e}_2\frac{\boldsymbol{X}_0}{\boldsymbol{e}\boldsymbol{X}_0} \tag{3-36}$$

其中，$\boldsymbol{e}_1$、$\boldsymbol{e}_2$ 分别为鼓励组和限制组的判断列向量。如果 i 产业属于鼓励组，则 $e_{1i}=1$；同样地，如果 i 产业属于限制组，则 $e_{2i}=1$；否则，$\boldsymbol{e}_1$、$\boldsymbol{e}_2$ 中的其余元素都为 0。

3.2.4.3　模型解法

由公式(3-27)至公式(3-36)，得到多目标优化模型。

$$\begin{cases}\max\{\text{GDP}\}=\boldsymbol{e}(\boldsymbol{X}-\boldsymbol{AX})\\ \min\{EN\}=\boldsymbol{q}'\boldsymbol{X}\\ \min\{S\}=\sqrt{\dfrac{\boldsymbol{e}\left(\dfrac{\boldsymbol{X}-\boldsymbol{X}_0}{\boldsymbol{X}_0}\right)^2}{n}}\\ \boldsymbol{X}+\boldsymbol{S}_{tD}\boldsymbol{X}\geqslant\boldsymbol{AX}+\boldsymbol{S}_C\boldsymbol{X}\\ \boldsymbol{e}(\boldsymbol{X}-\boldsymbol{AX})\geqslant 8232157064\\ \boldsymbol{q}_0'\boldsymbol{X}\leqslant 500000\\ 0.8\boldsymbol{X}_0\leqslant\boldsymbol{X}\leqslant 1.2\,\boldsymbol{X}_0\\ \boldsymbol{e}_1\dfrac{\boldsymbol{X}}{\boldsymbol{eX}}\geqslant\boldsymbol{e}_1\dfrac{\boldsymbol{X}_0}{\boldsymbol{e}\,\boldsymbol{X}_0};\boldsymbol{e}_2\dfrac{\boldsymbol{X}}{\boldsymbol{eX}}\leqslant\boldsymbol{e}_2\dfrac{\boldsymbol{X}_0}{\boldsymbol{e}\,\boldsymbol{X}_0}\end{cases}\tag{3-37}$$

传统多目标问题的处理方法大多是将多目标问题转化为单目标问题进行求解，随着计算机技术的发展，出现了遗传算法、粒子群算法、蚁群算法等进化算法。本书运用非支配排序进化算法（NSGA-Ⅱ）[51]对公式（3-37）进行求解。首先，相比于传统多目标解法，进化算法可以得到一个相互非支配的帕累托解集，而非单一解，这给予决策者很大的决策空间。其次，NSGA-Ⅱ运用广泛、方法稳定、计算快捷，是目前较为成熟的计算方法。

3.2.4.4 优化解的选择

进化算法的优势在于可以得到大量的解，这给予了决策者很大的决策空间和方案储备，使决策者在面临不同的情况下可作出相应的对策。很多研究讨论了如何在帕累托解集中选择最优解[52]，本书通过组合权重——TOPSIS 选择综合 3 个目标取值的产业结构调整方案。

首先通过组合赋权法，可以得到 3 个目标标准化并赋权后的矩阵 $\boldsymbol{OB}$。

TOPSIS 是由黄（Hwang）和尹（Yoon）开发的一种运用广泛的多准则决策方法[53]，具体算法实施如下：

$$\boldsymbol{OB}=\begin{bmatrix}ob_{1,1} & ob_{1,2} & ob_{1,3}\\ \vdots & \vdots & \vdots\\ ob_{n,1} & ob_{n,2} & ob_{n,3}\end{bmatrix}\tag{3-38}$$

因为已经对目标进行过标准化处理，矩阵中的目标得分皆表现为越大越好。基于该矩阵，得到 3 个目标的正负理想解：

$$is^{+}=\max_{i=1:n}(ob_{i,1},ob_{i,2},ob_{i,3})\tag{3-39}$$

$$is^{-}=\min_{i=1:n}(ob_{i,1},ob_{i,2},ob_{i,3})\tag{3-40}$$

最后，通过计算每一个备选解与正负理想解之间的相对接近度来判断备选

解的优劣。

计算包括两个步骤，第一步计算备选解到正负理想解的欧几里得距离：

$$D_i^+ = \sqrt{\sum_{j=1}^{3} (is_j^+ - ob_{ij})^2} \tag{3-41}$$

$$D_i^- = \sqrt{\sum_{j=1}^{3} (is_j^- - ob_{ij})^2} \tag{3-42}$$

其中，D_i^+ 为备选解离正理想解的欧几里得距离，D_i^- 为备选解离负理想解的欧几里得距离。

第二步计算相对接近度：

$$RC_i = \frac{D_i^-}{D_i^+ + D_i^-} \tag{3-43}$$

其中，RC_i 为相对接近度。相对接近度越大，意味着备选解离负理想解的距离越远，离正理想解更近，其综合得分更高。

3.3　结果

3.3.1　关键产业识别结果

根据公式(3-16)至公式(3-23)可得指标体系权重计算结果(见表 3-3)。

表 3-3　能源经济指标体系

系统层	要素层	指标层	属性	权重		
				客观	主观	混合
能源经济系统	经济	经济关联指标 (BnF)	+	0.6517	0.5	0.5777
		经济总量指标 (P)	+	0.3483	0.5	0.4223
	能源	能源强度指标 (e)	−	0.6149	0.5	0.5582
		能源结构指标 (k)	−	0.3851	0.5	0.4418

根据表 3-3 及公式(3-24)至公式(3-26)，得到各产业能源、经济指标评价结果(见图 3-2)。

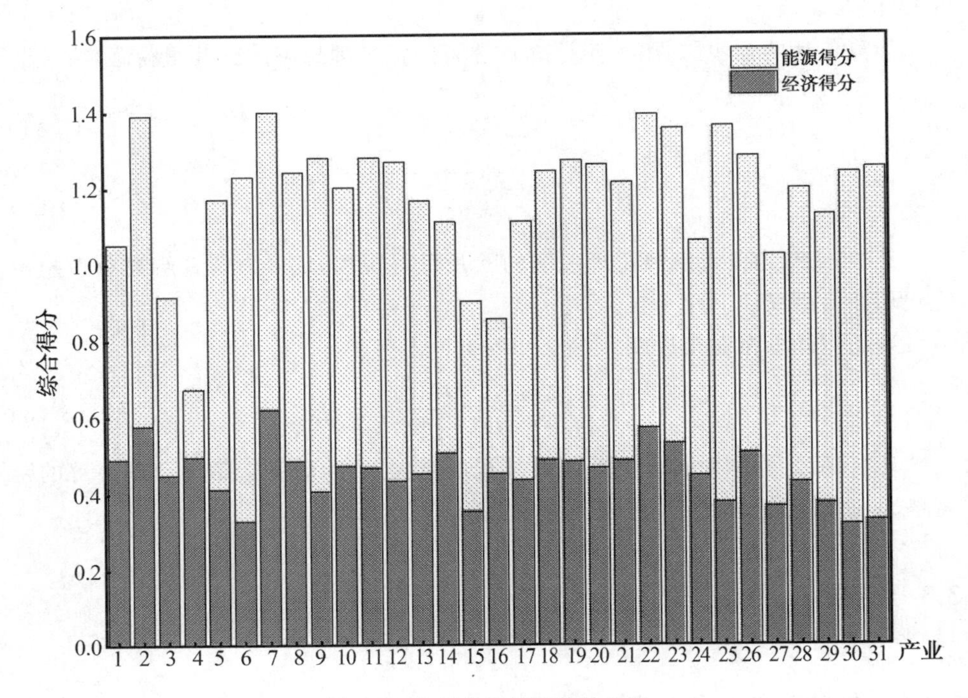

图 3-2　各行业指标评价结果图

由图 3-2 分析可知，在所研究的 31 个产业中，能源经济综合得分前 25%的产业识别为鼓励类产业，能源经济综合得分后 25%的产业识别为限制类产业。其中属于鼓励组的产业编号分别为 2、7、9、22、23、25、26，属于限制组的产业编号分别为 1、3、4、15、16、24、27。

3.3.2　优化结果分析

3.3.2.1　帕累托前端面收敛性分析

为保证计算结果收敛，结合试算结果的表现，将种群设置为 500，计算代数设置为 1000 代。其收敛情况如图 3-3 所示。

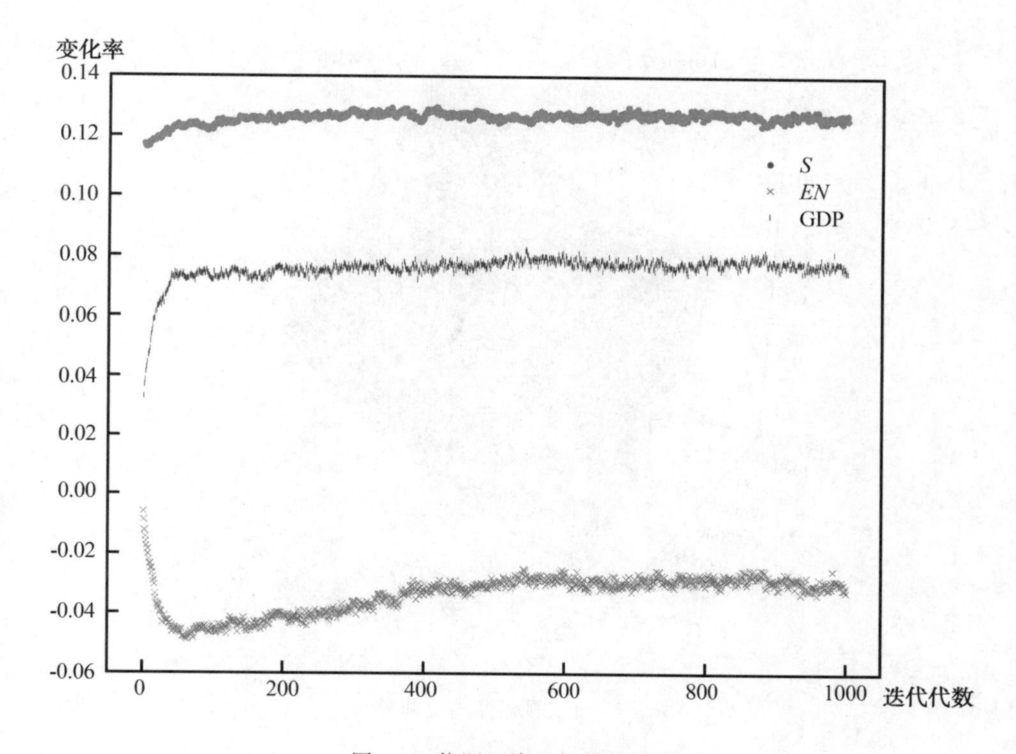

图 3-3 能源经济目标收敛情况

由图 3-3 分析可知，经济、能源目标已经过标准化处理，反映了优化后目标相比基准年的变化率。GDP 增长率在计算大约 100 代之后趋于稳定，并稳定于 7.5%附近；EN 下降率在大约 500 代之后趋于稳定，并稳定于－3%附近。

3.3.2.2 优化解选择

通过 NSGA-Ⅱ对初始种群进行优化后得到最优解集，该解集中的解理论上皆相互非支配，存在于一个帕累托前端面上，如图 3-4 所示。为了便于观察，通过无交叉项的二维五阶多项式拟合散点(拟合曲面 $R^2=0.943$)，发现 500 个解几乎都在同一曲面附近，说明这些解都是满足约束的最优解。

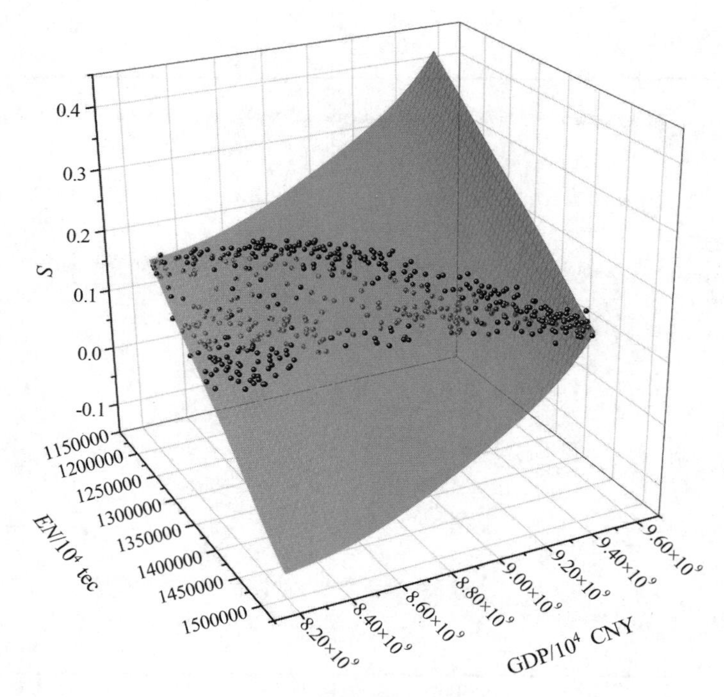

图 3-4 非支配解集的空间分布

由公式(3-38)至公式(3-43)计算综合考虑 3 个目标优化结果的优化解，定义为综合偏好。同时，设置了经济偏好以及能源偏好的优化解选择方案，对 3 种偏好的决策方案进行对比分析。不同偏好的计算方案如表 3-4 所示。

表 3-4 不同偏好下的优化解

情景	权重	GDP		*EN*		*S*
		$V/10^4$ CNY	$R/\%$	$V/10^4$ tec	$R/\%$	$V/\%$
基准年	—	8232157064	—	1356168	—	0
经济偏好	(1,0,0)	9503680602	15.45	1466233	8.12	14.22
能源偏好	(0,1,0)	8255531530	0.28	1181814	−12.86	15.70
综合偏好	(0.371,0.306,0.323)	8780622928	6.66	1283454	−5.36	9.57

注：*V* 代表值，*R* 代表变化率。

由表 3-4 分析可知，在经济偏好的优化解方案中，当 GDP 增长最高能达到 15.4%时，产业结构调整为 0.142，能源消耗量提升了 8.1%。可见，虽然进行了产业结构调整，但要想得到高 GDP 增长，仍会对能源消耗造成较大的压力。相

比而言，在能源偏好极端情况下，GDP 增长了 0.3%，产业结构调整为 0.157，EN 下降了 12.9%。可见，通过产业结构调整，可以在经济缓慢增长的同时，在很大程度上降低能源消耗。在综合偏好情况下，GDP 增长了 6.7%，EN 下降了 5.4%，对产业结构调整的规模比前两者分别降低了 32.7%和 39.0%。即在产业结构调整较小的情况下实现了经济的快速增长，降低了对能源的消耗，并且在很大程度上降低了因为产业转型过快而可能引起的新旧动能转化问题以及失业等社会问题。

3.4 讨论

3.4.1 不同偏好下的产业结构调整方案分析

综上分析可知，不同偏好下的模型优化结果差异较大。下面讨论造成优化结果变化的原因，即不同偏好下各产业规模调整方案。分别统计 3 种偏好下表现最好的产业规模调整方案，并进行对比（见图 3-5）。

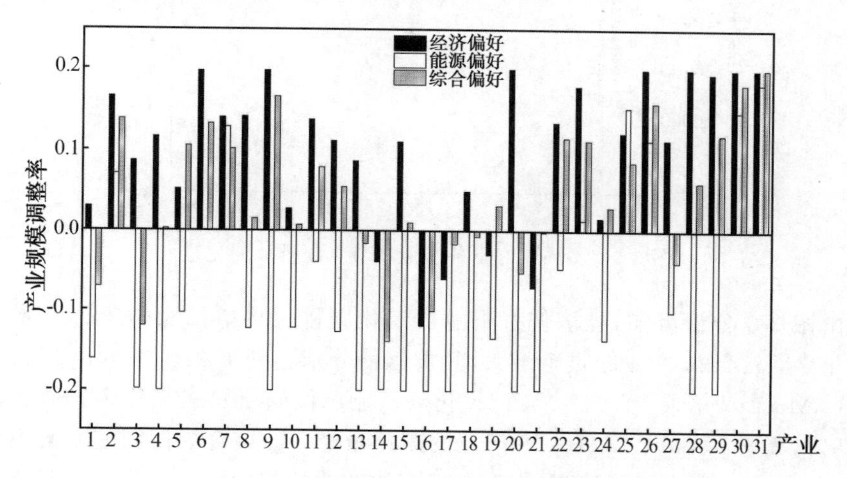

图 3-5 不同偏好下各产业规模调整方案

由图 3-5 分析可知，在经济偏好下，大部分产业需要增大产业规模以获得整体更高的经济收益，而 16 产业的规模仍有明显的降低。结合 3.3.1 小节的识别结果可知，该产业隐藏能源消耗量高、能源结构较差，同时对经济的促进作用低于平均水平，因此，无论在什么偏好下，其产业规模下降比例均较为明显。同时，部分工业的产业规模也有所减小，其规模下降的原因可能是其经济效益不够明显。

在能源偏好下，大部分产业需要缩减产业规模从而降低能源消耗量，而7、25、26、30、31产业的规模仍有明显增加。结合3.3.1小节的识别结果可知，前三者在计算隐藏能源消耗时表现良好，且对煤炭的使用率较小，而后两者的经济效益很高，使其在能源偏好下的产业规模提升依然大于10%。基于该偏好下产业结构调整量，总碳排放将下降4.7%。

通过对这两种偏好的比较，发现9、20、28、29产业在能源、经济偏好下展现出了截然不同的规模调整方案，说明这4个行业同时兼具高经济效益与高隐藏能源消耗，对这些行业进行产业规模调整时应该更为慎重。基于各产业在基准年的能源结构，引入碳排放系数计算各产业规模调整后碳排放量，进一步分析不同偏好下碳排放变化(见图3-6)。

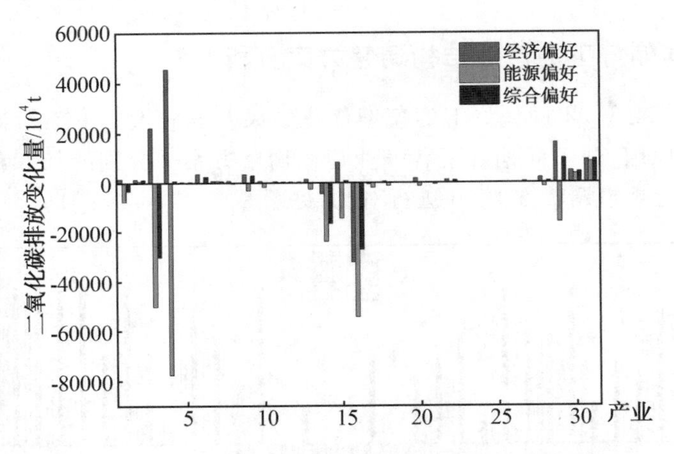

图3-6　不同偏好下各行业二氧化碳排放变化量

由图3-6分析可知，经济偏好下总二氧化碳排放将增长5.86%。在增长的排放量中，3、4、29产业的贡献最大，其贡献值分别达到了220.35 Mt二氧化碳、455.32 Mt二氧化碳、159.49 Mt二氧化碳。能源偏好下总二氧化碳排放将减少17.25%，其中3、4、14、15、16、29产业的减排量最大。结合规模调整方案不难看出，3、4、16、29产业即石油、电力、冶金、交通产业的规模调整对全国二氧化碳排放的影响举足轻重。

相比之下，经济与能源偏好下的优化结果提供了产业规模调整在经济与能源方面的最大优化潜力，但是调整方案较为极端，而综合偏好的产业结构调整更为精准、合理。因此，下面将对综合偏好下各产业具体变化区间展开进一步的讨论。

3.4.2　综合偏好下的产业结构调整分析

选择综合偏好下前10个方案，认为其代表综合偏好的最优方案集，统计其中各

产业规模调整比例，按照规模变化的平均值排序得到各产业变化区间（见图 3-7）。

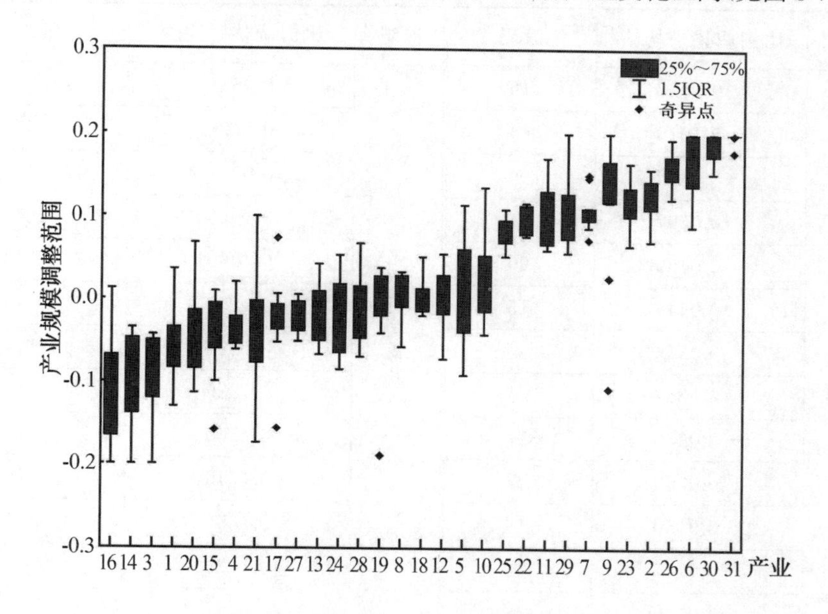

图 3-7　综合偏好时各行业产业规模调整区间

由图 3-7 分析可知，在 5 种能源产业中，1、3、4 产业规模有所下降，2、5 产业规模有所上升，尤其是 2 产业规模上升明显，表明中国要在较小产业规模调整下实现经济增长并降低能源消耗，亟须发展石油、天然气行业，降低煤炭行业产业规模，改进二次能源行业生产技术。

在非能源产业中，8、10、12、13、18、19、24、27、28 产业规模调整不大，说明这些行业的规模发展已较为合理，无须过多的调整。6、7、9、11、22、23、25、26、29、30、31 产业规模需要进行较大的扩张。相反，14、15、16、20、21 产业规模需要较大的缩减。值得注意的是，1、5、10、16、20、21 等产业的四分位距较大，表明在综合偏好下的不同方案中，这些产业的规模调整也有较大差别，决策者依然有较大的决策空间。

考虑到每代计算的波动，参考曹（Cao）等人对于多目标优化结果的分类方法[54]，将 31 个产业分为三类：变化率平均值低于 −2% 的产业为需要缩减规模的产业；变化率平均值高于 −2% 且低 3% 的产业规模已经较为合理，可以鼓励其在长期时间段内缓慢发展；变化率平均值高于 3% 的产业，其基准年产业规模与预期值差距较大，需要在短期内快速扩大产业规模。分组情况如表 3-5 所示。

表 3-5　产业分组建议

群组	比例调整平均值	编码	群组	比例调整平均值	编码
规模缩减组	−0.1098	16	短期发展组	0.0831	25
	−0.1010	14		0.0938	22
	−0.0892	3		0.0984	11
	−0.0597	1		0.1063	29
	−0.0459	20		0.1080	7
	−0.0444	15		0.1157	9
	−0.0366	4		0.1221	23
	−0.0357	21		0.1225	2
	−0.0235	17		0.1565	26
	−0.0200	27		0.1746	6
长期发展组	−0.0156	13		0.1858	30
	−0.0147	24		0.1976	31
	−0.0119	28			
	−0.0062	19			
	−0.0008	8			
	0.0012	18			
	0.0037	12			
	0.0203	5			
	0.0237	10			

从碳排放表现来看(见图 3-8),恰好处于规模缩减组的 3、14、16 产业将带来巨大的减排量。而 29、30、31 产业由于需要较大规模扩张,其带来的碳排放增加量在同组产业中较为显著。综合偏好下总体二氧化碳排放可下降约 450 Mt,可见该偏好下的分组对碳排放的识别也较为精准。

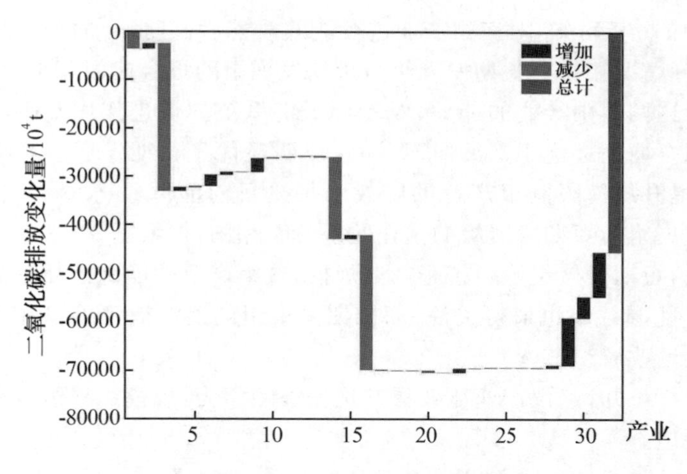

图 3-8　综合偏好时各行业产业二氧化碳排放量

3.4.3　能效提升对产业结构调整分析

为讨论不同产业组能源效率对整体能源经济系统的影响，分别将 3 个产业组的直接能源效率提升 10%，重新计算优化方案，并分别对优化解进行曲面拟合，得到图 3-9。

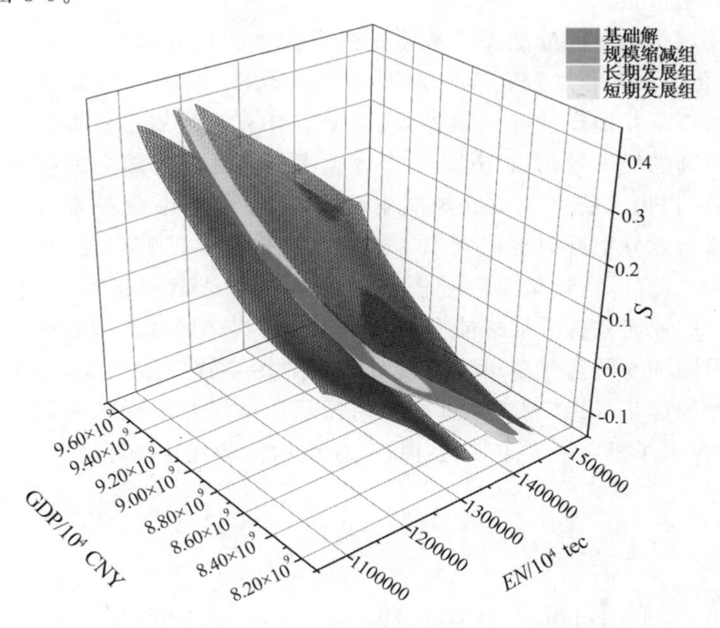

图 3-9　不同组在能效提升 10%后进行优化的帕累托前端面对比图

由图 3-9 分析可知，对三组产业进行能效改善后，其拟合曲面皆优于基础情况，这与实际情况相符。长期发展组与短期发展组的拟合曲面几乎重合，这意味通过改善上述两组中产业的能效，对能源经济系统的促进作用几乎相同。规模缩减组的拟合曲面远优于基准曲面，同时也明显优于长期发展组与短期发展组曲面，表明提升规模限制组产业的能效水平是目前能源经济系统改善的重点。虽然长期发展组与短期发展组的优化效果几乎相同，但根据 3.4.2 小节的产业规模调整意见，短期发展组亟须扩张产业规模，改组产业的能源消耗量势必快速增加，因此，其能源效率也值得关注，而长期发展组的能源效率可以在产业规模提升的同时逐渐改善。

综上分析可知，建议产业能效提升优先级顺序为：规模缩减组＞短期发展组＞长期发展组。

3.5 结论

本书构建的基于能源、经济目标协同发展的最小产业结构调整优化的方法学体系，为类似领域的研究提供了一种崭新的视角，其涉及的两阶段优化方法、产业规模变化率引入多目标优化模型、敏感性分析等也为类似领域的研究提供了方法学上的借鉴。

研究发现中国目前的能源经济系统尚有较大的提升潜力，且在综合偏好的选择下，优化结果符合中国高质量发展的实际要求。部分产业虽然直接消耗能源较少但需要从其他产业购入很多商品，使其具有较高的隐藏碳排放。尽管这些产业有较高的经济效益，但其调整需谨慎考虑。通过对综合偏好下优化方案的深入分析，提出了将产业按照规模缩减组、长期发展组、短期发展组进行分类管理的建议。此分组同时也识别出了组内高碳排放强度的产业，并将其精准归为对应组别。此外，通过敏感性分析，对上述分类管理建议进行了进一步细化，即得出不同产业能效提升促进能源经济系统水平提高的优先级顺序。

由于中国环境统计年鉴中没有统计各产业污染物排放情况，因此本书未将环境影响作为优化目标，而是通过能源消耗总量与能源消耗结构间接反映环境影响，建议在未来研究中完善多目标优化模型中的环境这一环节。

参考文献

[1]Kober, T., Schiffer, H.W., Densing, M., et al. Global Energy Perspectives to 2060—WEC's World Energy Scenarios 2019[J]. Energy Strategy Reviews, 2020,

31:100523.

[2]Zhang, P., Nan, Y. China's Economic Growth and Structural Transition since 1978[J]. China Economist, 2018, 13:24-59.

[3]李玲玲. 2020年全球及中国能源结构、能源强度现状分析及预测[EB/OL]. (2020-01-07)[2022-05-16]. https://www.chyxx.com/industry/202001/826120.html.

[4]Pandey, S., Dogan, E., Taskin, D. Production-Based and Consumption-Based Approaches for the Energy-Growth-Environment Nexus: Evidence from Asian Countries[J]. Sustainable Production and Consumption, 2020, 23:274-281.

[5]Tiba, S., Omri, A. Literature Survey on the Relationships between Energy, Environment and Economic Growth[J]. Renewable and Sustainable Energy Reviews, 2017, 69:1129-1146.

[6]Zhang, X., Zhang, M., Zhang, H., et al. A Review on Energy, Environment and Economic Assessment in Remanufacturing Based on Life Cycle Assessment Method[J]. Journal of Cleaner Production, 2020, 255:120160.

[7]Bölük, G., Mert, M. Fossiland Renewable Energy Consumption, GHGs (Greenhouse Gases) and Economic Growth: Evidence from a Panel of EU (European Union) Countries[J]. Energy, 2014, 74:439-446.

[9]Nong, D., Wang, C., Al-Amin, A.Q. A Critical Review of Energy Resources, Policies and Scientific Studies towardsA Cleaner and More Sustainable Economy in Vietnam[J]. Renewable and Sustainable Energy Reviews, 2020, 134:110117.

[9]Zhao, X., Luo, D. Forecasting Fossil Energy Consumption Structure toward Low-Carbon and Sustainable Economy in China: Evidence and Policy Responses[J]. Energy Strategy Reviews, 2018, 22:303-312.

[10]González, J.P., Gosálbez, G.G., Esteller, L.J. Multi-Objective Optimization of US Economy via Multi-Regional Input-Output Analysis[J]. Computer Aided Chemical Engineering, 2014, 33:1015-1020.

[11]Yu, Y., Liu, H. Economic Growth, Industrial Structure and Nitrogen Oxide Emissions Reduction and Prediction in China[J]. Atmospheric Pollution Research, 2020, 11:1042-1050.

[12]Liu, Y., Bian, J., Li, X., et al. The Optimization of Regional Industrial Structure under the Water-Energy Constraint: A Case Study on Hebei Province in

China[J]. Energy Policy, 2020, 143:111558.

[13]Pan, X., Xu, H., Song, M., et al. Forecasting of Industrial Structure Evolution and CO_2 Emissions in Liaoning Province[J]. Journal of Cleaner Production, 2020:124870.

[14]Vural, G. How Do Output, Trade, Renewable Energy and Non-Renewable Energy Impact Carbon Emissions in Selected Sub-Saharan African Countries? [J]. Resources Policy, 2020, 69:101840.

[15]Bagherian, M. A., Mehranzamir, K. A Comprehensive Review on Renewable Energy Integration for Combined Heat and Power Production[J]. Energy Conversion and Management, 2020, 224:113454.

[16]Padhan, H., Padhang, P.C., Tiwari, A.K., et al. Renewable Energy Consumption and Robust Globalization (S) in OECD Countries: Do Oil, Carbon Emissions and Economic Activity Matter? [J]. Energy Strategy Reviews, 2020, 32:100535.

[17]He, K., Wang, L. A Review of Energy Use and Energy-Efficient Technologies for the Iron and Steel Industry[J]. Renewable and Sustainable Energy Reviews, 2017, 70:1022-1039.

[18]Ma, X., Wang, Y., Wang, C. Low-Carbon Development of China's Thermal Power Industry Based onAn International Comparison: Review, Analysis and Forecast[J]. Renewable and Sustainable Energy Reviews, 2017, 80:942-970.

[19]Nicolas, M.F., Vlasova, M., Aguilar, P.A.M., et al. Development of an Energy-Saving Technology for Sintering of Bricks from High-Siliceous Clay by the Plastic Molding Method[J]. Construction and Building Materials, 2020, 242:118142.

[20]Zhang, S., Xie, Y., Sander, R., et al. Potentials of Energy Efficiency Improvement and Energy-Emission-Health Nexus in Jing-Jin-Ji's Cement Industry[J]. Journal of Cleaner Production, 2021, 278:123335.

[21]Xue, C., Xu, G., Zhao, S., et al. A Theoretical Investigation of Energy Efficiency Improvement by Coal Pre-Drying in Coal Fired Power Plants [J]. Energy Conversion and Management, 2016, 122:580-588.

[22]Han, Y., Wu, H., Geng, Z., et al. Review: Energy Efficiency Evaluation of Complex Petrochemical Industries[J]. Energy, 2020, 203:117893.

[23]Sun, X., An, H., Gao, X., et al. Indirect Energy Flow between

Industrial Sectors in China: A Complex Network Approach[J]. Energy, 2016, 94:195-205.

[24] Dixit, M.K. Life Cycle Embodied Energy Analysis of Residential Buildings: A Review of Literature to Investigate Embodied Energy Parameters [J]. Renewable and Sustainable Energy Reviews, 2017, 79:390-413.

[25] Chang, Y., Ries, R.J., Man, Q., et al. Disaggregated I-O LCA Model for Building Product Chain Energy Quantification: A Case from China [J]. Energy and Buildings, 2014, 72:212-221.

[26] Shepard, J.U., Pratson, L.F. Hybrid Input-Output Analysis of Embodied Energy Security[J]. Applied Energy, 2020, 279:115806.

[27]谭忠富,张金良.中国能源效率与其影响因素的动态关系研究[J].中国人口·资源与环境,2010,20:43-49.

[28]齐志新,陈文颖,吴宗鑫.工业轻重结构变化对能源消费的影响[J].中国工业经济,2007(02)35-42.

[29] Hu, W., Tian, J., Chen, L. An Industrial Structure Adjustment Model to Facilitate High-Quality Development of an Eco-Industrial Park[J]. Science of the Total Environment, 2020:142502.

[30] Merciai, S. An Input-Output Model in a Balanced Multi-Layer Framework [J]. Resources, Conservation and Recycling, 2019, 150:104403.

[31] Israilevich, P.R., Hewings, G.J.D., Schindler, G.R., et al. The Choice of an Input-Output Table Embedded in Regional Econometric Input-Output Models[J]. Papers in Regional Science, 1996, 75:103-119.

[32] Fan, D., Liu, X. An Input-Output Dynamic Model[J]. Chinese Journal of Management Science, 2002, 10:42-45.

[33] Song, J., Yang, W., Higano, Y., et al. Introducing Renewable Energy and Industrial Restructuring to Reduce GHG Emission: Application of a Dynamic Simulation Model[J]. Energy Conversion and Management, 2015, 96:625-636.

[34] Siala, K., de la Rúa, C., Lechón, Y., et al. Towards a Sustainable European Energy System: Linking Optimization Models with Multi-Regional Input-Output Analysis[J]. Energy Strategy Reviews, 2019, 26:100391.

[35] Yu, S., Zheng, S., Zhang, X., et al. Realizing China's Goals on Energy Saving and Pollution Reduction: Industrial Structure Multi-Objective Optimization Approach[J]. Energy Policy, 2018, 122:300-312.

[36]Jiang, M., An, H., Gao, X.,et al. Consumption-Based Multi-Objective Optimization Model for Minimizing Energy Consumption: A Case Study of China [J]. Energy, 2020, 208:118384.

[37]Yu, S., Zheng, S., Li, X.,et al. China Can Peak Its Energy-Related Carbon Emissions Before 2025: Evidence from Industry Restructuring[J]. Energy Economics, 2018, 73:91-107.

[38]国家统计局. 2017 年中国投入产出表[EB/OL].(2018-06-30)[2021-12-24].https://www.yearbookchina.com/naviBooklist-n3020080502-1.html.

[39]国家统计局. 中国能源统计年鉴 2018[EB/OL].(2019-09-24)[2021-12-24].http://www.stats.gov.cn/tjsj/tjcbw/201909/t20190924_1699094.html.

[40]Wang, H., Pan, C., Wang, Q.,et al. Assessing Sustainability Performance of Global Supply Chains: An Input-Output Modeling Approach[J]. European Journal of Operational Research, 2020, 285:393-404.

[41]Guitton, H., Rasmussen, P. Studies in Inter-sectoral Relations[J]. Revue Economique-REV ECON. 1957, 8:1103.

[42]Liu, Z., Huang, Q., He, C.,et al. Water-Energy Nexus within Urban Agglomeration: An Assessment Framework Combining the Multiregional Input-Output Model, Virtual Water, and Embodied Energy[J]. Resources, Conservation and Recycling, 2021, 164:105113.

[43]Liu, B., Wang, D., Xu, Y.,et al. A Multi-Regional Input-Output Analysis of Energy Embodied in International Trade of Construction Goods and Services[J]. Journal of Cleaner Production, 2018, 201:439-451.

[44]Wang, Q., Xu, Z., Yuan, Q.,et al. Evaluation and Countermeasures of Sustainable Development for Urban Energy-Economy-Environment System: A Case Study of Jinan in China[J]. Sustainable Development, 2020,28:1663-1677.

[45]Li, L., Liu, F., Li, C. Customer Satisfaction Evaluation Method for Customized Product Development Using Entropy Weight and Analytic Hierarchy Process[J]. Computers and Industrial Engineering, 2014, 77:80-87.

[46]Xu, L., Wang, Q. Descriptive Statistics[M].Chengdu: Southwest University of Finance and Economics Press, 2001.

[47]中华人民共和国国民经济和社会发展第十三个五年规划纲要[EB/OL].(2016-03-16)[2021-12-24].http://www.12371.cn/special/sswgh/wen/.

[48]习近平. 决胜全面建成小康社会,夺取新时代中国特色社会主义伟大胜利——在中国共产党第十九次全国代表大会上的报告[EB/OL].(2017-10-

27)[2021-06-15] .http://www.moe.gov.cn/jyb_xwfb/xw_zt/moe_357/jyzt_2017nztzl/2017_zt11/17zt11_yw/201710/t20171031_317898.html.

[49]国务院. 国务院关于印发"十三五"节能减排综合工作方案的通知[EB/OL]. (2017-01-05)[2021-06-15] .http://www.gov.cn/zhengce/content/2017-01/05/content_5156789.htm.

[50]Dong, K. The Dynamic Optimization Model of Industrial Structure with Energy-Saving and Emission-Reducing Constraint[J]. Journal of Sustainable Development, 2008,1:27.

[51]Deb, K., Agrawal, S., Pratap, A., et al. A Fast Elitist Non-dominated Sorting Genetic Algorithm for Multi-objective Optimization: NSGA-Ⅱ[J]. Lecture Notes in Computer Science, 2000,1917:849-858.

[52]Wang, Y., Wen, Z., Li, H. Symbiotic Technology Assessment in Iron and Steel Industry Based on Entropy TOPSIS Method[J]. Journal of Cleaner Production, 2020, 260:120900.

[53]Hwang, C.L., Yoon, K.P. Multiple Attribute Decision Making Methods and Applications A State-of-the-Art Survey[M].London:Springer, 2012.

[54]Cao, X., Wen, Z., Xu, J., et al. Many-Objective Optimization of Technology Implementation in the Industrial Symbiosis System Based on a Modified NSGA-Ⅲ[J]. Journal of Cleaner Production, 2020, 245:118810.

第4章　碳达峰路径之城镇居民交通出行系统优化研究

近年来，随着城市化进程的加快，城市道路交通引发的社会与环境问题日益显现。城市道路交通对石油资源的大量消耗引发了二氧化碳排放的快速上升，并预计会在很长一段时间内持续升高[1,2]。根据国际能源署的调查，运输业造成的二氧化碳排放已占全球总排放量的23%[3]。另外，汽车保有量的快速上升造成了严重的交通拥堵[4,5]，进而引起了城市居民的诸多不满[6,7]，这是当今许多国家主要城市都面临的主要社会困境之一。中国作为人口大国，经济发展迅速，全国汽车保有量快速上升，至2021年已达到2.87亿辆，预计到2050年超过6亿辆[8]。汽车出行已逐渐成为中国城市市民日常出行越来越依赖的主要方式。2018年，北京有超过35%的出行者选择以汽车出行[9]。2014～2015年，上海有59.65%的复杂出行都与汽车出行相关[10]。主要交通出行方式向机动车出行持续转移不仅导致了城市交通系统的日益拥挤，同时间接造成了环境污染、道路交通事故，及其引发的经济损失等问题[11]。为有效减轻这种出行方式带来的不利影响，中国正在采取控制汽车配额[12]、鼓励绿色出行[13]等相关措施，避免城市交通出行系统的持续恶化。尽管政府在此方面做出了很多努力，但到目前为止都收效甚微[14]。因此，采取何种策略实现对城市交通出行系统引发的社会环境问题，尤其在碳减排、拥挤度环节、满意度提升等方面问题的协同解决，已经成为学者们当今研究的一个热点[15-18]。

基于上述研究背景，许多学者分别对城市居民出行系统中的二氧化碳排放、道路拥堵及市民出行满意度等方面开展了诸多研究。在二氧化碳排放方面，一些学者认为通过提升交通工具性能的方式可以直接减少出行带来的碳排放。如辛格(Singh)等人认为在传统车辆动力系统中加入生物醇可以有效提升车辆的减排效果[19]。豪根(Haugen)等人对比了纯电动汽车与燃料电池汽车的二氧化

碳减排效果，认为轻型纯电动汽车能够极大地减少二氧化碳排放[20]。也有一些学者研究分析了交通基础设施建设对道路二氧化碳排放造成的影响。如莫赫曼德(Mohmand)等人认为经济增长与交通投资将导致基础设施的增加与二氧化碳排放的增加[21]。谢里菲(Sharifi)等人认为相关的道路设施建设可以在 2.5～2.9 年内回收设施建设与维护中产生的碳排放[22]。在道路拥堵方面，一些学者认为其与城市时空分布特征密切相关。如孙(Sun)等人对青岛 3 种类型的道路交通性能的时空规律和差异进行研究，阐明了不同交通状况的作用机理[23]。荣(Rong)等人认为工作和生活地点距离远且社会经济基础设施(如学校)分配不平等是造成居民出行集中在快速发展地区的主要原因[24]。基于此，许多学者认为做好城市规划尤其是提升路网效率对解决拥挤度起着重要作用[25]。李(Li)等人认为多中心的城市规划对城市拥堵状况有缓解作用，但发展 4 个以上人口中心反而会导致更多的拥堵[26]。徐(Xu)等人通过构建 STRIPAT 模型，认为三维空间中紧凑的城市结构会对交通拥堵产生不利的影响[27]。通过缓解道路拥堵状况也会在一定程度会减少碳排放，两者之间存在一定的正相关关系[24,27]。以上研究几乎都是从政府角度出发，采取改善城市规划、改进交通技术、提升基础交通设施等方法，达到碳减排或缓解道路拥堵的目的。但这些策略的实施会伴随着大量的物质资源的投入，实施起来的难度较大。

为寻找实施难度相对较低的优化策略，一些学者从市民角度出发，探究如何引导市民改变出行偏好，间接优化城市居民出行系统。如杨(Yang)等人分析了不同出行目的、出行时间对出行方式的影响，发现非机动车出行是半数以上出行目的的最佳出行方式[28]。牟(Mou)等人调研了济南市民对于拼车通勤的态度，发现约 34%的居民因为拼车而选择了放弃或延迟购车[29]。以上研究大多聚焦于对市民某一具体出行行为的鼓励或限制，进而实现对城市居民出行系统结构的优化。其从实施的难度上分析，较前面提及的政府侧策略更低，难点在于需要消耗大量时间对市民施加出行观念的引导。同时，由于此类策略的优化效果受市民主观认知的影响较大，如何量化市民对于不同出行方式的满意度，成为了研究的重点。马(Ma)等人采用结构方程模型，研究了空气质量与噪声污染对不同出行方式满意度的量化影响[30]。张(Zhang)等人则以每种出行方式的拥挤度来表征舒适度，进而计算最优的出行结构调整方案[31]。还有一些学者分别从出行方式内部环境、安全性、性价比、速度与可靠性等各种角度，量化市民对不同出行方式的满意度[32-34]。然而，尽管目前对城市居民出行系统的优化策略已有较多研究，但仍存在以下几点问题亟须解决：第一，大多数研究都是从政府侧或市民侧单一视角优化城市居民出行系统，缺少从双视角协同的角度思考优化方案。第二，现有研究大多局限于某一类策略实施的优化效果，缺少从多种策略组合实施的情况分析其协同影响效果。第三，城市居民出行统计体系不完善，数据来源的不完备性导致了策略实施效果的不确定性。

基于上述分析，首先，为平衡政府与市民双方对于城市交通出行的需求，本书构建了一种基于政府-市民协同视角的城市居民出行多目标优化模型，将政府侧对于碳减排与道路拥挤状况改善的需求以及市民侧对于各种出行方式整体的满意度作为优化目标，探索城市居民出行系统在现有出行条件下未来规划年的优化潜力。其次，考虑到不同策略实施对城市居民出行系统的优化作用，将文献中归纳得到的3类策略引入优化模型，并通过量化分析的手段解析多种策略组合实施的协同优化效果，给出城市交通出行优化策略的实施路径。最后，考虑到数据来源的不确定性，采用交互式算法对原不确定优化模型进行处理，使最终求解的优化方案集在面临客观出行条件变化时，都有相应的最优备选方案，大大增加了优化结果的可信度。

4.1 多目标优化模型构建

4.1.1 案例选择

江苏省近年来经济发展快速，人均GDP连续12年稳居全国之首[35]。苏州作为江苏省经济发展最好的城市之一[36]，早在2014年就提出了2020年二氧化碳排放总量达到峰值的目标[37]，并将2020～2025年设为碳排放波动期，此后碳排放稳步下降。然而，经济水平的快速提高使得市民的消费观念快速改变，城市机动车数目迅速增加。自2018年起，苏州市私家车保有量就超过了上海成为全国第四，私家车保有量的增加不可避免地加剧了城市交通的拥挤与碳排放情况的恶化。2005～2017年，苏州市交通部门是除工业部门外造成二氧化碳排放最高的部门[38]。为减少由城市交通带来的碳排放压力，也为缓解道路拥堵现状，苏州亟须对城市出行系统进行优化，并提出相应的优化策略推进方案。因此，以苏州市区为案例开展研究，具有较好的典型性和代表性。此外，本书研究的基准年为2019年，规划年为2025年。

4.1.2 决策变量

此次研究选择各出行方式的出行人次作为模型的决策变量，其他策略对应的参数在基础模型中作为常量。受数据可获得性的制约，决策变量选择占城市居民出行交通比例最大的6种出行方式，即X_1（步行）、X_2（自行车/电动自行车）、X_3（私家车）、X_4（出租车）、X_5（公交车）、X_6（地铁）。

4.1.3 目标函数

4.1.3.1 二氧化碳排放最小化

碳排放量最小化是政府对城市居民出行系统的主要目标之一，表达公式为：

$$\min\{C\}^{\pm} = \sum_{i=3,4,5} ce_i^{\pm} ad_i^{\pm} X_i^{\pm} \tag{4-1}$$

其中，ce_i 表示第 i 种出行方式行驶每人每千米的碳排放系数，本书研究不考虑生命周期过程导致的二氧化碳排放，仅考虑运行过程中化石能源消耗导致的二氧化碳排放。步行、自行车/电动自行车、地铁在运行过程中均不消耗化石能源，因此不直接产生二氧化碳排放，其对应系数为 0。对私家车、出租车、公交车而言，根据不同能源类型车的占比（$type_{ij}$）及其对应的碳排放系数（c_{ij}），以及不同出行方式的平均载客量（pc_i）计算得到其对应的二氧化碳排放量。

$$ce_i^{\pm} = \sum_{j=1}^{m} \frac{type_{ij}\, c_{ij}}{pc_i}, (i = 3,4,5) \tag{4-2}$$

其中，下标 i、j 分别表示第 i 种出行方式中的第 j 种能源类型的交通工具。

4.1.3.2 道路拥堵最小化

本次研究采用各出行方式的动态占道面积总和来表征道路拥堵情况[4]。

$$\min\{RC^{\pm}\} = \sum_{i=1}^{6} da_i^{\pm} X_i^{\pm} \tag{4-3}$$

4.1.3.3 出行方式满意度最大化

由于对出行方式的满意度与选择该种方式的出行人数相关且关系较为复杂，已有研究认为两者之间存在负相关关系，即某种出行方式的人数越接近该种出行方式所能容纳的拥挤度上限，则人们对该种出行方式的满意度越低。本书研究采用二次方程来反映此关系，公式为：

$$\max\{S^{\pm}\} = \sum_{i=1}^{6} \frac{sa_i (X_i^{\pm} - X_{cli})}{X_{0i} - X_{cli}} \times \frac{X_i^{\pm}}{X_f^{\pm}} \tag{4-4}$$

其中，X_{cli} 表示第 i 种出行方式承载力上限。$(X_i^{\pm} - X_{cli})/(X_{0i} - X_{cli})$ 表示第 i 种出行方式出行人数距离其负载上限的相对距离，比值越小，说明第 i 种出行方式越靠近该种出行方式的负载上限，则市民对该种出行方式满意度越低。$X_i^{\pm}/X_f^{\pm}$ 表示市民采用 i 种出行方式所占的比例。

公交车与地铁的承载上限是通过班次与额定载客量计算得到的，见公式(4-5)。出租车载客上限根据历史最高值设定。其余几种出行方式承载能力上限则根据路网承载能力计算，见公式(4-6)：

$$X_{cli} = f_i^{+} r_i^{+}, (i = 5,6) \tag{4-5}$$

$$X_{cli} = \frac{X_0 L}{da_i^{-}}, (i = 1,2,3) \tag{4-6}$$

满意度系数sa_i的计算主要依赖于市民对于不同出行方式的主观感受。本书研究选择了影响市民出行选择的7种属性(Sp、Ex、Ra、Co、Et、Am、Ab)用以满意度计算。为减少主观不确定性,研究采用直觉模糊熵权法[41]。

4.1.3.4 目标转化

将原目标方程转化成提升率或下降率,使得目标之间可以进行加减运算,便于下文模型的求解与方案之间的对比。

$$\min\{C\}^{\pm}=\sum_{i=3,4,5} ce_i^{\pm}\, ad_i^{\pm}\, X_i^{\pm} \rightarrow \min\{dC^{\pm}\}=\frac{C^{\pm}-C_0}{C_0} \tag{4-7}$$

$$\min\{RC\}^{\pm}=\sum_{i=1}^{6} da_i^{\pm}\, X_i^{\pm} \rightarrow \min\{dRC^{\pm}\}=\frac{RC^{\pm}-RC_0}{RC_0} \tag{4-8}$$

$$\max\{S\}^{\pm}=\sum_{i=1}^{6}\frac{sa_i(X_i^{\pm}-X_{cli})}{X_{0i}-X_{cli}}\times\frac{X_i^{\pm}}{X_f^{\pm}} \rightarrow \max\{dS^{\pm}\}=\frac{S^{\pm}-S_0}{S_0} \tag{4-9}$$

4.1.4 约束条件

4.1.4.1 总量约束

各种出行方式的出行人次总和至少要满足规划年的预测值,同时各种出行方式的出行距离总和也不能小于总出行距离预测值。上述两者为总量约束,见公式(4-10)和公式(4-11):

$$\sum_{i=1}^{6} X_i^{\pm}=X_f^{\pm} \tag{4-10}$$

$$\sum_{i=1,2,6} ad_i^{\pm}\, X_i^{\pm}+\sum_{i=3,4,5} ad_i^{\pm}\, X_i^{\pm}\geqslant X_{fd}^{\pm} \tag{4-11}$$

4.1.4.2 负载能力约束

出行结构调整后,路面交通的人均动态占道面积必须小于人均道路拥有面积,定义为路网承载力约束,见公式(4-12)。此外,受拥挤度、班次、额定承载人数等因素影响,不同交通方式自身的承载能力也具有上限,定义为交通方式承载力约束,见公式(4-13):

$$\frac{\sum_{i=1}^{5} da_i^{\pm}\, X_i^{\pm}}{X_f^{\pm}}\leqslant L \tag{4-12}$$

$$X_i^{\pm}\leqslant X_{cli} \tag{4-13}$$

4.1.4.3 可达性约束

受各出行方式可达距离的影响,步行、自行车/电动自行车这类的短距离出行方式无法满足所有市民的出行需求,步行出行无法应对3 km以上的出行任务,而自行车/电动自行车出行无法应对8 km以上的出行任务。根据市民出行距离的比例分布,对短距离出行方式的人次上限进行约束,见公式(4-14):

$$X_i^{\pm} \leqslant dr_i^{\pm} X_f^{\pm} \tag{4-14}$$

4.1.4.4　政策及逻辑约束

依据《苏州市国民经济和社会发展第十四个五年规划和二〇三五年远景目标纲要》，打造公共交通为主导的绿色出行链[42]，公共交通分摊率至少高于基准年，并根据城市出行结构历史年的演变规律，得到各出行方式占比调整约束，见公式(4-15)至公式(4-19)：

$$\frac{X_5^{\pm}}{X_f^{\pm}} \geqslant \frac{X_{05}}{\sum_{i=1}^{6} X_{0i}} \tag{4-15}$$

$$\frac{X_6^{\pm}}{X_f^{\pm}} \geqslant \frac{X_{06}}{\sum_{i=1}^{6} X_{0i}} \tag{4-16}$$

$$X_{\min i} \leqslant X_i^{\pm} \leqslant X_{\max i} \tag{4-17}$$

$$X_{\min i} = al_i^{-} \sum_{i=1}^{6} X_{0i} \tag{4-18}$$

$$X_{\max i} = al_i^{+} \sum_{i=1}^{6} X_{0i} \tag{4-19}$$

4.2　方法学体系构建

4.2.1　研究框架

本书研究构建的方法学体系主要包括 5 个模块。

(1)数据收集：根据统计年鉴以及文献调研，收集模型所需数据。

(2)驱动因素预测：对规划年市民出行总量进行预测，确保在出行结构调整后，所有方案对应的出行总量都大于规划年的预测值。

(3)不确定模型的处理：采用交互式算法，将上文构建的多目标不确定优化模型转化为确定的最优子模型与最劣子模型，便于之后的求解。

(4)多目标优化模型的求解：采用 NSGA-Ⅱ求解子多目标优化模型，得到各子模型对应的最优出行结构调整方案。

(5)协同效应分析：在原模型中引入三类优化策略，分析不同策略在组合实施时的优化效果，设计优化策略的具体实施路径。

4.2.2　数据来源

根据苏州市统计年鉴、文献以及政府文件，整理得到 6 种城市主要出行方式的基础参数(见表 4-1)。

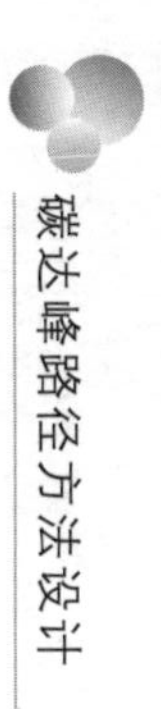

表 4-1 碳减排-拥挤度-满意度多目标优化模型参数设置

符号	单位	出行方式						来源
		步行	自行车/电动自行车	私家车	出租车	公交车	地铁	
X_0	人	1671554	3147870	2818017	36551	1004715	236246	
p	人	[3897965,3971783]						[48]
ce	g/(km·人)	[0,0]	[0,0]	[66.91,113.28]	[74.40,157.61]	[9.94,15.94]	[0,0]	[49, 50]*
pc	1/人	1	[1,1.2]	[1.5,2]	[1.25,1.5]	[32,35]	[630,650]	[31, 48]
$type$	%	/	/	汽油,99%	汽油,43.6%	电力,46.9%	/	[51-53]
		/	/	电力 & 氢能,1%	电力,22.7%	氢能,25.3%	/	
		/	/		CNG,33.7%	柴油,27.9%	/	
c	g/km	/	/	汽油,[134.0,170.0]	汽油,[159,264.7]	电力,0%	/	公交车[54, 55]
		/	/	电力,0%	电力,0%	氢能,[630.3,806.8]	/	出租车[56-57]
		/	/	氢能,[116.7,162.3]	CNG,[125.4,242.1]	柴油,[676.9,1099.1]	/	私家车[59,60]
da	m^2/人次	0.75	[7.4,8]	[15,46.6]	30	[1.5,1.6]	0	[61, 62]
ad	km/人次	[1.25,1.5]	[3,4]	[9,9.5]	[7.5,8]	[6.5,7]	[12,12.5]	[63]
d	km/人次	5.9						[63]
t	人次/人	[2.37,2.45]						[63, 64]
L	m^2/人	29.66						[48]

续表

符号	单位	出行方式						来源
		步行	自行车/电动自行车	私家车	出租车	公交车	地铁	
f	时长	/	/	/	/	[63470,67184]	1566	[65, 66]
r	人次/时长	/	/	/	/	100	1200	*
al	%	[0.1,0.3]	[0.3,0.5]	[0.2,0.4]	[0.001,0.01]	[0.1,0.2]	[0.02,0.1]	[64,67]
dr	%	[0.28,0.46]	[0.50,0.66]	1	1	1	1	[68]
Sp	km/h	[2.99,5.51]	[10.1,25.3]	[43.56,57.31]	[43.56,57.31]	[20,40]	[40,60]	[14, 69-72]
Ex	CNY/km	0	[0.006,0.01]	[0.428,0.626]	[2.8,3.7]	[0.15,1]	[0.2,1]	[73]
Ra	km	[2,3]	[5,8]	[40,50]	[30,40]	[25,30]	[30,45]	*
Co	1	[0.5,0.6]	[0.6,0.7]	[0.9,0.9]	[0.5,0.6]	[0.25,0.4]	[0.25,0.4]	[74]
Et	min	0	[2,3]	[5,10]	[3,5]	[20,30]	[20,30]	[68, 75]
Am	$1/10^8$ 人次	[13.2,14.2]	[18.5,23.4]	[9.1,9.4]	[9.1,9.4]	[0.3,0.5]	[0.3,0.5]	[76,77]
Ab	%	100	[80,90]	[35,40]	[90,100]	[90,100]	[90,100]	[78]

注：* 表示计算或当地调研值。

4.2.3 驱动因子预测

本书研究优化模型的驱动因素为居民出行总量，其不仅与人口数及市民出行欲望直接相关，而且也受经济、政策、生活观念等因素影响。考虑到影响因素的复杂性，本书研究以市民日均出行次数与平均每次出行距离来表征市民出行欲望，结合对市区人口数的预测，进而预测出行总量的表现值。苏州市区2025年居民出行总人次预测值与总出行距离预测值见公式(4-20)和公式(4-21)。

$$X_f^{\pm} = p^{\pm} t^{\pm} \tag{4-20}$$

$$X_{fd}^{\pm} = X_f^{\pm} d^{\pm} \tag{4-21}$$

本书研究采用灰色马尔科夫预测模型[79]对研究区域常住人口(p)进行预测，以减少常住人口数统计波动性产生的不确定性影响。

4.2.4 不确定模型的处理

由公式(4-1)至公式(4-21)，得到多目标不确定优化模型的最终表达式，见公式(4-22)。发现该模型中目标方程与约束方程都存在区间不确定数，无法直接对该模型进行求解。而本书研究中3个目标在趋近于最优情况时，都要求自变量变化趋势一致，即取尽可能小的值。参考谢(Xie)等人关于不确定优化问题的交互式算法[80]，按照目标的最优与最劣情况将原不确定多目标优化模型拆分为最优与最劣的两个确定的多目标优化模型。

$$\begin{cases} \min\{d\,C^{\pm}\} = \dfrac{\sum\limits_{i=3,4,5} ce_i^{\pm}\, ad_i^{\pm}\, X_i^{\pm} - C_0}{C_0} \\ \min\,\{dRC^{\pm}\} = \dfrac{\sum\limits_{i=1}^{6} da_i^{\pm}\, X_i^{\pm} - RC_0}{RC_0} \\ \max\,\{dS^{\pm}\} = \dfrac{\sum\limits_{i=1}^{6} \dfrac{sa_i(X_i^{\pm} - X_{cli})}{X_{0i} - X_{cli}} \times \dfrac{X_i^{\pm}}{X_f^{\pm}} - S_0}{S_0} \\ \sum\limits_{i=1}^{6} X_i^{\pm} = X_f^{\pm} \\ \sum\limits_{i=1,2,6} ad_i^{\pm}\, X_i^{\pm} + \sum\limits_{i=3,4,5} ad_i^{\pm}\, X_i^{\pm} \geqslant X_{fd}^{\pm} \\ \dfrac{\sum\limits_{i=1}^{6} da_i^{\pm}\, X_i^{\pm}}{X_f^{\pm}} \leqslant L \\ \dfrac{X_5^{\pm}}{X_f^{\pm}} \geqslant \dfrac{X_{05}}{\sum\limits_{i=1}^{6} X_{0i}} \end{cases} \tag{4-22}$$

$$\begin{cases} \dfrac{X_6^{\pm}}{X_f^{\pm}} \geqslant \dfrac{X_{06}}{\sum\limits_{i=1}^{6} X_{0i}} \\ X_{\min i} \leqslant X_i^{\pm} \leqslant \min\left(X_{cli}, dr_i^{\pm} X_f^{\pm}, X_{\max i}\right) \end{cases} \tag{4-22}$$

4.2.5 解决多目标模型

拆分后的最优和最劣子模型仍然是多目标优化模型，此类模型的传统解法是先将多目标模型转化为单目标模型再进行求解。随着计算机技术的发展，出现了较多智能算法用以解决多目标优化问题，这些智能算法相较于传统算法在计算结果上具有较好的表现，可以得到较为完整的帕累托前端面而非单一解决方案。在智能算法中，NSGA-Ⅱ稳定、计算快速且运用广泛，求解得到的方案集可以在不同决策偏好时提供最适宜解决方案的同时提供更多样化的选择空间。因此，本书研究采用对两个子模型进行分别求解，最后通过熵权-TOPSIS[81]，在NSGA-Ⅱ得到的帕累托解集中分别选择两个模型的最优解。

4.2.6 对策之间的协同效应分析

通过文献调研发现，城市规划、路网技术、车辆技术、节能减排技术、基础设施建设、道路资源、财政补贴等策略均对城市居民出行系统具有优化作用[28,29,82-87]。为便于研究分析，将上述策略归纳为三大类，即管理类策略(MG)、技术类策略(TG)与资源类策略(RG)。每种策略对各个模型中不同参数的具体影响情况如表 4-2 所示。受资源条件的限制，上述各种优化策略同时实施是不符合实际情况的。因此，本书研究尝试对其按照单独、两两结合以及三者组合实施的 7 种(MG、TG、RG、MTG、MRG、TRG、MTRG)策略情景进行研究。将上述 3 种策略未实施的情景，即模型中参数保持在 2019 年现有条件下计算得到的优化情景设为基础情景(BAU)。策略实施对模型中参数的影响情况也如表 4-2 所示。

由于单一解在对比不同策略实施的优化效果时不具有代表性，所以在本模块中舍弃了模型求解过程中最优解的选择，即舍弃了 TOPSIS 的步骤，采用各目标在所有解中的平均优化值来比较各策略的实施效果。3 个目标的平均优化值分别用 $\overline{dC}$、$\overline{dRC}$、$\overline{dS}$ 表示，并用正向目标值减去逆向目标值来表征各策略的 3 个目标综合优化值，具体见公式(4-23)。用各策略在最优子模型与最劣子模型中 Tri 的平均值 $\overline{Tri}$ 表征不同策略实施的最终效果，具体见公式(4-24)。

$$Tri^{\pm} = \overline{dS^{\pm}} - \overline{dC^{\pm}} - \overline{dRC^{\pm}} \tag{4-23}$$

$$\overline{Tri} = \frac{Tri^{+} + Tri^{-}}{2} \tag{4-24}$$

表 4-2　不同对策组对因素的具体影响

群组	具体措施	影响因素		出行方式					
				步行	自行车/电动自行车	私家车	出租车	公交车	地铁
管理群组	混合土地使用类型、减少超级社区、混合城市功能区	D		－－					
		ad	最小值	＋＋	＋＋	－－	－－	－－	－－
			最大值	＋＋	＋＋	－－	－－	－－	－－
		F	最小值	＋＋	＋＋	/	/	/	/
			最大值	＋＋	＋＋	/	/	/	/
	鼓励公共交通和非机动出行、鼓励拼车、加强公用车辆管理	pc	最小值	/	/	＋＋	＋＋	＋＋	＋＋
			最大值	/	/	＋＋	＋＋	＋＋	＋＋
	汽车限购燃油附加费、停车收费、降低公共交通费用	Ex	最小值	/	/	＋＋	＋＋	－－	－－
			最大值	/	/	＋＋	＋＋	－－	－－
		Co	最小值	/	/	－	－－	/	/
			最大值	/	/	/	－－	/	/
技术群组	路网技术、车辆技术	da	最小值	/	－－	－－	－－	－－	/
			最大值	/	－－	－－	－－	－－	/
		r	最小值	/	/	/	/	＋＋	＋＋
			最大值	/	/	/	/	＋＋	＋＋
		Ra	最小值	/	＋＋	/	/	/	/
			最大值	/	＋＋	/	/	/	/

续表

群组	具体措施	影响因素		出行方式					
				步行	自行车/电动自行车	私家车	出租车	公交车	地铁
技术群组	路网技术、车辆技术	Co	最小值	/	/	/	/	++	++
			最大值	/	/	/	/	++	++
		Sp	最小值	/	++	++	++	++	++
			最大值	/	++	+	+	+	+
		Sa	最小值	/	−−	−−	−−	−−	−−
			最大值	/	−−	−−	−−	−−	−−
		Ex	最小值	/	−−	−−	−−	/	/
			最大值	/	−−	−−	−−	/	/
		c	最小值	/	/	/	/	/	/
			最大值	/	/	−	−	−	/
	能源技术	c	最小值	/	/	−	−	−	/
			最大值	/	/	−	−	−	/
资源群组	扩大道路面积	L						+	
		Sp	最小值	/	+	++	++	+	/
			最大值	/	+	+	+	+	/

续表

群组	具体措施	影响因素		出行方式					
				步行	自行车/电动自行车	私家车	出租车	公交车	地铁
资源群组	公共交通设施建设（公交车站、充电桩、停车位）、加快轨道交通建设	f	最小值	/	/	/	/	+	+
			最大值	/	/	/	/	+	+
		Et	最小值	/	/	−−	/	−−	−−
			最大值	/	/	−−	/	−−	−−
		Co	最小值	/	/	/	/	++	++
			最大值	/	/	/	/	++	++
	发展共享单车、人行步道建设	Ex	最小值	/	−−	/	/	/	/
			最大值	/	−−	/	/	/	/
		Et	最小值	/	−−	/	/	/	/
			最大值	/	−−	/	/	/	/
		Co	最小值	++	++	/	/	/	/
			最大值	++	++	/	/	/	/
	增加新能源汽车购置补贴	Ex	最小值	/	/	−−	−−	/	/
			最大值	/	/	−−	−−	/	/
		Sp	最小值	/	/	+	+	/	/
			最大值	/	/	/	/	/	/

续表

群组	具体措施	影响因素	出行方式					
			步行	自行车/电动自行车	私家车	出租车	公交车	地铁
资源群组	增加新能源汽车购置补贴	*type*	私家车		出租车		公交车	
			汽油	－－	汽油	－－	电力	＋＋
			电力	＋	电力	＋＋	氢能	/
			氢能	＋	CNG	/	柴油	－－

注：每个“＋”或“－”代表相对于基准年的因子增加或减少 5％；“/”表示因子不变。

4.3 结果

4.3.1 居民出行量的预测

利用灰色马尔科夫预测方法，首先对苏州市区历史年人口总量变化趋势进行预测。对历史年的拟合数据相对误差平均值小于 0.05，平均方差误差比小于 0.35，拟合误差属于小误差的比例大于 95%，认为可以通过误差检验。计算结果如图 4-1 所示。

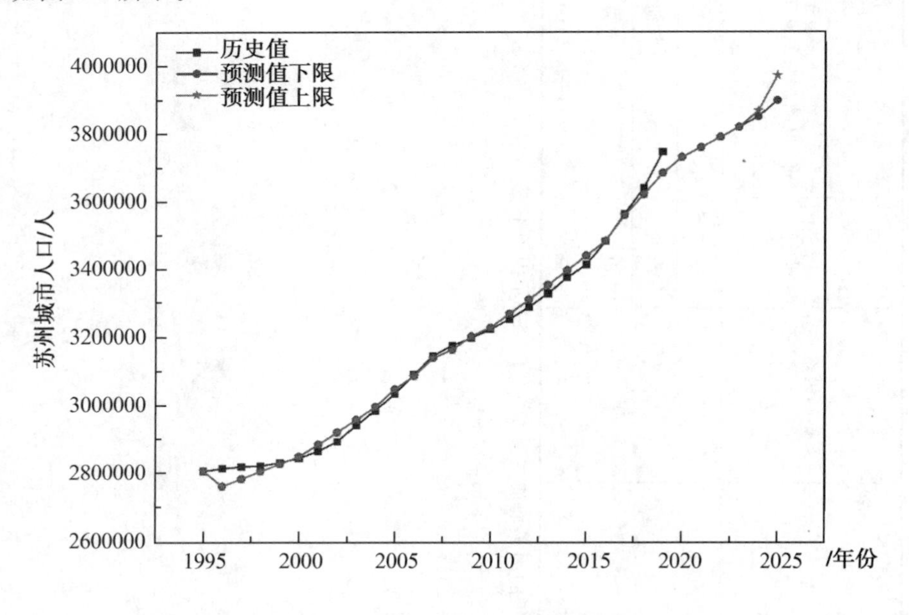

图 4-1　苏州城区 1995～2025 年人口变化模拟图

根据公式(4-1)和公式(4-2)，计算得到苏州市区 2025 年出行人次与出行距离预测值(见表 4-3)。

表 4-3　苏州市区 2025 年出行人次与出行距离预测值

条件	P/人	t/[时长/(天·人)]	d/(km/时长)	Xf/时长	Xfd/km
最小值	3897965	2.37	5.9	9238177	54505244.98
最大值	3971783	2.45	5.9	9730868	57412120.06

4.3.2 基本优化结果

根据公式(4-23)，采用 NSGA-Ⅱ对拆解的两个子多目标优化模型分别进行求解。结合试算结果，为了保证计算结果的收敛，最优模型中种群数设置为500，迭代次数设置为 500；最劣模型中种群数设置为 500，迭代次数设置为2000。迭代结果如图 4-2 所示。

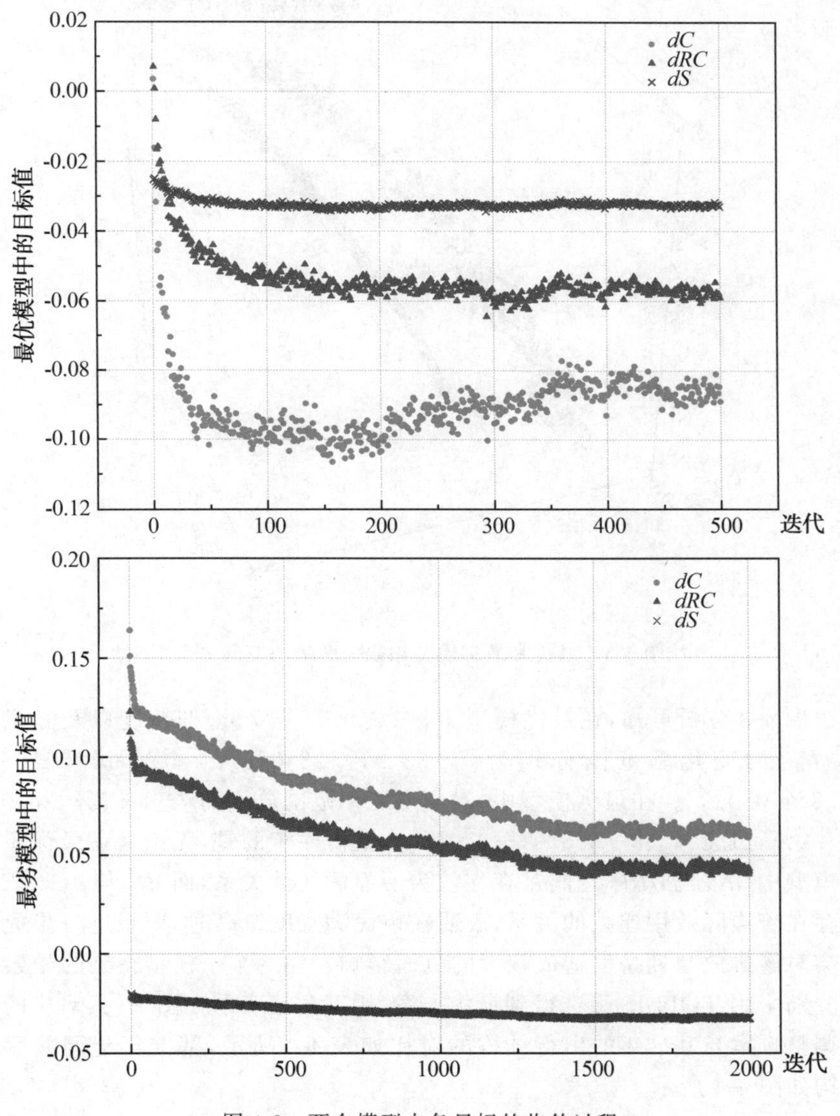

图 4-2　两个模型中各目标的收敛过程

由图 4-2 分析可知，在最优模型中，二氧化碳排放量变化率在－9.5%左右趋于稳定，拥挤度变化率在－6%左右趋于稳定，满意度变化率在－3%左右趋于稳定。在最劣模型中，二氧化碳排放量、拥挤度、满意度的变化率分别在 5.5%、4%、－3%左右趋于稳定。经过 NSGA-Ⅱ计算，得到 500 个备解（见图 4-3）。

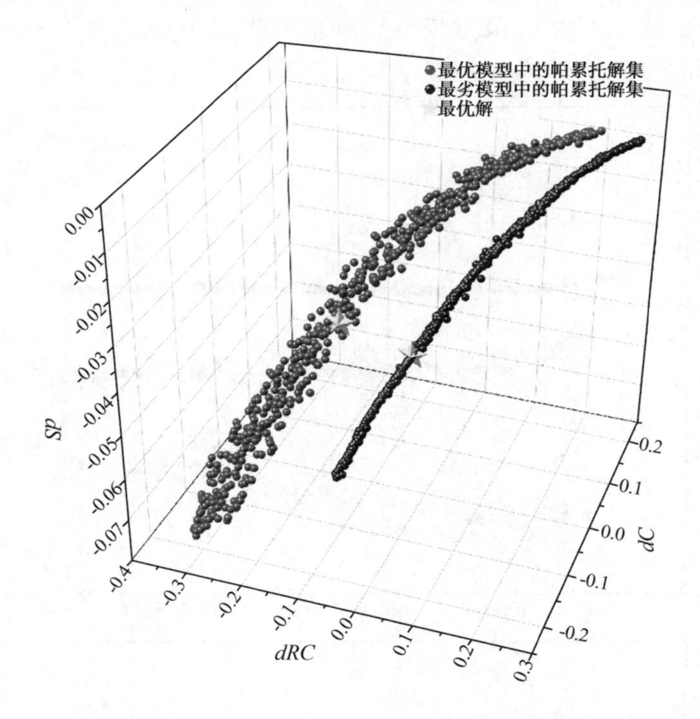

图 4-3　最优和最劣模型帕累托解集的空间分布

由图 4-3 分析可知，在最优模型中，二氧化碳排放量、拥挤度以及满意度三个目标值的变化率范围分别为[－33.9%，23.0%]、[－20.7%，11.5%]、[－7.8%，0.0%]。在最劣模型中，对应变化率范围分别为[－10.7%，26.9%]、[－11.7%，21.8%]、[－6.6%，－0.9%]。值得注意的是，无论是在最优还是在最劣模型中，dC 与 dRC 之间都存在较为明显的线性关系，而 dS 与 dC、dRC 之间则存在着边际效用递减的关系，表明在市民满意度较高时，要想进一步提高满意度会对碳排放与拥挤度造成较大的负面影响。在两个子模型得到的帕累托解集中分别采用 TOPSIS 筛选得到最优方案，用五角星表示在图中，其对应的出行结构调整方案与基准年的出行结构的对比如表 4-4 所示，基准年与调整后的出行结构如图 4-4 所示。

表 4-4　BAU 情景下最优和最劣模型的最优解

优化方案		基准年	最优模型	最劣模型
目标/%	dC	0	−0.627	−1.560
	dRC	0	−9.659	−2.721
	dS	0	−3.151	−4.325
决策变量/trip	X_1	1671554	1812669	1612046
	X_2	3147870	2926995	3061825
	X_3	2818017	2505358	2726603
	X_4	36551	9525	30688
	X_5	1004715	1220759	1506438
	X_6	236246	762872	793268

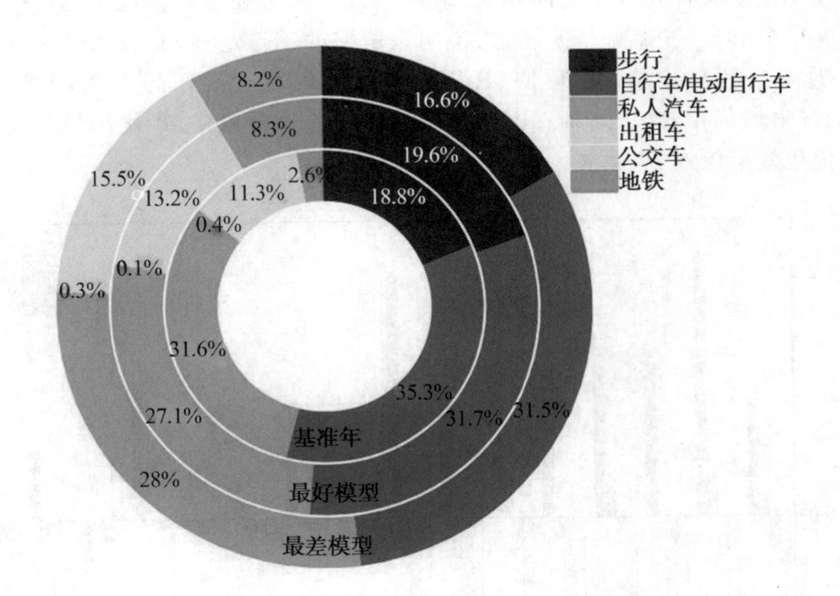

图 4-4　基准年与优化出行结构比较

由表 4-4 与图 4-4 分析可知，相比于基准年的出行结构，最优与最劣模型中自行车/电动自行车、私家车占比都有所下降；步行、公交车、地铁占比都有所上升；出租车占比变化不大。具有明显差别的是，最优模型相比于最劣模型，步行比例更高，而公交车比例更低。究其原因是在最劣模型中，城市规划、基础设施建设等参数都处于较差水平，导致市民对出行距离的需求更偏向于远距离出行，步行难以满足此需求，转而采用公交车这种舒适度稍低但能满足远距离出行的方式。

4.3.3 协同优化的效果

各策略在不同模型中平均优化效果的对比如图 4-5 所示。分别对不同策略实施之后的优化模型进行求解，得到它们在最优与最劣模型中对 3 个目标的平均优化效果(见表 4-5)。由图 4-5 分析可知，对比单独实施策略 MG、TG、RG 与组合实施策略 MTG、MRG、TRG、MTRG 的优化效果，发现组合策略实施的优化效果远低于其组成策略单独优化效果的叠加，说明在该系统中，投入与收益之间存在较为明显的效益递减。由表 4-5 分析可知，在 3 种单独策略中，MG 的综合优化效果最优，达到[11.40%，44.42%]；RG 的综合优化效果最差，仅仅略高于 BAU，达到[−1.09%，25.35%]。在 4 种组合策略中，TRG 的综合优化效果最差，最优模型的优化效果为 22.29%，仅比基础优化情景高 2.7%；MRG 在最优模型中的综合优化效果是最好的，达到 48.88%，但在最劣模型中的综合优化效果是−6.86%，比基础情况还低，说明该策略的不稳定性较高；通过计算最优与最劣模型的平均值，发现 MTRG 是平均优化效果最好的方案，其达到了 33.63%平均优化效果，同时它也是稳定性最好的一种策略，最优与最劣模型的总体优化效果仅差 12.24%。

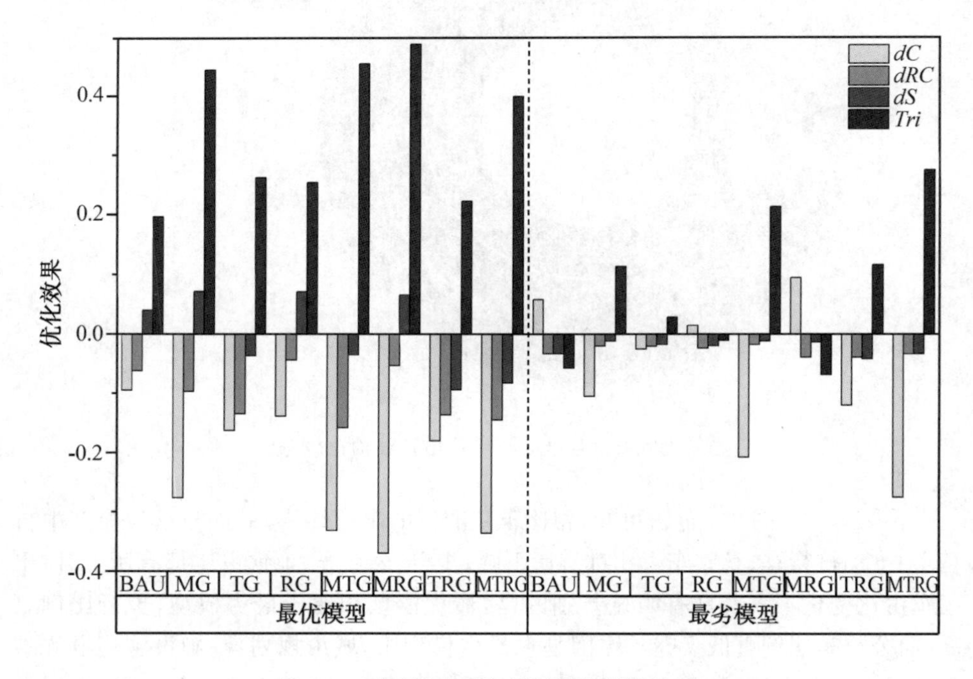

图 4-5 不同策略下各目标优化效果比较

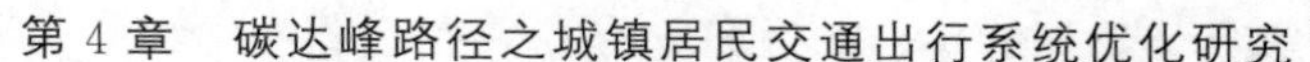

表 4-5　不同策略下最佳和最差模型各目标的平均优化值

策略	dC/%		dRC/%		dS/%		Tri/%	
	最优	最劣	最优	最劣	最优	最劣	最优	最劣
BAU	−9.49	5.79	−6.17	−3.31	3.95	−3.29	19.62	−5.76
MG	−27.63	−10.54	−9.67	−2.02	7.12	−1.16	44.42	11.40
TG	−16.28	−2.55	−13.50	−2.08	−3.67	−1.77	26.11	2.86
RG	−13.91	1.47	−4.37	−2.39	7.08	−2.00	25.35	−1.09
MTG	−33.20	−20.85	−15.81	−1.78	−3.50	−1.15	45.51	21.48
MRG	−36.99	9.50	−5.34	−3.94	6.55	−1.31	48.88	−6.86
TRG	−18.00	−12.00	−13.68	−3.93	−9.39	−4.20	22.29	11.73
MTRG	−33.63	−27.57	−14.50	−3.38	−8.25	−3.31	39.88	27.64

为对比不同策略实施的最终效果，根据公式(4-23)和公式(4-24)，计算各策略在最优子模型与最劣子模型中三目标综合优化效果的平均值 $\overline{Tri}$，绘制不同策略组协同优化效果路线图(见图 4-6)。由图 4-6 分析可知，在Ⅰ阶段，客观出行条件保持在 2019 年的水平下，通过调整出行结构，已经可以使 $\overline{Tri}$ 达到 6.92%；在Ⅱ阶段，MG、TG 策略的先后实施能使 $\overline{Tri}$ 达到 33.49%；在Ⅲ阶段，所有策略全部实施的 $\overline{Tri}$ 比Ⅱ阶段略微上升，达到 33.76%。

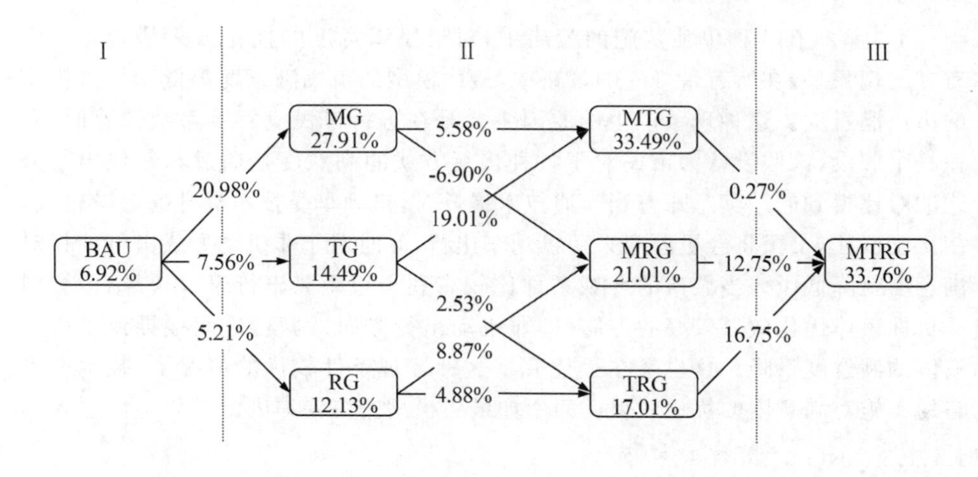

图 4-6　协同优化效果路线图

4.4 讨论

4.4.1 对策优化特征分析

4.4.1.1 MG 对策优化特征分析

MG 策略单独实施效果最优，且在组合策略中表现出较好的协同性，带有 MG 的组合策略对于不同目标的优化效果大多也优于单独实施 MG 策略的优化效果。其中较为特殊的一种组合是 MRG，它在最优与最劣模型中的综合优化效果分别是最高与最低的。由此表明，在客观出行条件较好的情况下，MG 与 RG 的组合表现出优于其他所有策略组的协同优化效果。但如果在客观出行条件不利时，道路的拓宽、停车位的增多、公用车的限制、公共交通费用的降低等措施会使市民更倾向于开私家车或公共交通出行（根据图 4-5 中各策略对满意度的优化效果可知，带有 MG、RG 的策略，市民的满意度提升都较为明显，而满意度系数最高的出行方式为私家车）。与此同时，客观出行条件的不利也反映在新能源车的补贴较少上，这使得燃油车的绝对主导地位难以被撼动。以上现象的相互作用虽然对市民满意度有较好的促进，但导致了道路更加拥挤、碳排放更高。因此，MRG 策略具有较高收益的同时也伴随着较高的风险，这就要求决策者在该策略实施前对研究区域居民出行的客观情况作充分的了解。

4.4.1.2 TG 对策优化特征分析

TG 策略在 3 种单独实施的策略中，对市民满意度的优化效果最差。一个有趣的现象是，在所有带 TG 的策略中，最优模型的市民满意度都低于最劣模型的市民满意度。这种现象产生的原因主要是在进行市民满意度系数计算时，存在一个假设，该假设认为市民对于各种出行方式的满意度是通过与其他出行方式的对比得到的。其意味着当交通技术提升时，机动车受技术提升的影响较大，相比于以往，市民将会更愿意采用机动车出行，此时对于非机动方式出行的相对满意度就降低了。当城市的客观条件比较有利于短距离出行时，出行结构会向三目标整体优化效果较好的方向（即非机动出行方向）调整，这间接导致了市民整体的满意度下降。这也是在最优模型这种客观条件较优的情况下，技术类策略的实施对满意度的优化效果反而不如最劣模型的主要原因。

4.4.1.3 RG 对策优化特征分析

RG 在 3 种单独实施的策略中，对道路拥挤度的优化效果甚至低于 BAU 情景。这表明在当前苏州市的出行条件下，短期内道路资源的投入反而有可能加

剧道路的拥堵。究其原因是道路资源的增加使得市民采用私家车、公共汽车、出租车交通方式满意度提高,促使上述出行方式的分摊率快速上升,道路拥堵情况无法得到有效缓解。在丘吉尔(Churchill)等人的研究[88]中,也出现了类似的资源诅咒,认为交通基础设施建设本身会产生碳排放,同时优良的基础设施促进的经济活动也间接增加了碳排放。与他们的研究结果相似,本书研究中 RG 对碳排放的优化效果也是 3 种非组合策略中最差的。但这并不意味着不需要进行交通基础设施的建设,通过对比 MTG 与 MTRG 策略的综合优化效果,发现在加入 RG 策略后,MTRG 策略的平均综合优化效果虽然几乎没有提升,但在最优与最劣模型中,综合优化效果的差值明显减少,说明优化的稳定性得到了显著提高。这些表明随着 RG 策略的加入可以使城市在客观出行条件最为极端时,交通出行系统依然能良好运行。

4.4.2　对策实施路径设计

策略推进路径的选择主要是基于以下两个方面的考虑。一方面是实施效果。由于 MG 策略实施的优化效果最为明显,与其他策略的组合优化效果也相对较优,该策略与 RG 策略协同实施产生的优化效果稳定性较差,因此不推荐仅将两者进行组合实施。TG 在优化策略实施的早期,即客观条件相对不利的时期,对市民满意度有较好的优化效果,但在客观条件逐渐变好的情况下,优化效果反而降低,因此,该策略适合在优化早期与 MG 策略协同实施。相反,RG 类策略则在客观条件较为有利的时期展现出明显的优化效果,适合在优化中后期实施。另一方面是实施难度。MG 策略的实施难点主要在于对城市功能区的重新布局,实施难度较高。TG 策略中广泛涉及的是车辆技术以及排放技术的进步,这些技术改进往往需要大量的资金与时间成本。RG 策略主要涉及财政投入,同时基础设施的建设也需要花费一定的时间。MG、TG 策略的实施对时间的要求较高,尽早实施有利于其优化效果的体现,RG 策略实施难度相对较低,在物质资源有限的前提下,其实施优先级可以适当推后。因此,经综合考虑,按照“MG→TG→RG”的路径进行策略实施,可以实现 3 个目标值在规划年较好的协同优化。

4.4.3　研究的局限性

受限于系统的复杂性以及统计数据的缺失,研究在许多方面不可避免地存在一定的局限性。如在构建的政府-市民协同视角的城市居民出行多目标优化模型中,约束条件大多只能从宏观的角度进行考虑。MG、TG、RG3 种优化策略实施对模型中参数的影响是根据现有研究或历史数据进行的较为保守的设计,未考虑偶然事件可能对参数造成的大幅影响等。

基于以上分析，为尽可能减少不确定性，研究主要采取了以下措施：首先，数据的获取主要来自统计年鉴、政府文件等官方数据或权威期刊，从源头上降低了因数据的不确定性而造成对研究结论有较大偏差的影响。然后，提高模型构建的可靠性，从计算过程中减少不确定性的影响。在构建预测模型时，采用了灰色马尔科夫预测法。这种方法可以根据较少量数据，发掘数据分布规律与变化趋势，同时根据拟合数据误差的状态转移概率，可对原预测值进行修正，使得预测结果既考虑宏观趋势又兼顾微观波动[80]。在优化模型构建时，采用了直觉模糊熵权法辅助构建优化目标，使得在满意度系数的权重计算时，兼顾了数据本身的信息熵与市民的主观模糊判断，减少了主观因素对结果产生的不确定性[41]。在模型求解过程中，采用了交互式算法，将原不确定模型拆解为确定的最优、最劣子模型再进行分别求解，使得决策者在面临不同的客观出行条件时，都有相应的最优备选方案[81]。以上措施降低了因输入数据的不确定性而导致的最优方案选择的偶然性，确保了模型的可靠。

4.5 结论

本书研究以苏州市为例，构建了政府-市民协同视角的城市居民出行多目标优化的方法学体系，并通过引入交互式算法和直觉模糊熵权法等多种方法，有效降低了模型的不确定性。同时，通过对城市交通出行系统优化策略的协同效应分析，得出了符合城市发展实际的优化策略推进路线。相关研究结论可为中国政府在城市交通出行系统优化方面政策的制定提供有益的参考和借鉴。该方法学体系构建也是该领域研究的有益拓展和尝试，并为其发展提供了一个崭新的视角。

研究发现，在规划年出行需求逐渐上升的前提下，通过出行结构调整的方式，可以在牺牲较少市民满意度的前提下，缓解二氧化碳排放量上升与拥挤度恶化的状况，甚至在最优情况下可以实现对二者的改善。但优化结果在不同客观出行条件下得到的优化结果差异较大，在决策者难以对城市客观出行条件进行深入调研时，得到的优化方案不具有很好的可操作价值。

为提高优化结果的稳定性与真实性，研究引入了影响城市居民出行系统的三大类策略，分析其协同实施对结果产生的作用。研究发现，MG 实施的综合优化效果最优，但需注意的是，该策略与 RG 的组合将是一种高风险、高收益的策略组，决策者在实施此组合策略时，需提前对城市客观出行条件进行深入分析和调研。TG 对市民满意度的优化效果与客观出行条件的优劣呈负相关关系，随

着城市的快速发展，TG 对满意度的优化作用将越来越小。RG 的实施在大多数情况下对拥挤度缓解起到反作用，但该策略的实施可以有效巩固其余策略优化效果的稳定性。基于此，结合各优化策略的协同优化效果与实施难度，得出"MG→TG→RG"的优化策略推荐路线的结论。

受限于数据来源，不确定性的处理还有所欠缺，完善相关领域的基础数据的统计将有利于改善此类研究。

参考文献

[1] Song, W., Zhang, X., An, K., et al. Quantifying the Spillover Elasticities of Urban Built Environment Configurations on the Adjacent Traffic CO_2 Emissions in Mainland China[J]. Applied Energy, 2021, 283:116271.

[2] Schwanen, T. Transport Geography, Climate Change and Space: Opportunity for New Thinking[J]. Journal of Transport Geography, 2019, 81:102530.

[3] International Energy Agency (IEA). CO_2 Emissions from Fuel Combustion 2014[M]. Brussels: IEA Publication, 2014.

[4] Metz, D. Tackling Urban Traffic Congestion: the Experience of London, Stockholm and Singapore[J]. Case Studies on Transport Policy, 2018, 6:494-498.

[5] Euchi, J., Kallel, A. Internalization of External Congestion and CO_2 Emissions Costs Related to Road Transport: The Case of Tunisia [J]. Renewable and Sustainable Energy Reviews, 2021, 142:110858.

[6] Majumdar, B.B., Jayakumar, M., Sahu, P.K., et al. Identification of Key Determinants of Travel Satisfaction for Developing Policy Instrument to Improve Quality of Life: An Analysis of Commuting in Delhi[J]. Transport Policy, 2021, 110:281-292.

[7] Mahapatra, S., Rath, K.C., Pattnaik, S. Issues and Challenges Related to Cloud-Based Traffic Management System: A Brief Survey [C]. Intelligent and Cloud Computing Proceedings of ICICC 2019 Smart Innovation, Systems and Technologies (SIST 194), 2021:435-442.

[8] Huo, H., Wang, M. Modeling Future Vehicle Sales and Stock in China[J]. Energy Policy, 2012, 43:17-29.

[9] Guo, Y., Li, Y., Anastasopoulos CH., et al. China's Millennial Car Travelers' Mode Shift Responses Under Congestion Pricing and Reward Policies: A Case Study in Beijing[J]. Travel Behaviour and Society, 2021, 23:86-99.

[10]Huang, Y., Gao, L., Ni, A., et al. Analysis of Travel Mode Choice and Trip Chain Pattern Relationships Based on Multi-Day GPS Data: A Case Study in Shanghai, China[J]. Journal of Transport Geography, 2021, 93:103070.

[11]Wang, M., Debbage, N. Urban Morphology and Traffic Congestion: Longitudinal Evidence from Us Cities[J]. Computers, Environment and Urban Systems, 2021, 89:101676.

[12]Yang, L., Ding, C., Ju, Y., et al. Driving as A Commuting Travel Mode Choice of Car Owners in Urban China: Roles of the Built Environment [J]. Cities, 2021, 112:103114.

[13]Yang, R., Li, L., Zhu, J. Impact of the Consciousness Factor on The Green Travel Behavior of Urban Residents: An Analysis Based on Interaction and Regulating Effects in Chinese Cultural Context[J]. Journal of Cleaner Production, 2020, 274:122894.

[14]百度地图. 中国主要城市实时交通拥堵情况[EB/OL].(2021-05-08)[2021-10-09].https://jiaotong.baidu.com/congestion/city/urbanrealtime/.

[15]Li, X., Yu, B. Peaking CO_2 Emissions for China's Urban Passenger Transport Sector[J]. Energy Policy, 2019, 133:110913.

[16]Li, P., Zhao, P., Brand, C. Future Energy Use and CO_2 Emissions of Urban Passenger Transport in China: A Travel Behavior and Urban form Based Approach[J]. Applied Energy, 2018, 211:820-842.

[17]Sheng, Y., Guo, Q., Chen, F., et al. Coordinated Pricing of Coupled Urban Power-Traffic Networks: The Value of Information Sharing [J]. Applied Energy, 2021, 301:117428.

[18]Grote, M., Waterson, B., Rudolph, F. The Impact of Strategic Transport Policies on Future Urban Traffic Management Systems[J]. Transport Policy, 2021, 110:402-414.

[19]Singh, J., Nozari, H., Herreros, J.M., et al. Synergies between Aliphatic Bio-Alcohols and Thermo-Chemical Waste Heat Recovery for Reduced CO_2 Emissions in Vehicles[J]. Fuel, 2021, 304:121439.

[20]Haugen, M.J., Paoli, L., Cullen, J., et al. A Fork in the Road: Which Energy Pathway Offers the Greatest Energy Efficiency and CO_2 Reduction Potential for Low-Carbon Vehicles? [J]. Applied Energy, 2021, 283:116295.

[21]Mohmand, Y.T., Mehmood, F., Mughal, K.S., et al. Investigating the Causal Relationship Between Transport Infrastructure, Economic Growth

and Transport Emissions in Pakistan[J]. Research in Transportation Economics, 2020,88:100972.

[22]Sharifi, F., Birt, A.G., Gu, C.,et al. Regional CO_2 Impact Assessment of Road Infrastructure Improvements[J]. Transportation Research Part D: Transport and Environment, 2021, 90:102638.

[23]Sun, Q., Zhang, Y., Sun, L.,et al. Spatial-Temporal Differences in Operational Performance of Urban Trunk Roads Based on TPI Data: The Case of Qingdao[J]. Physica A: Statistical Mechanics and its Applications, 2021, 568:125696.

[24]Rong, P., Zhang, L., Qin, Y., et al. Spatial Differentiation of Daily Travel Carbon Emissions in Small- and Medium-Sized Cities: An Empirical Study in Kaifeng, China[J]. Journal of Cleaner Production, 2018, 197:1365-1373.

[25]Deng, Y., Wang, J., Gao, C., et al. Assessing Temporal-Spatial Characteristics of Urban Travel Behaviors from Multiday Smart-Card Data[J]. Physica A: Statistical Mechanics and its Applications, 2021, 576:126058.

[26]Li, Y., Xiong, W., Wang, X. Does Polycentric and Compact Development Alleviate Urban Traffic Congestion? A Case Study of 98 Chinese Cities[J]. Cities, 2019, 88:100-111.

[27]Xu, X., Ou, J., Liu, P.,et al. Investigating the Impacts of Three-Dimensional Spatial Structures on CO_2 Emissions at the Urban Scale[J]. Science of the Total Environment, 2021, 762:143096.

[28]Yang, W., Chen, H., Wang, W. The Path and Time Efficiency of Residents' Trips of Different Purposes with Different Travel Modes: an Empirical Study in Guangzhou, China[J]. Journal of Transport Geography, 2020, 88:102829.

[29]Mou, Z., Liang, W., Chen, Y.,et al. The Effects of Carpooling on Potential Car Buyers' Purchasing Intention: A Case Study of Jinan[J]. Case Studies on Transport Policy, 2020, 8:1285-1294.

[30]Ma, J., Liu, G., Kwan, M.P.,et al. Does Real-Time and Perceived Environmental Exposure to Air Pollution and Noise Affect Travel Satisfaction? Evidence from Beijing, China[J]. Travel Behaviour and Society, 2021, 24: 313-324.

[31]Zhang, L., Long, R., Li, W.,et al. Potential for Reducing Carbon Emissions from Urban Traffic Based on the Carbon Emission Satisfaction: Case

Study in Shanghai[J]. Journal of Transport Geography, 2020, 85:102733.

[32]Mouwen, A. Drivers of Customer Satisfaction with Public Transport Services[J]. Transportation Research Part A: Policy and Practice, 2015, 78: 1-20.

[33]Park, K., Farb, A., Chen, S. First-/Last-Mile Experience Matters: the Influence of the Built Environment on Satisfaction and Loyalty Among Public Transit Riders[J]. Transport Policy, 2021, 112:32-42.

[34]Susilo, Y.O., Cats, O. Exploring Key Determinants of Travel Satisfaction for Multi-Modal Trips By Different Traveler Groups[J]. Transportation Research Part A: Policy and Practice, 2014, 67:366-380.

[35]国家统计局. 中国统计年鉴 2020[M]. 北京:中国统计出版社, 2020.

[36]江苏省统计局. 江苏统计年鉴 2020[M]. 北京:中国统计出版社, 2020.

[37]苏州市人民政府. 苏州市低碳发展规划[EB/OL].(2014-03-16)[2021-06-10]. https://www. suzhou. gov. cn/szsrmzf/zfwj/201403/4beaff22ae7d465a830936b1d2bdaf5f.shtml.

[38]World Resource Institute. Optimization of Suzhou's Carbon Emissions Peak Roadmap and Long-Term Vision for 2050[EB/OL]. (2004-04-08)[2021-07-16]. https://shizu.net.cn/wp-content/uploads/2022/02/%E8%8B%8F%E5%B7%9E%E5%B8%82%E7%A2%B3%E6%8E%92%E6%94%BE%E8%BE%BE%E5%B3%B0%E8%B7%AF%E5%BE%84%E4%BC%98%E5%8C%96%E4%B8%8E2050%E9%95%BF%E6%9C%9F%E6%84%BF%E6%99%AF_1613297146869.pdf.

[39]Soza-Parra, J., Raveau, S., Muñoz, J.C., et al. The Underlying Effect of Public Transport Reliability on User's Satisfaction[J]. Transportation Research Part A: Policy and Practice, 2019, 126:83-93.

[40]Tirachini, A., Hurtubia, R., Dekker, T., et al. Estimation of Crowding Discomfort in Public Transport: Results from Santiago De Chile[J]. Transportation Research Part A: Policy and Practice, 2017, 103:311-326.

[41]Zhang, W., Ding, J., Wang, Y., et al. Multi-Perspective Collaborative Scheduling Using Extended Genetic Algorithm with Interval-Valued Intuitionistic Fuzzy Entropy Weight Method[J]. Journal of Manufacturing Systems, 2019, 53:249-260.

[42]苏州市人民政府. 苏州市国民经济和社会发展第十四个五年规划和二〇三五年远景目标纲要[EB/OL]. (2021-03-10)[2021-10-20]. https://www.suzhou.

gov.cn/szsrmzf/zfwj/202103/0c7ae53f37c94572bb75ce3c888b684d.shtml.

[43]沈佳音. 城市道路交通管理现状及对策——以苏州市吴江区为例[D] 苏州:苏州大学硕士学位论文,2015.

[44]姜军. 居民通勤交通特性分析与规划对策研究——以苏州市工业园区为例[C].城市时代,协同规划——2013 中国城市规划年会论文集(01-城市道路与交通规划),2013.

[45]Wu, C., Kim, I., Chung, H. The Effects of Built Environment Spatial Variation on Bike-Sharing Usage: A Case Study of Suzhou, China[J]. Cities, 2021, 110:103063.

[46]Gu, T., Kim, I., Currie, G. Measuring Immediate Impacts of A New Mass Transit System on An Existing Bike-Share System in China [J]. Transportation Research Part A: Policy and Practice, 2019, 124:20-39.

[47]Zhou, J., Wang, Y., Cao, G., et al. Jobs-Housing Balance and Development Zones in China: A Case Study of Suzhou Industry Park[J]. Urban Geography, 2017, 38:363-380.

[48]苏州市统计局. 苏州统计年鉴 2020[EB/OL].(2021-06-30)[2021-12-24].http://tjj.suzhou.gov.cn/sztjj/tjnj/2020/zk/indexce.htm.

[49]Yan, X., Crookes, R.J. Energy Demand and Emissions from Road Transportation Vehicles in China[J]. Progress in Energy and Combustion Science, 2010, 36:651-676.

[50]Liu, Z., Guan, D., Wei, W., et al. Reduced Carbon Emission Estimates from Fossil Fuel Combustion and Cement Production in China[J]. Nature, 2015, 524:335-338.

[51]Evpartner. Ownership of New Energy Vehicles in Suzhou[EB/OL]. (2020-07-23)[2021-12-24]. http://www.evpartner.com/news/7/detail-52790.html.

[52]江苏省人民政府. 2019 年苏州市区公共交通总客运量达 10.4 亿人次[EB/OL]. (2019-12-31)[2021-12-24]. http://www.jiangsu.gov.cn/art/2019/12/31/art_34166_8907876.html.

[53]苏州日报. 苏州机动车保有量已达 428.2 万辆[EB/OL]. (2020-01-17)[2020-6-24]. https://www.suzhou.gov.cn/szsrmzf/szyw/202001/86da984275b8462487c484e6ffbb783b.shtml.

[54]曹冬冬，王学平，刘桂彬，等. 重型 CNG 混合动力城市客车能耗试验分析[J]. 客车技术与研究，2016，38:59-62.

[55]Ma, X., Miao, R., Wu, X., et al. Examining Influential Factors on

the Energy Consumption of Electric and Diesel Buses: A Data-Driven Analysis of Large-Scale Public Transit Network in Beijing [J]. Energy, 2021, 216:119196.

[56]Yao, Z., Cao, X., Shen, X., et al. On-Road Emission Characteristics of Cng-Fueled Bi-Fuel Taxis[J]. Atmospheric Environment, 2014, 94:198-204.

[57]Huang, X., Wang, Y., Xing, Z., et al. Emission Factors of Air Pollutants from Cng-Gasoline Bi-Fuel Vehicles: Part Ii. Co, Hc and Nox[J]. Science of the Total Environment, 2016, 565:698-705.

[58]He, L., Hu, J., Yang, L., et al. Real-World Gaseous Emissions of High-Mileage Taxi Fleets in China[J]. Science of the Total Environment, 2019, 659:267-274.

[59]Keuken, M.P., Jonkers, S., Verhagen, H.L.M., et al. Impact on Air Quality of Measures to Reduce CO_2 Emissions from Road Traffic in Basel, Rotterdam, Xi'an and Suzhou [J]. Atmospheric Environment, 2014, 98: 434-441.

[60]Shen, X., Shi, Y., Kong, L., et al. Particle Number Emissions from Light-Duty Gasoline Vehicles in Beijing, China[J]. Science of the Total Environment, 2021, 773:145663.

[61]赵发科，闫星臣，李春燕，等. 基于时空消耗理论的城市交通结构数学规划优化模型研究[J]. 现代交通技术，2012,9:62-65.

[62]吕慎，田锋，李旭宏. 大城市客运交通结构优化模型研究[J]. 公路交通科技，2007，24:117-120.

[63]苏州市自然资源和规划局. 2019 年苏州市区居民出行调查成果发布[EB/OL]. (2020-01-15) [2021-12-24]. https://www.sohu.com/a/367080775_753646.

[64]曲大义，于仲臣，庄劲松，等. 苏州市居民出行特征分析及交通发展对策研究[J]. 东南大学学报(自然科学版)，2001,3:118-123.

[65]苏州市交通运输局. 市区公交车时刻表[EB/OL].(2021-12-24)[2021-12-24].http://jtj.suzhou.gov.cn/szjt/gjxlcx/gjxlcx.shtml.

[66]苏州轨道交通. 地铁时刻表[EB/OL].(2021-12-23)[2021-12-24]. http://www.sz-mtr.com/service/guide/time/.

[67]张振龙，蒋灵德. 苏州城市形态，居民出行对城市碳排放的影响——基于居民出行调查的研究[C].2015 年第十届城市发展与规划大会论文集，2015.

[68]百度地图. 中国城市交通报告[EB/OL].(2019-01-23)[2021-12-24].

http://huiyan.baidu.com/cms/report/2018annualtrafficreport/index.html.

[69] Bohannon, R. W., Williams, A. A. Normal Walking Speed: A Descriptive Meta-Analysis[J]. Physiotherapy, 2011, 97:182-189.

[70] Dakic, I., Menendez, M. On the Use of Lagrangian Observations from Public Transport and Probe Vehicles to Estimate Car Space-Mean Speeds in Bi-Modal Urban Networks[J]. Transportation Research Part C: Emerging Technologies, 2018, 91:317-334.

[71] Jin, P., Mangla, S.K., Song, M. MovingTowards a Sustainable and Innovative City: Internal Urban Traffic Accessibility and High-Level Innovation Based on Platform Monitoring Data [J]. International Journal of Production Economics, 2021, 235:108086.

[72] Schleinitz, K., Petzoldt, T., Franke-Bartholdt, L., et al. The German Naturalistic Cycling Study-Comparing Cycling Speed of Riders of Different E-Bikes and Conventional Bicycles[J]. Safety Science, 2017, 92:290-297.

[73] Oil Price in China. Jiangsu Oil Price Information[EB/OL]. (2019-05-20)[2020-08-08]. http://youjia.chemcp.com/jiangsu/.

[74] 苏州市交通运输局. 2018 年苏州市区公交满意度调查报告[EB/OL]. (2018-12-07)[2021-12-24].https://www.suzhou.gov.cn/szsrmzf/jgfk/201812/84b1bac5d456456c94c06e77a45aea2f.shtml.

[75] Jiang, Y., Christopher, Z. P., Mehndiratta, S. Walk the Line: Station Context, Corridor Type and Bus Rapid Transit Walk Access in Jinan, China[J]. Journal of Transport Geography, 2012, 20:1-14.

[76] Beck, L. F., Dellinger, A. M., O'Neil, M. E. Motor Vehicle Crash Injury Rates By Mode of Travel, United States: Using Exposure-Based Methods to Quantify Differences[J]. Am J Epidemiol, 2007, 166:212-218.

[77] Word Health Organization. Global Status Report on Road Safety 2015 [EB/OL]. (2016-01-07)[2021-12-24].https://www.who.int/violence_injury_prevention/road_safety_status/2015/zh/.

[78] 江苏省公安厅. 江苏省机动车驾驶人数[EB/OL]. (2021-02-04)[2021-12-24].http://news.jstv.com/a/20210204/161248139792.shtml.

[79] Jia, Z.Q., Zhou, Z.F., Zhang, H.J., et al. Forecast of Coal Consumption in Gansu Province Based on Grey-Markov Chain Model[J]. Energy, 2020, 199:117444.

[80] Xie, Y. L., Huang, G. H., Li, W., et al. An Inexact Two-Stage Stochastic Programming Model for Water Resources Management in Nansihu

Lake Basin, China[J]. Journal of Environmental Management, 2013, 127: 188-205.

[81]Li, H., Huang, J., Hu, Y., et al. A New TMY Generation Method Based on the Entropy-Based TOPSIS Theory for Different Climatic Zones in China[J]. Energy, 2021, 231:120723.

[82]Yang, Y., Wang, C., Liu, W. Urban Daily Travel Carbon Emissions Accounting and Mitigation Potential Analysis Using Surveyed Individual Data [J]. Journal of Cleaner Production, 2018, 192:821-834.

[83]Chen, F., Yin, Z., Ye, Y., et al. Taxi Hailing Choice Behavior and Economic Benefit Analysis of Emission Reduction Based on Multi-Mode Travel Big Data[J]. Transport Policy, 2020, 97:73-84.

[84]Yang, Y., Wang, C., Liu, W., et al. Understanding the Determinants of Travel Mode Choice of Residents and Its Carbon Mitigation Potential[J]. Energy Policy, 2018, 115:486-493.

[85] Luna, T. F., Uriona-Maldonado, M., Silva, M. E., et al. The Influence of E-Carsharing Schemes on Electric Vehicle Adoption and Carbon Emissions: An Emerging Economy Study[J]. Transportation Research Part D: Transport and Environment, 2020, 79:102226.

[86]Tian, X., Zhang, Q., Chi, Y., et al. Purchase Willingness of New Energy Vehicles: A Case Study in Jinan City of China[J]. Regional Sustainability, 2021, 2:12-22.

[87]Yao, M., Wang, D. Mobility and Travel Behavior in Urban China: the Role of Institutional Factors[J]. Transport Policy, 2018, 69:122-131.

[88] Awaworyi, C. S., Inekwe, J., Ivanovski, K., et al. Transport Infrastructure and CO_2 Emissions in the OECD over the Long Run [J]. Transportation Research Part D: Transport and Environment, 2021, 95:102857.

第5章 碳达峰路径之农业化肥投入结构优化研究

肥料作为现代科学技术形成的一种高效的营养模式，为保证人口增长所需的粮食供应做出了重大贡献[1-3]。尤其是人口约占世界18.4%的中国严重依赖化肥来保证粮食供给，成为世界上化肥最大的生产国和消费国[4]。据统计，化肥消费量由1998年的122 Mt增长至2018年的213 Mt，同期农作物产量由1998年的111 Mt增长至2018年的207 Mt[5]。大量以及不均衡的化肥消费给环境带来了沉重的负担[6]。一方面是生产过程中能源和资源大量消耗带来的重金属污染、废弃物（如磷石膏等）弃置以及污染气体的排放[4]，另一方面是化肥的不合理、过度施用造成了土壤盐渍化和酸化以及水体富营养化[7]。更值得关注的是，因化肥消费引起的温室气体排放更进一步加剧了气候变化问题，其中包括化肥生产过程中所需化石燃料和原料的直接消耗产生的二氧化碳排放以及施用后导致的土壤中N_2O和CH_4的排放与农业机械化带来的二氧化碳排放[8-10]。据统计，化肥消费产生的温室气体排放量占中国温室气体总排放量的5.5%左右，更占全球温室气体排放总量的9.43%～17.1%[11,12]。综上所述，化肥的不均衡和过量消费问题及其导致的环境污染和温室气体排放问题已经变得十分复杂和严重。因此，迫切需要综合以上问题对中国化肥投入结构进行调整和优化，在满足农作物产量需求的同时，又能兼顾环境保护和温室气体减排目标，最终实现化肥的绿色消费以及农业的可持续发展。

化肥过度投入导致的粮食安全问题、环境污染问题和气候变化问题引起了国内外学者的广泛关注[7,13]。其中，在粮食安全方面，多数研究主要围绕减少化肥消费政策的出台对农业生产、农村收入及相关社会因素的潜在影响[14]展开。有些学者还从化肥替代及化肥使用效率的提升角度探讨这些措施对粮食安全和农业可持续发展带来的影响[15,16]。在环境污染问题方面,大多数学者围绕环境影响评价和工艺技术优化方面进行了一系列研究,采用的主要方法为生命周期评价方法(LCA)[2,17,18]。如陈等人[19]利用 LCA 对钾肥生产造成的环境影响进行了评价,并通过关键节点识别出发电、用水量及现场排放是其生产工艺优化的主要方向。哈斯勒(Hasler)等人[6]分别对不同肥料产品类型在全生命周期内对环境的影响进行了评价研究,并根据识别出的运输环节、氮肥生产技术等关键环节提出了相关建议及适宜的肥料品类组合。在气候变化问题方面,大多数学者围绕温室气体减排及优化进行了一系列研究,采用的主要方法为碳排放核算方法[20,21]。如吴等人基于温室气体足迹方法对不同农作物和化肥组合导致的温室气体排放量进行了核算,并探讨了通过改变化肥消费量、化肥类型和耕地面积降低化肥温室气体排放的潜力[22]。张等人构建了化肥施用碳核算与净减排框架,对化肥生产施用过程中的温室气体排放和土壤碳固存能力进行了量化分析,并估算了优化施肥条件下温室气体净缓解潜力[11]。因此,为了减少化肥过度消费所引起的粮食安全、环境污染和气候变化等一系列问题,部分学者开展了对化肥消费量优化的研究[23,24]。有些学者采用田间试验的方式对茶园、水稻、谷物的化肥(尤其是氮肥)投入量优化进行了研究[25-27]。另外一些学者通过数学建模量化分析的方式对化肥消费量优化问题进行了研究[28]。如林(Lim)等人结合 P-graph[29]和与理想解决方案相似性优先顺序技术(TOPSIS)从 3 个可持续性方面(经济、环境和健康)确定最佳化肥消费量。徐(Xu)等人[30]采用二次回归模型与加权法相结合将经济、资源和环境 3 个目标转化为单目标对化肥的消费管理方案进行了优化。以上研究采用的方法及相关研究结论为本章多目标优化模型的构建以及约束目标的确定提供了很好的支撑。

基于上述文献分析可知,大多数对化肥消费量优化方面的研究都是基于单目标或者多目标转化为单目标的,无法同时兼顾多个目标的协同影响。因此,通过构建多目标评价模型统筹考虑化肥投入结构对环境、温室气体和农作物产量 3 个目标的影响是必要且迫切的。目前,多目标优化模型采用的算法主要有遗传算法、粒子群算法、蚁群算法等进化算法[31,32]。其中,NSGA-Ⅱ是目前比较流行的一种算法,具有快速、理想的解决目标冲突问题的特点[33,34]。在多目标决策中,通过 NSGA-Ⅱ得到的方案集可以在给不同利益相关者最适宜解决方案的同时提供更多样化的选择空间。目前,多目标优化算法在农业领域应用得较多,如冈萨雷斯(González)等人[35]基于多目标遗传算法建立了压力灌溉网络的最优分段运行模型,以实现农民利润最大化、泵站能耗最小化的目标。赖佩霞

(Darshana)等人[36]采用进化算法对埃塞俄比亚霍莱塔(Holeta)流域进行了种植模式优化规划,实现了净效益最大化和灌溉需水量最小化。克洛普(Kropp)等人[33]改进了 NSGA-Ⅱ的拥挤度距离计算,采用 U-NSGA-Ⅲ考虑若干生产目标(产量、灌溉、施肥和环境方面)对农场级农业生产系统进行了优化。

因此,本章采用 NSGA-Ⅱ构建多目标评价模型,以协同考虑农作物产量、环境和温室气体排放 3 个目标对中国化肥投入结构进行调整。同时,进一步将优化措施与多目标评价模型相结合,具体量化化肥投入结构调整区间以及对 3 个目标的协同优化程度。通过该多目标评价研究可以实现在降低总化肥消费的同时最大化满足日益增长的农作物需求量,并降低其环境负荷和温室气体排放。该方法学体系的构建可以为其他行业开展类似领域的研究提供有益的参考和借鉴。

5.1　方法学体系构建

本章构建的方法学体系主要包括 4 个模块。

数据收集:根据文献调研、统计年鉴和政策文件,收集模型所需数据。

目标设置:模型中的目标包括粮食产量、环境和温室气体排放 3 个目标,分别通过多元线性拟合方程、生命周期评价和温室气体排放量核算对其进行量化分析,便于后续模型的求解。

多目标优化模型求解:采用 NSGA-Ⅱ求解该多目标优化模型,得到四大类化肥(氮肥、磷肥、钾肥和复合肥)的投入结构的调整方案。

优化措施分析:将有机肥部分替代、技术优化以及有机肥替代协同技术优化 3 种优化措施与多目标模型相结合对化肥投入结构进一步优化,并给出具体的量化区间建议。

5.1.1　多目标评价模型构建

5.1.1.1　优化目标

多目标评价模型围绕粮食安全、环境保护和气候变化设置目标,并以农作物产量、环境负荷和温室气体排放量进行表征。由于 3 个目标的单位和数量级有所不同,所以将目标变量在 0～1 之间进行了标准化处理。1 表示该变量类型的最大值。

(1)农作物产量目标,是为了在有限化肥消费量的前提下得到农作物的产量最大化,具体计算过程见公式(5-1)。

$$YI=(y_1X_1+y_2X_2+y_3X_3+y_4X_4)-y_0 \quad (5\text{-}1)$$

其中,YI 为农作物产量,X_1、X_2、X_3 和 X_4 分别为氮肥、磷肥、钾肥和复合肥的年消费量,y_1、y_2、y_3 和 y_4 分别为氮肥、磷肥、钾肥和复合肥的农作物产量常量系数。农作物产量常量系数是通过对化肥消费量与农作物产量拟合后得到的常量系数进行标准化后获得的,结果如表 5-1 所示。

表 5-1 多目标优化模型中化肥相关系数

目标		氮肥	磷肥	钾肥	复合肥
环境	系数	e_1	e_2	e_3	e_4
	原始值	1.38×10^{-8}	1.12×10^{-8}	1.5×10^{-8}	1.73×10^{-8}
	优化后	1.03×10^{-8}	0.84×10^{-8}	1.12×10^{-8}	1.29×10^{-8}
温室气体排放	系数	g_1	g_2	g_3	g_4
	原始值	2.76×10^{-8}	0.93×10^{-8}	0.26×10^{-8}	1.05×10^{-8}
	优化后	2.21×10^{-8}	0.73×10^{-8}	0.25×10^{-8}	0.82×10^{-8}
农作物产量	系数	y_1	y_2	y_3	y_4
	原始值	-2.13×10^{-8}	2.01×10^{-8}	-4.37×10^{-8}	1.39×10^{-8}
	优化后	-2.57×10^{-8}	2.43×10^{-8}	-5.28×10^{-8}	1.67×10^{-8}

(2)环境目标,是为了使化肥消费在全生命周期内产生的环境负荷最小化,结合 2.1 节研究内容,具体计算过程见公式(5-2)。

$$EV=1-(e_1X_1+e_2X_2+e_3X_3+e_4X_4) \quad (5\text{-}2)$$

其中,EV 为环境负荷,e_1、e_2、e_3 和 e_4 分别为氮肥、磷肥、钾肥和复合肥的环境常量系数。环境常量系数是对 LCA 评价得到的环境负荷进行标准化后获得的,结果如表 5-1 所示。

(3)温室气体排放目标,是为了使化肥生产和施用过程中产生的温室气体排放量最小化,具体计算过程见公式(5-3)。

$$GHG=1-(g_1X_1+g_2X_2+g_3X_3+g_4X_4) \quad (5\text{-}3)$$

其中,GHG 为温室气体排放量,g_1、g_2、g_3 和 g_4 分别为氮肥、磷肥、钾肥和复合肥的温室气体常量系数。温室气体常量系数是对温室气体排放核算后得到的温室气体排放系数进行标准化后获得的,结果如表 5-1 所示。

5.1.1.2 约束条件

为了保证该多目标模型的优化结果符合化肥行业和农业生产的实际和政策

需求，在模型中建立了 4 种约束条件，具体情况如下。

N 最低需求约束为：

$$X_1 + 0.176\,X_2 + 0.229\,X_3 \geqslant 2.97 \times 10^7 \tag{5-4}$$

P_2O_5最低需求约束为：

$$0.824\,X_2 + 0.5\,X_4 \geqslant 1.23 \times 10^7 \tag{5-5}$$

K_2O 最低需求约束为：

$$X_3 + 0.271\,X_4 \geqslant 1.73 \times 10^7 \tag{5-6}$$

化肥消费总值约束为：

$$8.59 \times 10^7 \geqslant X_1 + X_2 + X_3 + X_4 \geqslant 6.12 \times 10^7 \tag{5-7}$$

其中，X_1、X_2、X_3和X_4分别为氮肥、磷肥、钾肥和复合肥的年消费量，其常数系数分别为氮肥、磷肥、钾肥和复合肥单位有效成分的占比。磷肥为磷酸铵，其中 N 有效成分占比为 0.176，P_2O_5有效成分占比为 0.824；复合肥为三元复合肥，其中 N 有效成分占比为 0.229，P_2O_5有效成分占比为 0.5，K_2O 有效成分占比为 0.271。其 N、P_2O_5、K_2O 最低需求量和化肥消费最低需求量根据相关政策文件中推荐的农作物施肥配方进行核算，如表 5-2 所示。同时，农业部于 2016 年发布了《全国农业可持续发展规划（2015～2030 年）》[37]：努力于 2020 年实现化肥施用量的零增长。本章以 1998～2018 年的最大年均化肥增量（10.10%）为基准，预测至 2020 年最大化肥总量为 85.9 Mt，并以此作为化肥总量的最大值约束。

表 5-2　化肥折纯量最低需求量

农作物	N/t	P_2O_5/t	K_2O/t
谷物	14810441	5930449	7191263
大豆	374214	382554	284699
油料	2100884	802009	823808
棉花	916419	377277	167029
水果	4453125	2315625	2383313
蔬菜	7051455	2452680	6485295
总量	29706538	12260594	17335406

注：数据整合来自中国统计年鉴、《2021 年春季主要农作物科学施肥指导意见》和《2020 年秋冬季主要农作物科学施肥指导意见》。

5.1.2 模型解法

NSGA-Ⅱ是一种功能强大、快速、简单的进化多目标优化算法,它使用非支配排序和拥挤距离的组合来对解决方案的总体适应度进行排序[35]。即在序值相同的解中,拥挤度越大说明该方案解的分布越“稠密”,这样解在选择过程将被丢弃,留下拥挤度较小的解。另外,该算法引进了精英策略,将每代进化后得到的种群(规模为 N)与父代的种群(规模为 N)合并在一起,形成了规模为 $2N$ 的种群,然后对该种群中的个体进行非支配排序和拥挤度计算。具体求解过程为参数初始化及染色体编码、种群初始化及适应度计算、精英选择及交叉变异和最后的结果输出,具体计算过程通过 MATLAB 软件来完成。

5.1.3 数据来源

农作物产量目标中所需不同农作物产量、种植面积和每亩化肥折纯施用量等数据来自《全国农产品成本收益资料汇编 2018》[38]和《中国统计年鉴 2020》[5]。环境目标中所涉及的清单数据主要从已发表的文献中搜集,其中生命周期评价方法中采用的背景数据来自中国生命周期动态清单数据库(The Chinese Process-based Life Cycle Inventory Database, CPLCID)[39]。温室气体排放目标中的数据如化肥生产和施用过程中的 CO_2 和 N_2O 等气体排放因子,养分含量 N、P_2O_5 和 K_2O 从已发表的文献中收集。约束条件中不同种类化肥折纯量的相关数据来自《2020 年秋冬季主要农作物科学施肥指导意见》《2021 年春季主要农作物科学施肥指导意见》和《全国农业可持续发展规划(2015～2030 年)》[40,41]。这些文件明确给出了不同地区及不同农作物的施肥建议。因此,本书综合考虑不同农作物的地理位置分布及种植面积和产量(以 2020 年统计年鉴中的数据为基准核算),并结合专家咨询建议,计算出不同地区、不同农作物的建议施肥量,然后以此汇总作为农作物化肥施用量的最小值约束,此部分数据如表 5-3 所示。

表 5-3 1998～2018 年肥料年消费量

年份	谷物/10^5 t	大豆/10^5 t	油料/10^5 t	棉花/10^5 t	水果/10^5 t	蔬菜/10^5 t	总量/10^5 t
氮肥							
1998	163.46	4.59	12.40	8.63	20.74	26.96	236.78
1999	165.60	4.31	14.66	7.52	20.24	40.10	252.44
2000	154.75	4.56	16.63	8.30	23.85	39.01	247.11
2001	142.48	4.58	13.17	9.67	21.84	43.30	235.03
2002	145.42	5.08	14.40	9.48	17.33	46.31	238.01
2003	132.50	6.39	13.04	12.50	23.78	46.59	234.79
2004	132.00	3.49	13.53	10.35	19.75	35.80	214.92
2005	127.72	3.44	12.61	9.36	16.96	38.57	208.67
2006	130.45	3.24	10.25	10.34	18.21	40.63	213.12
2007	129.71	3.35	10.74	9.10	23.42	40.56	216.88
2008	128.75	2.93	10.72	8.34	35.66	40.83	227.24
2009	134.49	3.11	11.62	7.46	27.11	42.52	226.31
2010	138.51	2.62	10.78	7.51	28.01	45.08	232.51
2011	134.26	2.19	10.45	7.32	26.07	39.92	220.21
2012	131.72	2.41	9.92	7.31	23.85	35.07	210.28
2013	132.70	1.77	9.66	6.94	29.19	40.66	220.91

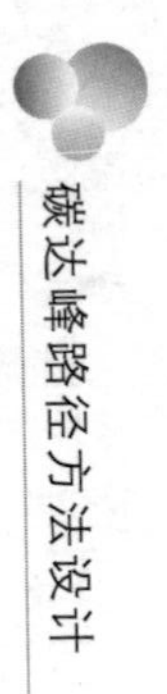

续表

年份	谷物/10^5 t	大豆/10^5 t	油料/10^5 t	棉花/10^5 t	水果/10^5 t	蔬菜/10^5 t	总量/10^5 t
2014	134.50	1.75	9.68	8.03	29.84	37.34	221.15
2015	130.99	1.61	9.47	7.13	26.00	36.74	211.95
2016	129.25	1.50	9.24	6.00	20.26	30.80	197.05
2017	120.62	1.57	9.06	5.92	18.50	35.97	191.63
2018	111.83	1.65	7.76	6.54	16.89	33.14	177.81
磷肥							
1998	62.18	4.04	5.93	4.74	10.09	15.89	102.88
1999	58.96	3.27	7.49	3.32	12.55	16.62	102.20
2000	56.27	3.80	8.20	4.30	9.78	21.87	104.23
2001	55.75	4.38	8.23	5.34	11.80	22.27	107.77
2002	57.43	3.95	9.08	5.02	14.06	26.24	115.78
2003	51.85	4.64	8.91	5.52	10.33	28.55	109.80
2004	50.82	6.34	6.93	6.48	15.77	34.56	120.89
2005	52.32	5.79	6.21	6.12	34.70	23.05	128.17
2006	51.60	4.41	5.42	6.87	14.39	26.16	108.85
2007	50.28	4.57	5.09	6.66	14.47	26.34	107.40
2008	44.23	3.67	4.98	4.97	10.87	20.68	89.40

续表

年份	谷物/10^5 t	大豆/10^5 t	油料/10^5 t	棉花/10^5 t	水果/10^5 t	蔬菜/10^5 t	总量/10^5 t
2009	42.57	4.14	4.46	5.30	14.85	20.58	91.89
2010	46.54	4.36	4.15	4.92	9.89	27.53	97.39
2011	49.81	4.42	4.77	4.55	14.90	24.04	102.50
2012	48.67	4.61	4.51	4.73	14.54	21.84	98.91
2013	46.17	3.80	3.97	5.25	16.10	22.01	97.30
2014	47.76	3.61	3.58	6.25	13.98	24.28	99.47
2015	45.06	3.04	3.32	6.53	13.12	24.68	95.74
2016	48.53	3.50	4.02	5.67	11.94	34.78	108.44
2017	47.91	3.68	4.13	6.23	12.68	31.44	106.06
2018	46.35	3.62	3.80	7.40	12.04	29.55	102.77
钾肥							
1998	9.95	0.11	0.52	0.82	1.73	1.55	14.68
1999	9.07	0.65	0.79	0.74	1.64	0.92	13.82
2000	8.95	0.00	1.04	0.97	1.21	1.67	13.84
2001	8.67	0.00	0.77	1.23	0.95	1.48	13.09
2002	8.55	0.19	0.89	1.00	0.68	2.79	14.10
2003	8.07	0.19	1.52	1.30	1.70	1.89	14.67

续表

年份	谷物/10^5 t	大豆/10^5 t	油料/10^5 t	棉花/10^5 t	水果/10^5 t	蔬菜/10^5 t	总量/10^5 t
2004	7.62	0.44	0.65	0.81	0.64	2.11	12.27
2005	9.21	0.37	1.10	0.91	1.20	5.00	17.79
2006	9.68	0.26	0.65	1.40	3.55	6.79	22.33
2007	9.33	0.16	0.67	1.53	3.99	9.40	25.08
2008	7.22	0.14	0.50	1.01	1.23	2.84	12.94
2009	8.81	0.19	1.75	0.73	1.51	1.79	14.79
2010	10.42	0.38	1.83	0.87	2.79	2.88	19.16
2011	7.95	0.36	0.57	0.86	2.35	2.04	14.13
2012	7.43	0.45	0.40	0.90	1.14	3.88	14.21
2013	7.74	0.35	0.40	1.03	0.53	3.79	13.84
2014	12.59	0.40	1.93	0.92	0.94	5.48	22.25
2015	12.39	0.63	1.94	1.16	1.60	4.15	21.86
2016	8.63	0.82	0.77	0.54	1.70	36.05	48.51
2017	7.10	0.69	0.50	0.44	1.79	33.60	44.12
2018	6.73	0.67	0.41	0.39	1.96	35.90	46.05
复合肥							
1998	28.46	0.91	3.84	1.40	8.24	13.59	56.44

续表

年份	谷物/10^5 t	大豆/10^5 t	油料/10^5 t	棉花/10^5 t	水果/10^5 t	蔬菜/10^5 t	总量/10^5 t
1999	34.36	1.04	4.84	1.43	16.46	14.21	72.33
2000	31.97	1.52	6.12	2.06	16.88	24.91	83.47
2001	33.45	1.99	7.57	2.16	14.38	22.59	82.14
2002	35.44	2.82	6.64	2.51	7.78	24.13	79.32
2003	34.56	2.52	6.96	3.53	15.57	35.82	98.95
2004	29.88	3.03	6.58	2.89	18.56	23.23	84.17
2005	54.53	4.57	10.20	3.06	21.10	27.83	121.29
2006	69.43	5.32	10.65	5.04	37.08	27.23	154.76
2007	84.49	5.85	13.13	5.42	39.24	33.31	181.43
2008	92.66	7.16	14.07	5.86	32.99	33.59	186.34
2009	101.41	7.37	15.55	5.25	42.42	45.89	217.89
2010	118.09	7.23	18.12	6.20	61.54	43.98	255.16
2011	127.45	6.25	17.28	7.95	61.93	41.13	261.98
2012	140.18	5.18	18.54	7.68	53.79	47.42	272.78
2013	152.36	5.36	20.02	6.92	56.00	51.79	292.45
2014	157.70	5.37	20.59	7.45	72.50	46.63	310.25
2015	171.56	4.82	21.81	6.56	67.00	53.10	324.85

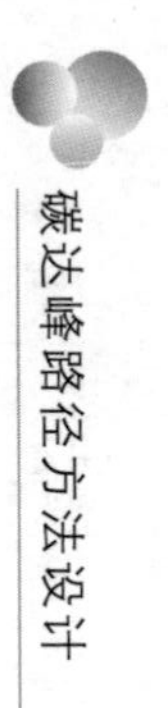

续表

年份	谷物/10^5 t	大豆/10^5 t	油料/10^5 t	棉花/10^5 t	水果/10^5 t	蔬菜/10^5 t	总量/10^5 t
2016	184.25	5.77	21.47	4.73	60.21	68.48	344.91
2017	191.81	6.47	22.29	4.39	61.09	70.73	356.78
2018	195.55	6.52	23.50	3.85	65.62	86.86	381.90
化肥							
1998	264.05	9.65	22.69	15.60	40.80	57.99	410.78
1999	267.98	9.28	27.78	13.01	50.88	71.85	440.79
2000	251.96	9.87	31.99	15.64	51.72	87.47	448.65
2001	240.35	10.95	29.74	18.40	48.97	89.63	438.03
2002	246.84	12.04	31.01	18.01	39.85	99.46	447.21
2003	226.97	13.74	30.43	22.85	51.38	112.84	458.21
2004	220.32	13.30	27.69	20.53	54.73	95.69	432.25
2005	243.78	14.17	30.11	19.45	73.97	94.44	475.92
2006	261.16	13.23	26.97	23.65	73.23	100.81	499.06
2007	273.81	13.93	29.63	22.71	81.11	109.61	530.79
2008	272.87	13.90	30.27	20.19	80.75	97.94	515.91
2009	287.28	14.81	33.38	18.74	85.88	110.78	550.88
2010	313.57	14.59	34.88	19.51	102.22	119.46	604.23

续表

年份	谷物/10^5 t	大豆/10^5 t	油料/10^5 t	棉花/10^5 t	水果/10^5 t	蔬菜/10^5 t	总量/10^5 t
2011	319.47	13.22	33.06	20.68	105.25	107.14	598.81
2012	328.00	12.65	33.37	20.62	93.32	108.21	596.18
2013	338.97	11.29	34.05	20.13	101.82	118.24	624.50
2014	352.54	11.13	35.78	22.66	117.27	113.73	653.11
2015	360.00	10.09	36.53	21.38	107.72	118.68	654.39
2016	370.65	11.59	35.50	16.95	94.11	170.11	698.91
2017	367.44	12.41	35.98	16.98	94.05	171.74	698.59
2018	360.46	12.47	35.47	18.17	96.51	185.45	708.53

注:数据整合来自中国统计年鉴和中国农产品收益资料汇编。

5.1.3.1 农作物产量目标

本小节通过整合 1998～2018 年期间的氮肥、磷肥、钾肥和复合肥的施用量和农作物产量(见表 5-4),并选用多元线性回归方程通过 Origin 拟合了农作物产量和化肥消费量之间的关系,具体见图 5-1 和公式(5-8)。

$$y = A_0 + A_1 X_1 + A_2 X_2 + A_3 X_3 + A_4 X_4 \tag{5-8}$$

表 5-4 1998～2018 年农作物年产量

年份	谷物[a] /10 kt	大豆[a] /10 kt	油料[a] /10 kt	棉花[a] /10 kt	水果[a] /10 kt	蔬菜[b] /10 kt	农作物总量 /10 kt
1998	45624.7	2000.6	2313.9	450.1	5452.9	55333.3	111175.5
1999	45304.1	1894.0	2601.2	382.9	6237.6	63052.6	119472.4
2000	40522.4	2010.0	2954.8	441.7	6225.1	71485.1	123639.1
2001	39648.2	2052.8	2864.9	532.4	6658.0	80889.7	132646.0
2002	39798.7	2241.2	2897.2	491.6	6952.0	84684.4	137065.1
2003	37428.7	2127.5	2811.0	486.0	14517.4	89260.1	146630.7
2004	41157.2	2232.1	3065.9	632.4	15340.9	94123.4	156551.9
2005	42776.0	2157.7	3077.1	571.4	16120.1	90701.4	155403.7
2006	45099.2	2003.7	2640.3	753.3	17102.0	87402.2	155000.7
2007	45963.0	1709.1	2787.0	759.7	17659.4	93951.9	162830.1
2008	48569.4	2021.9	3036.8	723.2	18279.1	95592.1	168222.5
2009	49243.3	1904.6	3139.4	623.6	19093.7	95429.3	169433.9
2010	51196.7	1871.8	3156.8	577.0	20095.4	91605.3	168503.0
2011	54061.7	1863.3	3212.5	651.9	21018.6	101594.6	182402.6
2012	56659.0	1680.6	3285.6	660.8	22091.5	107739.9	192117.4
2013	58650.4	1542.4	3348.0	628.2	22748.1	108340.5	195257.6
2014	59601.5	1564..5	3371.9	629.9	23302.6	109688.1	196594.0
2015	61818.4	1512.5	3390.5	590.7	24524.6	112131.0	203967.7
2016	61666.5	1650.7	3400.0	534.3	24405.2	106365.8	198022.5
2017	61520.5	1841.6	3475.2	565.3	25241.9	111987.9	204632.4
2018	61003.6	1920.3	3433.4	610.3	25688.4	114554.9	207210.9

注:a.谷物、大豆、油料、棉花和蔬菜的年产量数据直接来自中国统计年鉴。

b.蔬菜的年产量数据整合来自中国统计年鉴和中国农产品收益资料汇编。

其中，y 为农作物产量，A_0、A_1、A_2、A_3 和 A_4 为常量系数，其值分别为 1.81×10^5、-4.41×10^{-3}、4.17×10^{-7}、-9.05×10^{-3} 和 2.87×10^{-3}。另外，相关系数 R 为 0.96，说明不同种类化肥消费量与农作物产量的拟合度较高。

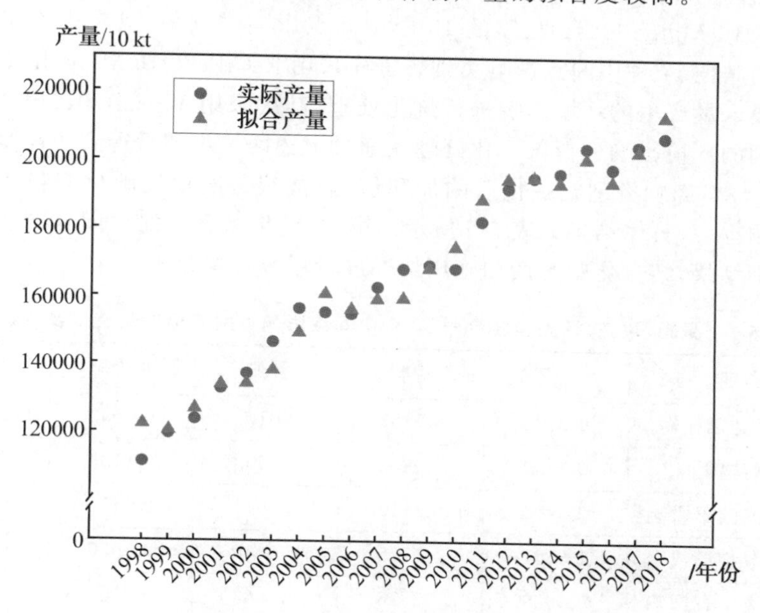

图 5-1　农作物产量与化肥消费量关系的拟合图

5.1.3.2　环境目标

生命周期评价是一种广泛用于评价产品、过程或系统整个生命周期环境影响的方法[19,42]。因此，本小节用 LCA 对化肥从生产到施用的整个生命周期过程中产生的环境负荷进行了定量分析，并以该结果数据进行了环境目标的设定。

LCA 主要框架包括以下 4 个阶段：第一，目标和范围的界定。功能单位选取为 1 t 化肥折纯量，其中氮肥以有效成分 N 为折纯量，磷肥以有效成分 P_2O_5 为折纯量，钾肥以有效成分 K_2O 为折纯量，复合肥以复合肥为代表计算折纯量(其有效成分的比例为 $N:P_2O_5:K_2O=23:50:27$)[22,43]。系统边界为“摇篮——坟墓”，包括化肥原料和能源的开采、运输、加工及肥料的施用过程。由于缺乏科学数据，化肥到农业用地的运输不包括在内。第二，清单构建。本小节以中国四大类化肥(氮肥、磷肥、钾肥和复合肥)为研究对象，清单中所涉及的数据主要以文献调研为主。此外，评价方法采用的背景数据主要来自 CPLCID，可确保数据的本土化，从源头 10 kt 数据的获取上减少评价结果的不确定性[39]。第三，影响评价。选用目前国际上认可度最高的 ReCiPe2016 Midpoint(H)模型，作为 LCA 评价方法的基本模型，对其进行特征化和标准化处理，得到中间点影响结果。由于我国化肥的温室气体排放系数普遍为欧美平均水平的2倍左右，因此为了准确估算我国化肥消费带来的温室气体排放量以推进碳达峰碳中和，选择依据国内相关数据，单独核算中国化肥消费的温室气体排放量[44]。于是在ReCiPe2016 Midpoint(H)模型的18个中间点影响类别中，只考虑除全球变暖影响外的其他17种中间点影响类别。首先采用ReCiPe 2016 Midpoint(H)模型对化肥投入量产生的环境影响进行量化处理，其次采用World 2010(H)对不同影响类别的环境影响进行归一化处理。通过上述两个步骤后得到的环境影响负荷(17种环境影响类别归一化后的加和值)就能很科学地反映化肥投入量对环境的影响程度，具体结果如表5-5所示。第四，结果解释。对中间点产生的不同影响类别结果，结合化肥生产和施用情况进行环境影响分析。

表5-5　氮肥、磷肥、钾肥和复合肥17个中间点影响类别的标准化结果及其权重

类别	氮肥	磷肥	钾肥	复合肥	权重
平流层臭氧耗竭	0.0124	0.0153	0.0100	0.0093	0.0104
电离辐射	0.0369	0.0852	0.0652	0.1123	0.0656
臭氧形成健康影响	0.5703	0.2412	0.0911	0.1852	0.1122
细颗粒物形成	1.6567	0.1770	0.0448	0.7059	0.0551
臭氧形成生态影响	0.6639	0.2873	0.1082	0.2188	0.1326
陆地酸性化	7.5209	0.3343	0.0632	3.0572	0.0782
淡水富营养化	1.1355	1.7488	0.5590	1.0506	0.6024
海水富营养化	1.7572	0.0070	0.0049	0.7365	0.0053
陆地生态毒性	5.8887	13.5678	5.5620	7.5397	5.6317
淡水生态毒性	27.9670	24.9297	42.8753	46.9040	43.8926
海水生态毒性	48.8282	47.5173	73.3172	82.1547	75.0306
人类致癌毒性	34.6874	15.6751	15.7152	15.9932	17.2389
人类非致癌毒性	6.2813	6.6177	11.6014	13.6214	11.8118
土地占用	0.0068	0.0025	0.0084	0.0301	0.0087
矿产资源短缺	0.0000	0.0000	0.0001	0.0004	0.0001
化石资源短缺	1.6345	1.3365	0.3238	0.8587	0.3542
水资源消耗	0.1168	0.1854	0.4841	0.2338	0.4855
总环境影响	138.7647	112.7283	150.8338	173.4117	—

5.1.3.3　温室气体排放目标

中国已将 2030 年前实现碳达峰及 2060 年前实现碳中和目标作为国家发展战略，先后出台了若干“1＋N”政策体系。其中，最为典型的两个政策为 2021 年 10 月先后颁布的《中共中央　国务院关于完整准确全面贯彻新发展理念　做好碳达峰碳中和工作的意见》和《2030 年前碳达峰行动方案》[45,46]。据不完全统计，目前农作物生产造成的温室气体（GHG）排放量直接占全球人为排放量的 10%～12%，其中化肥消费约占中国温室气体排放总量的 5.5%[12,47]。因此，在农业领域，化肥消费造成的温室气体排放是实现碳达峰及碳中和目标进程中不可忽视的重要环节。为此，本章将减少化肥消费全生命周期内产生的温室气体排放作为优化目标。其核算方法如下：首先按照设定的温室气体排放结果核算是通过分别核算氮肥、磷肥、钾肥和复合肥的碳排放系数进行设定的。其主要是根据政府间气候变化专门委员会（The Intergovernmental Panel on Climate Change，IPCC）和国内氮肥、磷肥、钾肥和复合肥四大类化肥的具体的能源消耗和生产技术数据，分别从化肥生产和化肥施用两个部分，对中国的化肥温室气体排放系数进行了推算[48,49]。其中，计算过程所涉及的温室气体包括 CO_2、N_2O 和 CH_4，并统一转化为碳当量（CO_2-eq）。同时，化肥碳排放系数统一以折纯量为依据进行核算，氮肥以 N 为折纯量、磷肥以 P_2O_5 为折纯量、钾肥以 K_2O 为折纯量，复合肥中有效成分的折纯比例为 N ∶ P_2O_5 ∶ K_2O＝23 ∶ 50 ∶ 27[22,44]。

（1）化肥生产过程的温室气体排放系数核算。化肥生产过程中的温室气体排放系数计算包含化肥原料和化石燃料上游过程的开采、运输过程以及化肥制造厂中的加工、包装过程。同时，在温室气体排放系数计算过程中要充分结合中国的实际情况，如中国矿石采选过程中自带的二氧化碳（欧洲相关研究中不包含）；中国的化肥生产过程中使用的能源以煤炭为主，天然气等很少作为化工行业的能源；中国缺少固体钾矿石，因此钾肥生产主要集中在青海和新疆，以盐湖卤水为原料[4]。另外，还充分考虑国内外化肥生产技术、品种以及一些计算参数的不同。因此，若直接选取国外系数直接估算我国化肥生产中温室气体的排放系数，会对整个化肥行业的温室气体排放量甚至是整体农业的温室气体排放量估算产生较大的偏差，具体计算公式如表 5-6 所示。

表 5-6　化肥施用过程中的温室气体排放系数计算公式

符号	符号描述	公式
U_{N}	氮肥施用过程中的温室气体排放系数	$U_{N}=(d_{N_2O}+v_{N_2O}\times w_{N_2O}^{v}+l_{N_2O}\times w_{N_2O}^{l})\times\alpha_{N_2O}\times\beta_{N_2O}+e_{urea}\times\alpha_{CO_2}$
U_{P}	磷肥施用过程中的温室气体排放系数	$U_{P}=n_{磷酸铵}\times\left\{\begin{array}{l}n_{磷酸铵}^{N}(d_{N_2O}+v_{N_2O}\times w_{N_2O}^{v}+l_{N_2O}\times w_{N_2O}^{l})\\ \times\alpha_{N_2O}\times\beta_{N_2O}+n_{磷酸铵}^{P_2O_5}\times e_{P_2O_5}\end{array}\right\}+n_{过磷酸钙}\times e_{P_2O_5}$
U_{K}	钾肥施用过程中的温室气体排放系数	$U_{K}=e_{K_2O}$
$U_{Compound}$	复合肥施用过程中的温室气体排放系数	$U_{Compound}=n_{N}\times(d_{N_2O}+v_{N_2O}\times w_{N_2O}^{v}+l_{N_2O}\times w_{N_2O}^{l})\times\alpha_{N_2O}\times\beta_{N_2O}+n_{P_2O_5}\times e_{P_2O_5}+n_{K_2O}\times e_{K_2O}$

(2)化肥施用过程中的温室气体排放系数核算。化肥在施用过程中也会产生大量的温室气体。其中,N_2O 的来源包含两部分。一是化肥施用过程中氮素投入产生的反硝化作用,约占氮素投入量的 1.2%[18,50]。二是氮素投入产生的氨挥发和淋洗后向水体中流失的硝化氮而间接挥发的 N_2O,每向空气中挥发 1 kg的氨和向水体中流失 1 kg 的硝化氨,间接向空气中挥发的 N_2O 的量分别是 0.01 kg 和 0.025 kg[18]。另外,温室气体排放量的计算是依据化肥中有效成分的含量通过碳排放因子进行核算的,CH_4 的排放量在整个温室气体排放系数核算的过程已经被考虑,并以 CO_2-eq 进行表示,相关系数如表 5-1 所示。

5.2　结果

5.2.1　化肥消费造成的环境负担和产量收益

5.2.1.1　环境目标分析

基于 ReCiPe2016 Midpoint(H)模型和 CPLCID 数据库,运用 Simapro 8.2.0.0 软件对化肥(氮肥、磷肥、钾肥和复合肥)全生命周期过程中产生的环境影响进行了量化分析,中间点影响标准化结果如图 5-2 和表 5-5 所示。

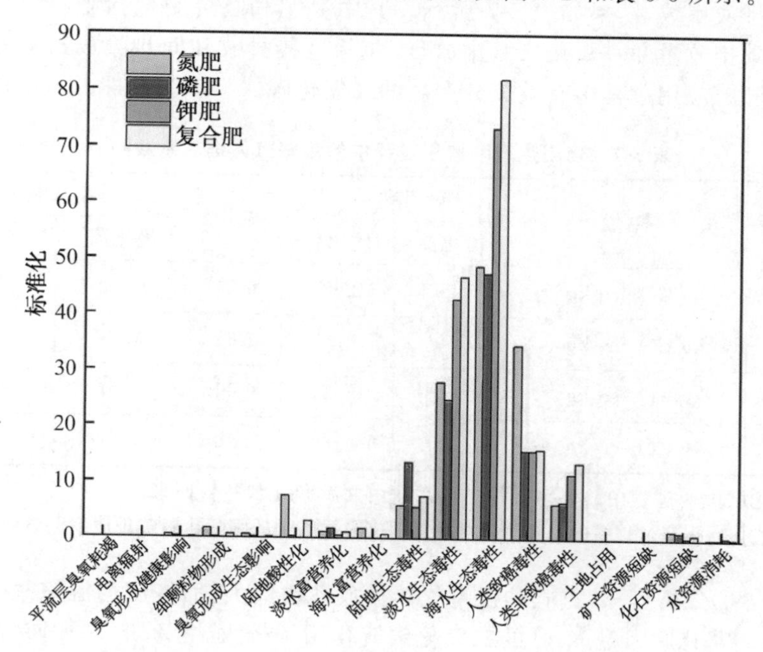

图 5-2　化肥标准化环境影响类别的中间点评价

由表 5-5 分析可知,单位化肥产生的环境影响具有明显的差异性,其中复合肥最大,磷肥最小,钾肥和氮肥居中,分别为 173.41、150.83、138.76 和 112.73,并将其作为公式(5-2)中的氮肥、磷肥、钾肥和复合肥环境常量系数。此外,由图 5-2 分析可知,化肥产生的对 17 种中间点影响类别的环境影响贡献度具有较大的差异性。其中,化肥对淡水生态毒性、海洋生态毒性和人类致癌毒性产生的环境负荷贡献度都较大,分别占氮肥、磷肥、钾肥和复合肥各自环境总负荷的 83.34%、78.17%、87.45%和 83.65%。化肥对淡水富营养化、陆地生态毒性、人类非致癌毒性和化石资源短缺产生的环境负荷也有一定的贡献,分别占氮肥、磷肥、钾肥和复合肥各自环境负荷的 10.77%、20.64%、11.96%和 13.30%。其他剩余环境影响类别的环境影响相对较小,基本可以忽略不计。此外,对于氮肥和复合肥陆地酸化类别在环境负荷上也有一定的贡献,影响分别为 7.52 和 3.06。这是由于氮肥和复合肥中都含有 N 素。据统计,在化肥施用阶段每投入一定量的 N 素,会有 12%的硝化氮被淋洗出来,这就会对土地产生一定的影响,造成陆地酸化。

5.2.1.2 温室气体目标分析

(1)化肥温室气体排放系数。通过表 5-6 中的温室气体排放相关系数计算公式和参考系数分别计算氮肥、磷肥、钾肥和复合肥在生产、施用过程以及总的温室气体排放系数,结果如表 5-7 所示。其中氮肥和复合肥包括肥料应用过程的二氧化碳排放量和一氧化二氮排放量(包括直接排放和间接排放);磷肥和钾肥仅包括肥料应用过程中有效成分产生的二氧化碳。

表 5-7 化肥生产和使用过程中的温室气体排放系数

化肥种类	单位	生产		施用	总排放系数	
		优化前	优化后		优化前	优化后
氮肥	kg CO_2-eq kg^{-1}	5.29[a]	2.98[b]	6.25	11.54	9.23
磷肥	kg CO_2-eq kg^{-1}	1.59[a]	0.75[b]	2.31	3.90	3.06
钾肥	kg CO_2-eq kg^{-1}	0.45[a]	0.38[b]	0.65	1.10	1.03
复合肥	kg CO_2-eq kg^{-1}	2.13[a]	1.16[b]	2.26	4.39	3.42

注:a.化肥生产过程中的温室气体排放系数由文献和文献整合而来。

b.优化后生产过程中的温室气体排放系数来自文献中的国际化肥碳排放系数整理得到。

由表 5-7 分析可知,氮肥的温室气体排放系数最大,而钾肥的温室气体排放系数最小。究其原因是 N_2O 的二氧化碳转化因子较大(为 265),同时在氮肥的整个生命周期内会产生大量的 N_2O,因此氮肥的总排放系数最大。这与王

(Wang)等人的研究结果相一致[17]。同时相比于氮肥、磷肥和复合肥,钾肥的生产和施用过程不仅不含有 N_2O 的排放过程也不包含原材料开采过程中大量的能源消耗和二氧化碳排放,因此,钾肥的温室气体排放系数最小。以上数据为多目标评价中温室气体排放目标中相关系数的来源。

(2)化肥的温室气体排放量。根据《全国农产品成本收益资料汇编 2018》和《中国统计年鉴 2020》整理并计算得出 1998～2018 年中国四大类化肥的消费量[5,38]。同时根据表 5-2 中化肥的温室气体排放系数计算了 1998～2018 年的化肥消费带来的温室气体排放量,具体如图 5-3 所示。由图 5-3 分析可知,化肥全生命周期(包括生产和施用环节)中的温室气体排放量整体呈先增长后降低的发展趋势,从 1998 年的 340 Mt CO_2-eq 增长至 2014 年的最大值 433 Mt CO_2-eq,随后温室气体排放量又呈缓慢下降的趋势,降至 2018 年的 418 Mt CO_2-eq。另外,化肥生产过程和施用过程产生的温室气体量逐年变化趋势与排放总量变化趋势一致,分别从 1998 年的 154 Mt CO_2-eq 和 185 Mt CO_2-eq 增长至 2014 年的最大值 200 Mt CO_2-eq 和 233 Mt CO_2-eq,然后从 2014 年开始逐年缓慢下降,分别降至 2018 年的 194 Mt CO_2-eq 和 224 Mt CO_2-eq。其中化肥施用过程中的温室气体排放量略高于生产过程,分别约占温室气体排放总量的 45% 和 55%[22],这主要是由于施用过程中化肥较低的利用效率造成了营养元素的流失,从而造成了温室气体的大量排放。

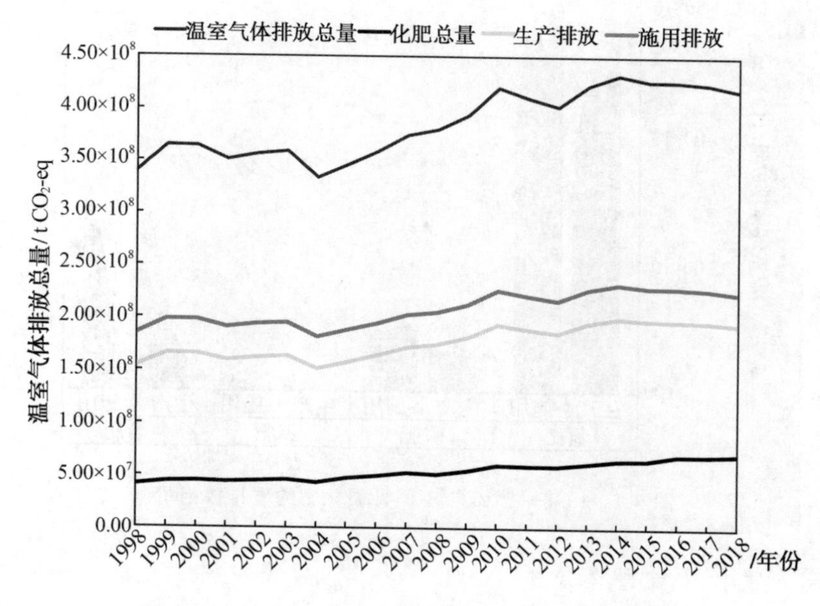

图 5-3　1998～2018 年化肥消费量与温室气体排放量

(3)不同种类化肥的温室气体排放量。基于化肥温室气体排放系数计算结果,结合化肥消费量统计结果,计算1998～2018年生产和施用过程中产生的温室气体排放量,具体如图5-4所示。由图5-4分析可知,不同种类化肥产生的温室气体排放量逐年变化趋势各异,其中磷肥和钾肥在生产和施用过程中产生的温室气体逐年排放趋势较为平缓,基本保持不变,其温室气体排放量分别约占化肥总排放量的10%和1%。氮肥和复合肥的变化趋势是完全相反的,氮肥产生的温室气体排放总量逐年递减而复合肥是逐年递增的。具体地,氮肥产生的温室气体排放量从1998年的273 Mt CO_2-eq降低至2018年的205 Mt CO_2-eq,复合肥产生的温室气体则从1998年的24.8 Mt CO_2-eq增长至2018年的168 Mt CO_2-eq。氮肥和复合肥产生的温室气体变化趋势,与其消费量变化趋势一致,氮肥的消费量从1998年的23.7 Mt降低至2018年的17.8 Mt,而复合肥的消费量从1998年的5.64 Mt增长至2018年的13.82 Mt。另外,氮肥产生的温室气体排放量虽然呈逐年下降的趋势,其占温室气体排放总量的比例从1998年的78.71%降至2018年的48.23%,但是其占比仍为最大。这一方面是氮肥的利用效率较低导致氮肥的消费量较大,从而造成温室气体排放量的增加,另一方面是氮肥在农业的投入会排放大量的N_2O,其温室效应潜力约是CO_2的265倍。

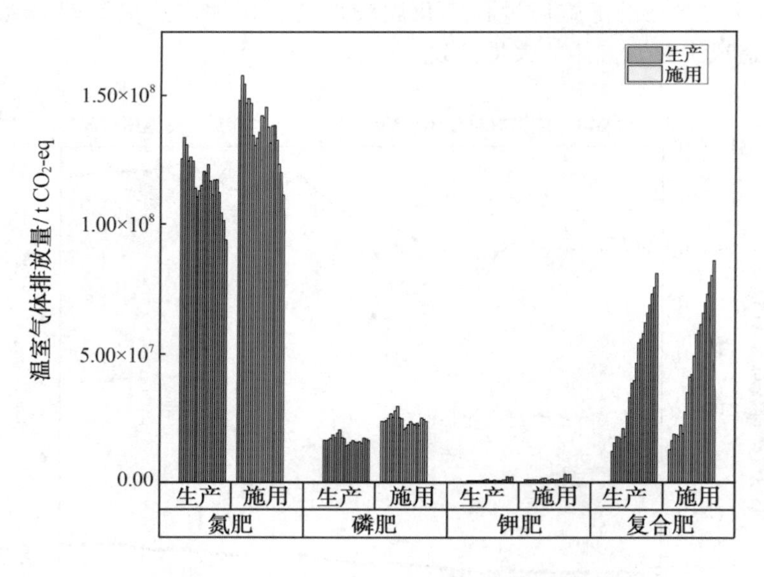

图5-4　1998～2018年不同种类化肥的碳排放当量

5.2.1.3　粮食产量目标分析

随着可用耕地资源的减少和人口数量的不断增长,在满足粮食需求和保证粮

食安全方面，化肥做出了重要的贡献。据统计，化肥消费量由 1998 年的 122 Mt 增长至 2018 年的 213 Mt，农作物产量则由 1998 年的 1110 Mt 增长至 2018 年的 2070 Mt[5]。此外，通过对化肥消费量和农作物产量的年变化率分析发现，农作物产量的年增长率呈现下降发展趋势，由 20 世纪 90 年代的 5%左右降低至近年来的 2%左右，而化肥消费量的年增长率却保持稳定，在 5%左右。这说明由于过量施肥的累积效应，依靠化肥消费量增加引发农作物的增产效应在逐渐变弱。由此发现仅靠化肥消费量的持续增加来确保农作物产量的增收已不是促进农业可持续发展的最佳途径。因为化肥大量施用带来一些环境问题，如全球变暖、土地酸化和农作物质量下降等[51,52]，因此需要通过采取其他优化措施与化肥施用一起来保证粮食安全问题，同时兼顾环境负荷和温室气体排放相关问题，以实现农业粮食的可持续发展。

5.2.2　化肥消费结构的多目标优化

利用 MATLAB 软件对公式(5-2)至公式(5-8)进行编程，经计算得到了 500 个非支配解。

由图 5-5(a)分析可知，仅通过该多目标优化模型对化肥行业结构调整得到的非支配解集中不存在环境、温室气体和农作物产量 3 个目标协同优化的方案。其中，基于农作物产量视角的目标优化解有 59 个，占总解集的 11.8%。其仅关注农作物产量的增长，与 2018 年相比增加了 0.9%～23%，由于没有外部的优化措施，农作物产量的增加伴随着化肥消费量的增加，与 2018 年相比增加了 13%～21%。此外，由表 5-8 分析可知，氮肥、磷肥、钾肥和复合肥所占化肥消费量的比例区间分别为 18%～22%、11%～15%、7%～9%、55%～63%。与此同时，环境负荷和温室气体的排放量与 2018 年相比分别增加了 23%～35%、7%～12%。在化肥总量和农作物产量增加值一定的情况下，通过对比分析不同的调整方案发现，化肥结构调整幅度不同所产生的环境负荷和温室气体排放量的增加幅度是不同的。这表明尽管其环境负荷和温室气体排放量是增加的，但是通过化肥结构的适宜调节可以在一定程度上实现降低环境负荷和温室气体排放的目标。这与哈斯勒(Hasler)等人的研究结论[6]相一致，即不同化肥种类和形式的组合、不同的复混肥配方会产生不同的环境影响。而其余的非支配解，其环境和温室气体目标得到了一定程度的优化，但是以牺牲农作物产量为代价实现的，这会严重威胁到粮食的供给安全。综上所述，通过对化肥行业的结构调整，只能使环境、温室气体和农作物产量 3 个目标中的 1 个目标或 2 个目标达到预期的优化效果，无法实现 3 个目标的同时优化，因此还需要辅助其他的优化措施和减排策略。

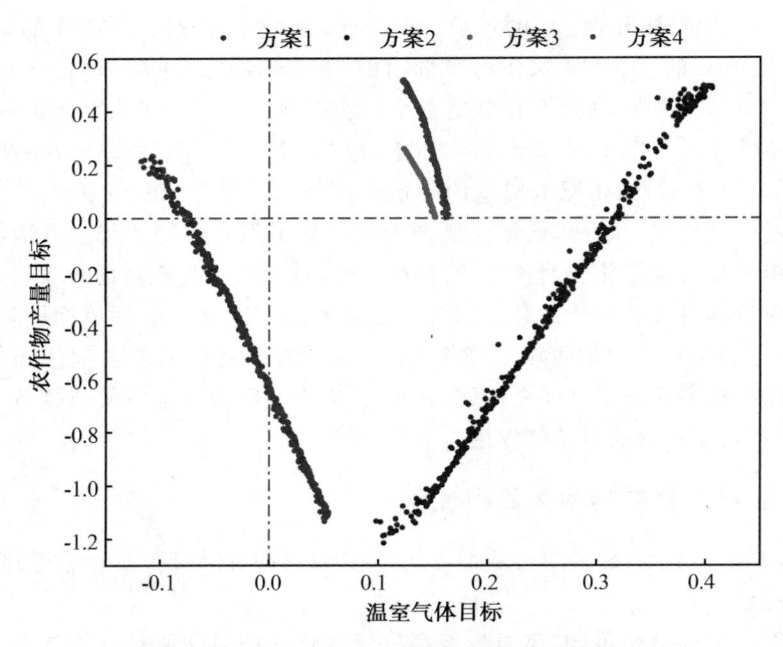

（a）不同调整优化方案关于温室气体和农作物产量目标的2D投影图

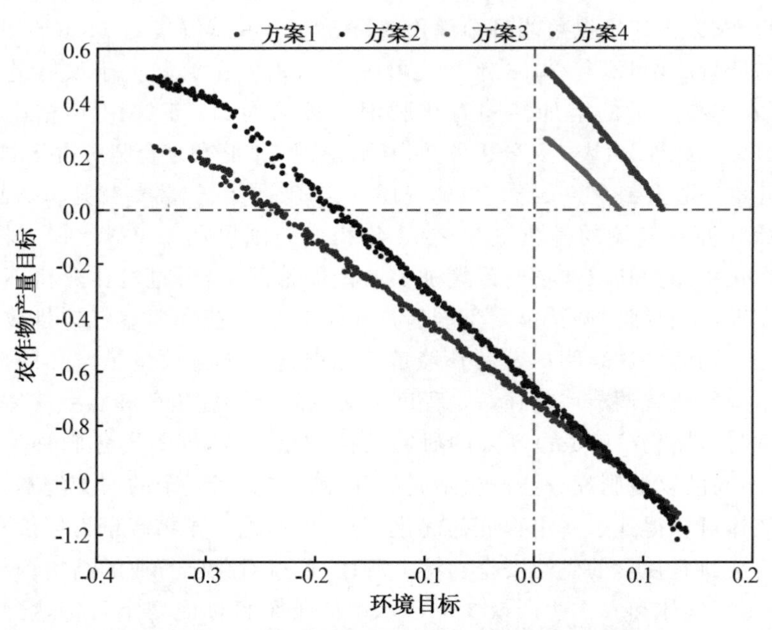

（b）不同调整优化方案关于环境和农作物产量目标的2D投影图

图 5-5　不同调整优化方案集

表 5-8 不同优化措施结合多目标评价模型得到的方案集的变化区间

类别	方案 1[d]	方案 2[d]	方案 3[d]	方案 4[d]
环境目标[a]	[−35%,−23%]	[−35%,−18%]	[1.0%,7.8%]	[1.1%,12%]
温室气体目标[a]	[−12%,−7%]	[31%,41%]	[12.3%,15.3%]	[12.2%,16.4%]
农作物产量目标[a]	[0.9%,23%]	[0.4%,40%]	[0.3%,26%]	[0.2%,52%]
氮肥年消费量[b]	[18%,22%]	[18%,25%]	[18%,22%]	[18%,25%]
磷肥年消费量[b]	[11%,15%]	[11%,15%]	[12%,18%]	[12%,18%]
钾肥年消费量[b]	[7%,9%]	[7%,11%]	[7%,9%]	[7%,12%]
复合肥年消费量[b]	[55%,63%]	[51%,64%]	[56%,60%]	[48%,60%]
化肥年消费总量[c]	[13%,21%]	[8%,21%]	[12%,21%]	[9%,21%]

注:a.与 2018 年相比,方案集中不同优化目标的变化范围,其值越大代表优化效果越好。

b.方案集中不同种类化肥占化肥总量的变化区间。

c.与 2018 年相比,方案集中化肥年消费总量的变化区间。

d.方案 1～4 分别代表通过多目标评价模型和不同优化方案(有机肥替代、技术优化和有机肥替代协同技术优化)结合多目标评价模型得到的方案集。

5.3 情景优化分析

5.3.1 有机肥替代优化

研究表明,通过有机肥(如农作物残留物、污水污泥、堆肥、家禽粪便以及中国特有的中草药残渣)对化肥的部分替代可以缓解农业对化肥的依赖,在确保农作物产量的同时降低其带来的环境负荷[2,52,53]。此外,有些学者认为由于有机肥和化肥在养分释放速率和周期方面的不同,二者的混合施用可以综合使用其速效养分和全养分,同时改善土壤理化特性和生物活性[5,17]。有关文献分析表明,50%以内的有机肥替代率可以保证其环境影响和作物产量,同时施用玉米秸秆或新鲜肥料可以确保其作物产量的积极响应范围为 6%～20.9%[2]。因此,为了实现环境、温室气体和粮食安全目标,本小节提出将有机肥部分替代化肥的优化措施,并假设其替代产生的积极效应情景可以使作物产量最多增加 20.9%。在此情景条件下,模型优化得出 500 个优化解。

由图 5-5(a)分析可知,通过将有机肥替代优化措施与多目标优化模型相结合对化肥行业结构调整，可以实现对温室气体目标的优化，其非支配解集中所有方案的温室气体排放量均比 2018 年大幅度降低，这表明有机肥替代化肥有利于降低温室气体的排放。江(Jiang)等人研究认为施用堆肥和生物炭可使土壤的 CH_4 和 N_2O 的排放显著降低[2]，这与本章的模拟结果相一致。但是由图 5-5(b)可得，有机肥的替代并不能实现环境目标的优化，因此该非支配解集中仍然没有得到 3 个目标协同优化的方案。而基于产量和温室气体视角的目标优化解有 126 个，占总解集的 25.2%。此外，由表 5-8 分析可知，其与 2018 年相比，化肥总量和产量的增加区间分别为 8%～21%和 0.4%～40%，温室气体目标的减少区间为 31%～41%。其中，氮肥、磷肥、钾肥和复合肥的比例变化区间分别为 18%～25%、11%～15%、7%～11%、51%～64%。环境目标的增加范围区间为 18%～35%。与仅调整化肥结构方案相比，其化肥增量区间下限降低(由 13%降低至 8%)，而产量增量区间上限增加 1.74 倍(由 23%增加至 40%)。其余的非支配解重，其环境和温室气体目标得到了一定程度的优化，但其是以牺牲农作物产量为代价实现的，同样会严重威胁到粮食的供给安全。以上分析说明，通过有机肥部分替代措施协同化肥消费结构比例调整可以对环境、温室气体和产量分别进行一定程度的优化，但依然无法同时实现上述 3 个目标的协同优化。

5.3.2 技术优化

根据关于肥料全生命周期评价的研究发现，在肥料生产和施用过程中，很多环节是造成环境负荷和温室气体排放的关键流程。其依然具有很大的优化潜力，主要有以下几个方面。第一，在肥料生产过程中面临的共性问题，即能源及电力机构的改善、生产装置和技术的提升。中国目前大力发展可再生能源，也具有丰富的水力、风力和光照资源，可以因地制宜地选择可再生电力系统部分替代基于化石能源的电力系统，同时引进和普及国际和国内先进的生产设备及技术来提高肥料生产效率[2,54]。第二，在生产过程中不同种类的肥料也需要根据各自生产特点进行针对性的技术优化，如氮肥需要优化原料来源，同时研发缓释肥等来提高氮肥的利用率，以降低在施用过程中氮氧化物的挥发[18,22]。磷肥需要降低高浓度磷肥的使用率，以降低磷矿石开采和选矿过程中产生的环境负荷和温室气体排放[55]。钾肥需要通过技术创新(如水循环利用技术)来提高水利用率，以保护钾肥生产基地的生态环境[4]。复合肥需要选取合适的包衣材料和包膜技术，以降低生产过程中产生的环境负荷和温室气体排放[56]。第三，在施用过程中应该采用先进精准的施肥器械以降低施肥能耗及肥料消耗[23]。此外，据研究发现化肥的技术提升潜力在 20%～63%，其中仅仅依靠优化氮肥的原料来源就可以减少 20%的环境排放。参考全球发达国家的技术水平，氮肥利用率最

高可达 50%～60%，而国内的氮肥利用率为 35%～40%[7,22,58]。基于此，以氮肥为参考，假定氮肥、磷肥、钾肥和复合肥通过技术优化后，其环境负荷均降低 25%，温室气体优化目标根据文献调研参考国际平均水平进行设定(具体数值如表 5-7 所示)，模型优化得到了 500 个非支配解。

由图 5-5 分析可知，通过将技术优化措施与多目标优化模型相结合对化肥行业进行结构调整，可以实现环境、温室气体和农作物产量目标三者的协同优化。此外，由表 5-8 分析可知，与 2018 年相比，化肥总量和产量的增加区间分别为 12%～21%和 0.3%～26%，环境和温室气体目标的减少区间分别为 1%～7.8%和 12.3%～15.3%。其中，氮肥、磷肥、钾肥和复合肥的比例变化区间分别为 18%～22%、12%～18%、7%～9%、56%～60%。由图 5-5 分析可知，与有机肥替代方案相比，其环境、温室气体和农作物产量目标同时得到了优化。这说明技术优化可以显著降低环境负荷和温室气体的排放，同时在化肥消费量可控的范围内实现农作物产量的增长，从而实现粮食安全和农业的可持续发展，但是其对温室气体目标的优化幅度与有机肥替代方案相比较低。

5.3.3　有机肥替代协同技术优化

将有机肥替代协同技术优化措施与多目标评价模型相结合对化肥行业结构进行了进一步的调整优化。

由图 5-5 分析可知，该模型实现了环境、温室气体和农作物产量目标三者的协同优化。由表 5-8 分析可知，其与 2018 年相比化肥总量和产量的增加区间分别为 9%～21%和 0.2%～52%，环境和温室气体目标的减少区间分别为 1.1%～12%和 12.2%～16.4%。其中，氮肥、磷肥、钾肥和复合肥的比例变化区间分别为 18%～25%、12%～18%、7%～12%、48%～60%。此外，与技术优化方案相比，化肥增量区间下限降低，而产量增量区间上限为单独技术优化的 2.48 倍、环境负荷的 1.54 倍。其表明通过技术优化协同有机肥替代，在化肥总消费量区间一定的情况下，农作物产量可以得到进一步的提高，环境负荷和温室气体排放量也会进一步下降，这确保了农业的绿色可持续发展。另外，氮肥、磷肥、钾肥和复合肥的可调整区间均有一定程度的扩大，这给政府和企业提供了更大的调控区间。

5.3.4　辅助措施优化

为了实现我国农业清洁和可持续发展、保证粮食安全以及 2030 年前实现碳达峰、2060 年前实现碳中和目标，除了依靠化肥结构调整、有机肥替代和技术优化外，还需要一定的政策支持和其他辅助优化措施。中国政府近年来制定了一系列关于化肥的计划、项目和法规，如土壤检测和肥料推荐项目(STFR)、有机替代技术化肥(OSCF)行动、《测土配方施肥技术规范(2011年修订版)》和《全国农业可持续发展规划(2015～2030年)》等[37]。同时建议辅佐养分管理的配套措施并提高农户的科学专业知识和技能,包括具体的肥料施用时间和方法,使施肥与植物养分利用同步,最大限度地提高作物产量和质量以及肥料利用率[23,26]。此外,有研究发现农场规模每增加1%,化肥消费量就会减少0.3%[23]。因此建议适度减少小规模农业作业,并依据中国不同区域的土地类型,推出不同的土地集约化农业管理政策,从制度上保障农业化肥的科学消费量。

5.3.5 局限性和不确定性分析

基于涉及多目标评价问题,本书研究包含多种模型构建及预测评价等方法,同时以上数据来自权威期刊和公认的官方数据,研究结果应该可以经得起时间和社会的考证。另外,本章存在一些局限性和不确定性,具体为以下几个方面:第一,有机肥替代优化过程中没有考虑其带来的环境影响以及其中所含有的营养元素。有些文献研究表明,与化肥相比,有机肥的污染排放负荷较低,且其中的养分释放速度较慢,释放周期较长[22]。因此,上述问题带来的不确定性不会对优化结果产生较大的不利影响。第二,由于不同种类化肥机械施用的过程缺少全国范围内的具体数据,因此在系统边界范围内没有考虑化肥施用阶段的机械投入情况。有些文献研究表明,在整个生命周期范围内,化肥施用阶段机械投入的环境影响较小[2]。因此,上述问题带来的不确定性不会对优化结果产生较大的不利影响[22]。第三,本书研究仅考虑了化肥与产量的直接关系,忽略了其他自然条件(如地域、病虫害及气候变化等)。有些文献研究发现,自然条件的变化可能会引起生物多样性的变化,会对农作物产量以及温室气体排放产生影响,但在非极端情况下,这种影响较小可以忽略不计。第四,采用的数据有些是来自期刊的文献数据,这些数据存在的不确定性也会对研究结论产生一定的不确定性影响。为了减轻其产生的不确定性影响,引用的数据文献都来自权威期刊。

5.4 结论

为了缓解化肥大量消费导致的环境危害和温室效应,同时确保粮食安全,本研究基于农作物产量、环境和温室气体排放3个目标,采用NSGA-Ⅱ构建了多目标评价模型对中国化肥投入结构进行了研究,并首次将不同优化措施与多目标模型相结合,给出了不同种类化肥的具体调整量化区间,以实现化肥与农业产业的可持续发展。

通过生命周期评价、温室气体排放量核算,发现四大类化肥中复合肥产生的

环境负荷最大，而氮肥产生的温室气体排放量最大。同时研究发现相比于 2018 年，化肥总量适宜的增加区间为 9%～21%，氮肥、磷肥、钾肥和复合肥投入占化肥总量的比例调整区间分别为 18%～25%、12%～18%、7%～12%、48%～60%。基于以上结构调整获得的农作物产量增长区间为 0.2%～52%，环境负荷和温室气体排放量降低区间分别为 1.1%～12%和 12.2%～16.4%。另外，通过多目标评价模型对化肥投入结构进行初步调节，发现农作物产量的增加只能以增加环境负荷和温室气体排放为代价，若想实现 3 个目标的协同优化，必须辅助其他的优化措施和减排策略。本书研究创新性地将多种优化措施与多目标模型相结合对化肥投入结构进行了进一步的调整优化，发现技术优化措施整体效果优于有机肥替代优化措施，两者协同优化的效果最佳。为此，中国若想实现化肥行业与农业产业的可持续发展，首先应进一步提升自己的技术水平，不断缩小与发达国家在此领域方面存在的差距，其次应积极出台以政策为代表的若干辅助优化措施，从制度保障层面进一步促进化肥实现绿色消费。

此外，该方法学体系的构建为其他行业开展类似领域研究提供了较好的方法学基础，相关研究结论如通过行业技术水平提升、行业结构优化以及相关政策的出台等，可为实现以碳减排为核心的多目标协同发展提供参考依据。本书研究仍存在一定的不足，如影响化肥行业可持续发展的影响因素还有很多(能源、经济政策、科学技术、气候变化和一些极端情景等)，致使研究目标更复杂。因此，在多尺度和多目标优化模型构建与解法方面仍有待进一步探索与完善。

参考文献

[1]Akashi，O.，Hanaoka，T. Technological Feasibility and Costs of Achieving A 50% Reduction of Global GHG Emissions by 2050：Mid- and Long-Term Perspectives[J]. Sustainability Science，2012，7(02):139-156.

[2]Jiang，Z.，Zheng，H.，Xing，B. Environmental Life Cycle Assessment of Wheat Production Using Chemical Fertilizer，Manure Compost，and Biochar-Amended Manure Compost Strategies[J]. Science of the Total Environment，2020，760:143342.

[3]Zhang，W.，Zhang，W.，Wang，X.，et al. Quantitative Evaluation of the Grain Zinc in Cereal Crops Caused by Phosphorus Fertilization. A Meta-Analysis [J]. Agronomy for Sustainable Development，2021，41(01):1-12.

[4]Chen，W.，Geng，Y.，Hong，J.，et al. Life Cycle Assessment of Potash Fertilizer Production in China[J]. Resources Conservation and Recycling，2018，138:238-245.

[5]国家统计局．中国统计年鉴 2020[M]．北京：中国统计出版社，2020.

[6]Hasler，K.，Bröring，S.，Omta，S.W.F.，et al. Life Cycle Assessment (LCA) of Different Fertilizer Product Types[J]. European Journal of Agronomy，2015，69:41-51.

[7]Chen，Y.，Hu，S.，Guo，Z.，et al. Effect of Balanced Nutrient Fertilizer：A Case Study in Pinggu District，Beijing，China[J]. Science of the Total Environment，2021，754:142069.

[8]Wang，Z.，Chen，J.，Mao，S.C.et al. Comparison of Greenhouse Gas Emissions of Chemic-Al Fertilizer Types in China's Crop Production[J]. Journal of Cleaner Production，2017，141:1267-1274.

[9]Chandra，A.，Dargusch，P.，McNamara，K.E. How Might Adaptation to Climate Change by Small Holder Farming Communities Contribute to Climate Change Mitigation Outcomes? A Case Study from Timor-Leste，Southeast Asia [J]. Sustainability Science，2016，11(03):477-492.

[10]Ji，C.，Luo，Y.，Jan，V.G.K.，et al. A Keystone Microbial Enzyme for Nitrogen Control of Soil Carbon Storage[J]. Science Advance，2018，4(08)：1689-1696.

[11]Zhang，G.，Sun，B.，Zhao，H.，et al. Estimation of Greenhouse Gas Mitigation Potential through Optimized Application of Synthetic N，P and K Fertilizer to Major Cereal Crops：A Case Study from China[J]. Journal of Cleaner Production，2019，237:117650.

[12]Clark，M.A.，Domingo，N.，Colgan，K.，et al. Global Food System Emissions Could Preclude Achieving the 1.5 Degrees and 2 Degrees Climate Change Targets[J]. Science，2020，370(6517):705-708.

[13]Xu，X.，Lan，Y. Spatial and Temporal Patterns of Carbon Footprints of Grain Crops in China[J]. Journal of Cleaner Production，2016，146:218-227.

[14]Wesenbeeck，C.F.A.，Keyzer，M.A.，van Veen，W.C.M.，et al. Can China's Overuse of Fertilizer Be Reduced without Threatening Food Security and Farm Incomes? [J]. Agricultural Systems，2021，190:103093.

[15]Adnan，N.，Md Nordin，S.，Rahman，I.，et al. Adoption of Green Fertilizer Technology Among Paddy Farmers：A Possible Solution for Malaysian Food Security[J]. Land Use Policy，2017，63:38-52.

[16]He，G.，Liu，X.，Cui，Z. Achieving Global Food Security by Focusing on Nitrogen Efficiency Potentials and Local Production[J]. Global Food Security-

Agriculture Policy Economics and Environment，2021，29:100536.

[17]Wang，P.，Wang，J.，Qin，Q.，et al. Life Cycle Assessment of Magnetized Fly-Ash Compound Fertilizer Production：A Case Study in China[J]. Renewable and Sustainable Energy Reviews，2017，73:706-713.

[18]Wang，Y.，Lu，Y. Evaluating the Potential Health and Economic Effects of Nitrogen Fertilizer Application in Grain Production Systems of China [J]. Journal of Cleaner Production，2020，264:121635.

[19]Chen，W.，Geng，Y.，Hong，J.，et al. Life Cycle Assessment of Potash Fertilizer Productio-N in China[J].Resources Conservation and Recycling，2018，138:238-245.

[20]Chen，X.，Ma，C.，Zhou，H.，et al. Identifying the Main Crops and Key Factors Determining the Carbon Footprint of Crop Production in China，2001～2018[J].Resources Conservation and Recycling，2021，172:105661.

[21]Makhlouf，A.，Quaranta，G.，Kardache，R. Energy Consumption and Greenhouse Gas Emission Assessment in the Algerian Sector of Fertilisers Production with Life Cycle Assessment[J]. International Journal of Global Warming，2019，18(01):16-36.

[22]Wu，H.，MacDonald，G.K.，Galloway，J.N.，et al. The Influence of Crop and Chemical Fertilizer Combinations on Greenhouse Gas Emissions：A Partial Life-Cycle Assessment of Fertilizer Production and Use in China[J]. Resources Conservation and Recycling，2020，168:105303.

[23]Ren，C.，Jin，S.，Wu，Y.，et al. Fertilizer Overuse in Chinese Smallholders Due to Lack of Fixed Inputs[J]. Journal of Environmental Management，2021，293:112913.

[24]Zhou，T.，Li，Z.，Li，E.，et al. Optimization of Nitrogen Fertilization Improves Rice Quality by Affecting the Structure and Physicochemical Properties of Starch at High Yield Levels[J]. Journal of Integrative Agriculture，2021，21:1576-1592.

[25]Qiao，J.，Wang，J.，Zhao，D.，et al. Optimizing N Fertilizer Rates Sustained Rice Yields，Improved N Use Efficiency，and Decreased N Losses Via Runoff from Rice-Wheat Cropping Systems[J]. Agriculture Ecosystems and Environment，2021，324:107724.

[26]Wang，Y.，Lu，Y. Evaluating the Potential Health and Economic Effects of Nitrogen Fertilizer Application in Grain Production Systems of China

[J]. Journal of Cleaner Production, 2020, 264:121635.

[27]Zhang, K., Liang, X., Zhang, Y., et al. Optimizing Spikelet Fertilizer Input in Irrigated Rice System Can Reduce Nitrous Oxide Emission while Increase Grain Yield[J]. Agriculture Ecosystems and Environment, 2022, 324:107737.

[28]Bai, Y., Gao, J. Optimization of the Nitrogen Fertilizer Schedule of Maize Under Drip Irrigation in Jilin, China, Based on DSSAT and GA[J]. Agricultural Water Management, 2020, 244:106555.

[29]Lim, J., How, B., Teng, S., et al. Multi-Objective Lifecycle Optimization for Oil Palm Fertilizer Formulation: A Hybrid P-Graph and TOPSIS Approach[J]. Resources Conservation and Recycling, 2020, 166:105357.

[30]Xu, X., Yue, Q., Wu, H., et al. Coupling Optimization of Irrigation and Fertilizer for Synergic Development of Economy-Resource-Environment: A Generalized Inexact Quadratic Multi-Objective Programming[J]. Journal of Cleaner Production, 2022, 361:132115.

[31]Liu, H., Yan, F., Tian, H. Towards Low-Carbon Cities: Patch-Based Multi-Objective Optimization of Land Use Allocation Using an Improved Non-Dominated Sorting Genetic Algorithm-Ⅱ[J]. Ecological Indicators, 2022: 134:108455.

[32]Shan, J., Lu, R. Multi-Objective Economic Optimization Scheduling of CCHP Micro-Grid Based on Improved Bee Colony Algorithm Considering the Selection of Hybrid Energy Storage System[J]. Energy Reports, 2021, 7: 326-341.

[33]Kropp, I., Nejadhashemi, A.P., Deb, K., et al. A Multi-Objective Approach to Water and Nutrient Efficiency for Sustainable Agricultural Intensification[J]. Agricultural Systems, 2019, 173:289-302.

[34]Deb, K., Pratap, A., Agarwal, S., et al. A Fast and Elitist Multiobjective Genetic Algorithm: NSGA-Ⅱ[J]. IEEE Transactions on Evolutionary Computation, 2002, 6(02):182-197.

[35]González, R., Camacho, E., Montesinos, P., et al. Optimization of Irrigation Scheduling Using Soil Water Balance and Genetic Algorithms[J]. Water Resources Management, 2016, 30(08):2815-2830.

[36]Darshana, A., Ostrowski, M., Pandey, R.P. Simulation and Optimization for Irrigation and Crop Planning[J]. Irrigation and Drainage, 2012, 61(02):178-188.

[37]农业部. 全国农业可持续发展规划(2015～2030 年)[EB/OL]. (2015-05-28)[2021-12-24].http://www.gov.cn/xinwen/2015-05/28/content_2869902.htm.

[38]国家发展和改革委员会价格司. 全国农产品成本收益资料汇编 2018[M]. 北京:中国统计出版社, 2018.

[39]Zhang, Y., Sun, M., Hong, J., Han, X., He, J., Shi, W., Li, X. Environmental Footprint of Aluminum Production in China [J]. Journal of Cleaner Production, 2016, 133:1242-1251.

[40]农业农村部种植业管理司. 2020 年秋冬季主要农作物科学施肥指导意见[EB/OL].(2020-09-30)[2021-11-18]. http://www.zzys.moa.gov.cn/gzdt/202009/t20200930_6353753.htm.

[41]农业农村部种植业管理司. 2021 年春季主要农作物科学施肥指导意见[EB/OL].(2021-03-04)[2021-11-19]. http://www.moa.gov.cn/xw/zxfb/202103/t20210304_6362820.htm.

[42]Hong, J., Li, X. Speeding up Cleaner Production in China through the Improvement of Cleaner Production Audit[J]. Journal of Cleaner Production, 2012, 40:129-135.

[43]农业农村部.国家农业可持续发展试验示范区(农业绿色发展先行区)管理办法(试行)[EB/OL].(2018-12-20)[2021-11-18].http://www.moa.gov.cn/nybgb/2018/201812/201901/t20190106_6166194.htm.

[44]Chen, S., Lu, F., Wang, X. Estimation of Greenhouse Gases Emission Factors for China's Nitrogen, Phosphate, and Potash Fertilizers [J]. Acta Ecologica Sinica, 2014, 35(19):6371-6383.

[45]中共中央、国务院.中共中央　国务院关于完整准确全面贯彻新发展理念　做好碳达峰碳中和工作的意见[EB/OL].(2021-09-22)[2021-11-23].http://www.gov.cn/gongbao/content/2021/content_5649728.htm.

[46]国务院. 国务院关于印发 2030 年前碳达峰行动方案的通知.[EB/OL].(2021-10-24)[2021-11-23]. http://www.gov.cn/gongbao/content/2021/content_5649731.htm.

[47]Zhang, G., Sun, B., Zhao, H., et al. Estimation of Greenhouse Gas Mitigation Potential through Optimized Application of Synthetic N, P and K Fertilizer to Major Cereal Crops: A Case Study from China[J]. Journal of Cleaner Production, 2019, 237:117650.

[48]IPCC. Change I. Climate Change 2007: IPCC Report. Intergovernmental Panel on Climate Change.[EB/OL].(2007-09-30)[2021-11-23].https://www.ipcc.

ch/report/ar4/syr/.

[49]IPCC.Change I. Climate Change 2014：IPCC Report. Intergovernmental Panel on Climate Change.[EB/OL].(2014-10-31)[2021-11-23].https://www.ipcc.ch/report/ar5/wg3/.

[50]杨印生，林伟.不同玉米种植模式的环境影响评价研究——基于 LCA[J]. 农机化研究，2015，37:1-6.

[51]Liu，J.，Shu，A.，Song，W.，et al. Long-Term Organic Fertilizer Substitution Increases Rice Yield by Improving Soil Properties and Regulating Soil Bacteria[J]. Geoderma，2021，404:115287.

[52]Ma，J.，Chen，Y.，Wang，K.，et al. Re-Utilization of Chinese Medicinal Herbal Residues Improved Soil Fertility and Maintained Maize Yield under Chemical Fertilizer Reduction[J]. Chemosphere，2021，283:131262.

[53]Vuaille，J.，Gravert，T. K. O.，Magid，J.，et al. Long-Term Fertilization with Urban and Animal Wastes Enhances Soil Quality but Introduces Pharmaceuticals and Personal Care Products[J]. Agronomy for Sustainable Development，2021，42(01):1-16.

[54]Yu，X.，Keitel，C.，Dijkstra，F.A. Global Analysis of Phosphorus Fertilizer Use Efficiency in Cereal Crops[J]. Global Food Security-agriculture Policy Economics and Environment，2021，29:100545.

[55]Zhang，F.，Wang，Q.，Hong，J.，et al. Life Cycle Assessment of Diammonium- and Mono-Ammonium-Phosphate Fertilizer Production in China[J]. Journal of Cleaner Production，2017，141:1087-1094.

[56]Chen，Y.，Zhang，X.，Yang，X.，et al. Emergy Evaluation and Economic Analysis of Com-Pound Fertilizer Production：A Case Study from China[J]. Journal of Cleaner Production，2022，260:121095.

[57]Chen，X.，Ma，C.，Zhou，H. Identifying the Main Crops and Key Factors Determin-Eng the Carbon Footprint of Crop Production in China，2001-2018[J].Resources Conservation and Recycling，2021，172:105661.

[58]Cui，X.，Guo，L.，Li，C.，et al. The Total Biomass Nitrogen Reservoir and Its Potential of Replacing Chemical Fertilizers in China[J]. Renewable and Sustainable Energy Reviews，2020，135:110215.

第6章　碳达峰路径之工业达峰路径研究

随着世界经济的快速发展,人类向自然界排放的温室气体日益增加。温室气体排放造成了海平面上升、极端气候频发等自然灾害,已越来越引起人们的关注与重视[1,2]。根据最新政府间气候变化专门委员会(IPCC)报告,人类活动导致全球气候变化已在科学界达成共识,2010～2019年全球温室气体排放量仍在持续增长。若要将全球温升控制在不超过工业化前2 ℃以内,全球需在21世纪70年代初实现碳中和[3]。工业涵盖制造业、采矿业等多个细分部门,是全球能源消耗和二氧化碳排放的主要部门。尤其对于许多工业化正快速推进的发展中国家,减少工业生产过程二氧化碳排放已成为经济可持续发展的重要途径。

中国作为世界上最大的发展中国家,已超过美国和欧盟各国,成为世界上最大的碳排放国家[4]。与此同时,中国政府提出了“力争到2030年前实现碳达峰,力争2060年前实现碳中和”的宏伟目标[5]。工业作为国民经济的根本性支柱,产生的碳排放及能源消费量位居各行业首位。据统计,2019年中国工业二氧化碳排放总量约8280 Mt,约占当年全国二氧化碳排放总量的85%[6]。推动工业领域碳达峰已经成为中国实现2030年前碳达峰目标的重要组成部分。2021年,中国政府颁布《国务院关于印发2030年前碳达峰行动方案的通知》(国发[2021]23号),明确提出工业领域碳达峰行动方案,力争工业领域率先实现碳达峰[7]。然而,中国省域众多,不同省域资源禀赋及工业发展程度差异较大,若仅从全国层面研究工业碳达峰则会由于忽略了地区差异致使得到的研究结论不符合发展实际,因此需要通过省域层面设计形成中国整体工业碳达峰路径。解决好以上问题可为中国工业碳达峰路径规划提供有益的参考与借鉴。

识别并量化影响工业碳排放的关键要素是研究工业碳达峰的基础。经文献研究,工业碳排放的主要因素包括能源效率、固定资产投资、可再生能源占比等[8,9]。碳排放影响因素识别常用的研究方法大致可分为计量经济模型法和指数分解分析法两大类。计量经济模型法包括VAR模型、固定效应模型、空间杜宾模型等。费尔达(Ferda)等人通过建立计量经济模型构建了土耳其碳排放、能源消耗、收入、贸易之间的因果作用关系,发现收入是影响土耳其碳排放变化的主要因素[10]。但计量经济学模型对解释变量的选择具有较强的随意性,不同种类及数量的解释变量可能会得出不同甚至相反的结论,并且变量之间的多重共线性会对研究结果造成误差。指数分解分析法包括对数平均迪氏指数(LMDI)分解[11]、Kaya恒等式法[12]等。维克托(Victor)通过构建LMDI模型研究了23个国家和地区碳排放影响因素,得出化石燃料能源消费效应是促使碳排放增长的主要动因[11]。韩(Han)等人建立了改进的Kaya模型,研究了城镇化过程中的碳排放影响因素,认为城镇就业率是影响城镇化碳排放的主要因素[13]。Kaya恒等式和LMDI模型结构形式简单、应用方便,但因素的选取依赖于变量间的关系且只能选择一个绝对量因素。瓦尼斯基(Vaninsky)提出的广义迪氏指数分解(GDIM)模型[14]可以较好地弥补LMDI模型的不足之处,并得到了学界的广泛认可与关注[15,16]。本书将其应用于量化工业领域碳排放影响因素,不仅增强了量化的科学性,更是对GDIM模型应用领域的深化。

碳排放预测领域常采用"模型+情景分析"的研究模式。模型主要包括统计学模型(如STIRPAT模型[17]等)和系统化模型[如长期能源替代规划系统(LEAP)模型[18]、系统动力学(SD)模型[19]等]。恩纳梅卡(Nnaemeka)等人采用LEAP模型,分析了4种情景模式下尼日利亚能源消耗及碳排放变化趋势,并预测出2040年尼日利亚碳排放量[20]。方(Fang)等人利用STIRPAT模型预测了不同情景下中国各省份碳达峰情况,得出中国最适宜的达峰年份为2030年[17]。王(Wang)等人基于系统动力学模型预测了3种情景模式下中国煤炭消费及碳排放的变化,并得出2020年无法实现碳达峰的结论[21]。以上研究中的情景分析均将未来规划年情景因素变化率设定为固定值,但在现实情况下,各影响因素在未来年的变化率通常具有随机性与不确定性。若将情景分析与蒙特卡罗模拟相结合则能更好地研究不确定条件下工业碳排放变化。虽然存在少量使用这种耦合的研究思路的研究[22,23],但仅考虑了少量几种情景模式,并且没有考虑各种情景模式的实施难易度。

本书构建了"板块聚类—因素分解—情景分析—路径选择"的工业碳达峰方法学体系,即首先通过"蒙特卡罗模拟+情景组合"解析中国工业碳达峰可能路径的基础上,引入兼顾情景实现难易程度的TOPSIS分析法对各类情景组合模式进行量化筛选,找到更贴近中国工业发展实际的适宜碳达峰路径。相关研究结论可为决策者制定工业碳达峰行动方案提供参考,采用的方法学体系也可为其他类似领域的研究提供借鉴。

6.1　方法学体系构建

第一，综合考虑中国各省域工业碳排放及地理属性，量化省域间空间关联并聚类为 4 个板块。第二，通过构建 GDIM 模型探究影响工业碳排放的关键变量。第三，在此基础上，结合情景分析及蒙特卡罗模拟进行不同板块间的情景组合，自下而上地分析各情景组合的全国工业碳减排潜力。第四，综合量化各情景组合方案的碳减排效果及方案实施难易程度，利用混合多属性决策方法对各组合方案进行优先级排序。第五，依据情景组合方案及各板块区域实际发展状况，因地制宜地提出符合各板块发展实际的宏观调控政策及优化建议。具体技术路线如图 6-1 所示。

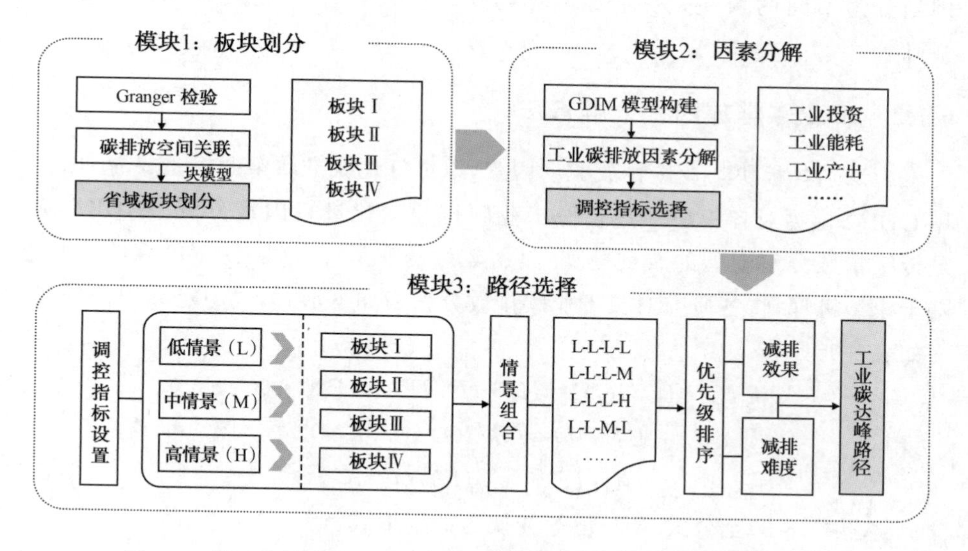

图 6-1　基于省域差异化视角的工业碳排放达峰路径研究技术路线图

6.1.1　板块划分

首先，通过引力模型量化省域间工业碳排放空间关联，将省域间引力值高于网络整体均值的数据赋值为 1，低于均值的赋值为 0，形成空间关联二值矩阵。引力模型如下：

$$F_{ij} = G_{ij} \frac{\sqrt[2]{C_i\ IO_i}\ \sqrt[2]{C_j\ IO_j}}{D_{ij}} \tag{6-1}$$

$$G_{ij}=\frac{C_i}{C_i+C_j} \tag{6-2}$$

其中，F_{ij} 为省域 i 对省域 j 的工业碳排放引力值，G_{ij} 表示省域 i 在省域 i、j 之间的贡献度，D_{ij} 表示省域 i 和省域 j 之间的距离，C 表示工业碳排放量，IO 表示工业增加值。

在省域工业碳排放关系识别的基础上，结合社会网络分析(SNA)方法对工业碳排放整体网络格局进行分析。SNA 方法是对一定范围内不同行为个体的社会关联进行代数逻辑分析的一种关系研究方法。其中的块模型方法是依据关系网络中节点间的关联关系将整体网络划分为不同结构功能板块的一种空间聚类方法[24]。本书运用块模型依据省域间工业碳排放传递关系将全国划分为不同的板块，为后续区域工业调控及整体工业碳达峰研究奠定了基础。

6.1.2 工业碳排放因素分解方法

为识别各板块工业碳排放驱动因素，以更好地找准政策调控主要着力点，采用 GDIM 模型对各板块中各省份工业碳排放变化进行因素分解。GDIM 模型是传统指数分解模型的改良模型，具备较好的变量完备性、模型可靠性等优势。基于模型机理，将各研究对象工业碳排放分解为如下形式，式中定义的符号及含义如表 6-1 所示。

$$C=IO\cdot(C/IO)=IF\cdot(C/IF)=EN\cdot(C/EN) \tag{6-3}$$

$$EN/IO=(C/IO)/(C/EN) \tag{6-4}$$

$$IO/IF=(C/IF)/(C/IO) \tag{6-5}$$

将公式(6-3)至公式(6-5)恒等变换为如下形式：

$$C=IO\cdot CAO \tag{6-6}$$

$$IO\cdot CAO-IF\cdot CAI=0 \tag{6-7}$$

$$IO\cdot CAO-EN\cdot CAE=0 \tag{6-8}$$

$$EN-IO\cdot ENI=0 \tag{6-9}$$

$$IO-IF\cdot INV=0 \tag{6-10}$$

表 6-1 工业碳排放因素分解符号定义表

符号	名称	表达式	含义	单位
C	工业碳排放	C	工业碳排放	Mt

续表

符号	名称	表达式	含义	单位
EN	工业能源消费	EN	工业能源消费	10 kt 标煤
IO	工业增加值	IO	工业增加值	亿元
IF	工业固定资产投资	IF	工业固定资产投资	亿元
CAO	产出碳强度	C/IO	单位工业增加值碳排放	Mt/亿元
CAE	能源消费碳强度	C/EN	单位工业能源消费碳排放	Mt/10 kt 标煤
CAI	投资碳强度	C/IF	单位工业固定资产投资碳排放	Mt/亿元
INV	投资效率	IO/IF	单位工业固定资产投资增加值	亿元/亿元
ENI	能源强度	EN/IO	单位工业增加值能耗	10 kt 标煤/亿元

依据 GDIM 模型原理，各因素变量可表示为工业碳排放的函数形式，即 $X_i = C(X_i)$，构建各要素变量组成的雅克比矩阵 $\boldsymbol{\Phi}_X$ 及 ∇C：

$$\nabla C = [CAO \quad IO \quad 0 \quad 0 \quad 0 \quad 0 \quad 0 \quad 0] \tag{6-11}$$

$$\boldsymbol{\Phi}_X = \begin{bmatrix} CAO & IO & -CAI & -IF & 0 & 0 & 0 & 0 \\ CAO & IO & 0 & 0 & -CAE & -EN & 0 & 0 \\ -ENI & 0 & 0 & 0 & 1 & 0 & -IO & 0 \\ 1 & 0 & -INV & 0 & 0 & 0 & 0 & -IF \end{bmatrix}^T \tag{6-12}$$

一定时期内工业碳排放总量变化可由各影响因素变化引起工业碳排放变化量的累计值得出：

$$\Delta C[X|\boldsymbol{\Phi}] = \int_L \nabla C^T(\boldsymbol{I} - \boldsymbol{\Phi}_X \boldsymbol{\Phi}_X^+)\mathrm{d}X \tag{6-13}$$

其中，$\boldsymbol{I}$ 代表单位矩阵，$\boldsymbol{\Phi}_X^+$ 代表雅克比矩阵 $\boldsymbol{\Phi}_X$ 的广义逆矩阵，L 表示时间间隔。

研究区域中一定时期内工业二氧化碳排放变化量被分解为 8 种因素变化效应之和，即 ΔC_{IO}、ΔC_{CAO}、ΔC_{IF}、ΔC_{CAI}、ΔC_{EN}、ΔC_{CAE}、ΔC_{ENI}、ΔC_{INV} 之和。其中，ΔC_{IO}、ΔC_{IF}、ΔC_{EN} 为 3 个绝对量变化效应，分别反映工业增加值变化、工业固定资产投资变化、工业能耗变化对工业碳排放变化的影响值。ΔC_{CAO}、ΔC_{CAI}、ΔC_{CAE}、ΔC_{ENI}、ΔC_{INV} 为 5 个相对量变化效应，分别反映产出碳强度变化、投资碳强度变化、能源消费碳强度变化、能源强度变化、投资效率变化对工业

碳排放变化的影响值。

6.1.3 情景组合分析

每一板块均设置 3 种不同政策强度的情景，分别为低情景模式(L)、中情景模式(M)、高情景模式(H)。n 个板块共形成3^n种不同的情景组合方案。根据各组合方案的减排效果预测范围和实施难易程度，采取混合型多属性决策方法对各方案的优先度进行排序[25]。各方案的实施难易程度根据公式(6-14)进行测度：

$$Q_i = \sum_{j=1}^{n} \omega_j P_{ij}, (i = 1, 2, 3, \cdots, 3^n) \tag{6-14}$$

其中，n 表示板块的数量，本书中板块的数量为 4；i 代表不同的情景组合方案，共3^n种；ω_j 为各板块的调整难易度权重，根据各板块的工业相对发展规模进行赋权；P_{ij} 为不同情景组合方案下各板块的情景得分，若在第 i 情景组合方案中，j 板块所对应的情景模式为高情景，则赋 1 分，中情景赋 0.8 分，低情景赋 0.6 分；Q_i 为各组合方案的难易度的综合量化得分，得分越高代表方案执行困难程度越大。

6.2 结果与讨论

本书使用的各省份工业碳排放数据来自 CEADs 数据库[6]，其他数据及参数来自中国统计年鉴、中国能源统计年鉴、中国固定资产投资统计年鉴以及政府文件、调查报告、研究文献等。西藏、香港、澳门、台湾没有包含在内[26-28]。依据生产者价格出厂指数及固定资产投资价格指数，对工业增加值、工业固定资产投资分别进行了平减处理，以改善不同年份间数据的可比性。

6.2.1 基于省域工业碳排放关联的空间聚类

由公式(6-1)和公式(6-2)得到各省份工业碳排放传导关系(见图 6-2)，进而将全国 30 个省份划分为 4 个板块，各板块所包含省份及板块间的密度矩阵如表 6-2 和表 6-3 所示。

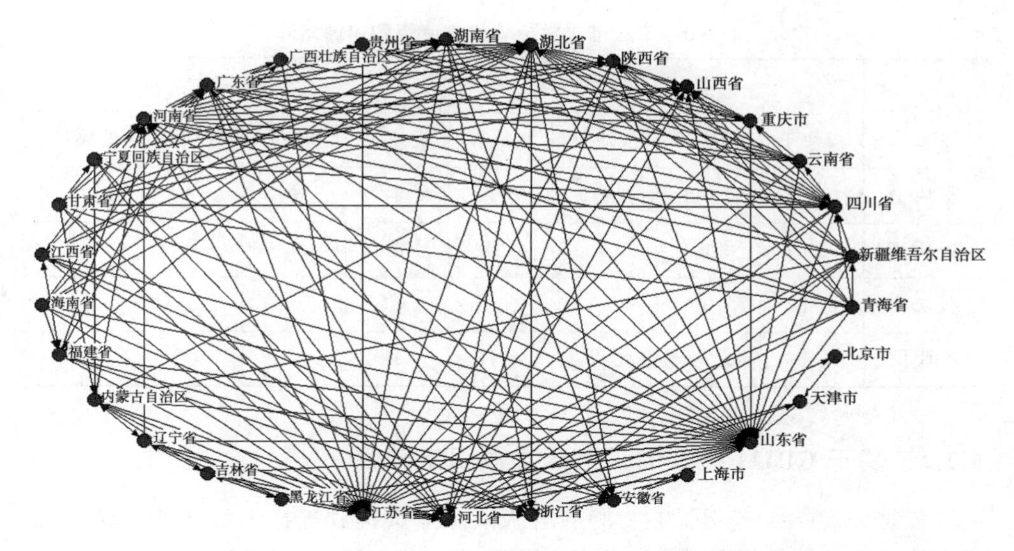

图 6-2　省域间工业碳排放空间关联关系网络图

由图 6-2 分析可知，省域间工业碳排放存在着普遍的相互作用与联系，因而可以依据省域间的关联关系进行空间聚类。由表 6-2 和表 6-3 分析可知，4 个板块所包含省份数量较为均衡，其中省份数量最多的板块Ⅰ含有 9 个省份，多为经济相对发达省份，对其他板块具有较强的吸引作用，也是中国发展的领头羊区域。板块Ⅱ分布在中南和西南地区，具有较高的发展潜力。板块Ⅲ涵盖了东北老工业基地及京津冀经济圈，是重要的重工业基地，形成了以北京为中心的放射状发展格局。板块Ⅳ多为中西部欠发达地区，资源能源丰富但工业化程度相对较低。后续研究将在板块聚类的基础上，更进一步地探索板块内部工业碳排放驱动因素，为自下而上的差异化达峰路径提供支撑。

表 6-2　工业碳排放板块划分结果

板块	省份	个数
板块Ⅰ	安徽、上海、福建、浙江、广东、山东、河南、江苏、湖北	9
板块Ⅱ	湖南、贵州、江西、重庆、海南、云南、广西	7
板块Ⅲ	内蒙古、辽宁、黑龙江、北京、河北、天津、吉林	7
板块Ⅳ	青海、甘肃、宁夏、新疆、四川、山西、陕西	7

表 6-3　工业碳排放板块间密度矩阵和像矩阵

分类	密度矩阵				像矩阵			
	板块Ⅰ	板块Ⅱ	板块Ⅲ	板块Ⅳ	板块Ⅰ	板块Ⅱ	板块Ⅲ	板块Ⅳ
板块Ⅰ	0.625	0.111	0.079	0.079	1	0	0	0
板块Ⅱ	0.667	0.381	0	0.102	1	1	0	0
板块Ⅲ	0.238	0	0.452	0.041	0	0	1	0
板块Ⅳ	0.556	0.082	0.224	0.476	1	0	0	1

6.2.2　基于 GDIM 模型的工业碳排放因素分解

依据公式(6-3)至公式(6-13)对各板块工业碳排放进行因素分解。驱动因素变化对工业碳排放各年份变化量的影响如图 6-3 所示，驱动因素变化对工业碳排放累积变化量的影响如图 6-4 所示。

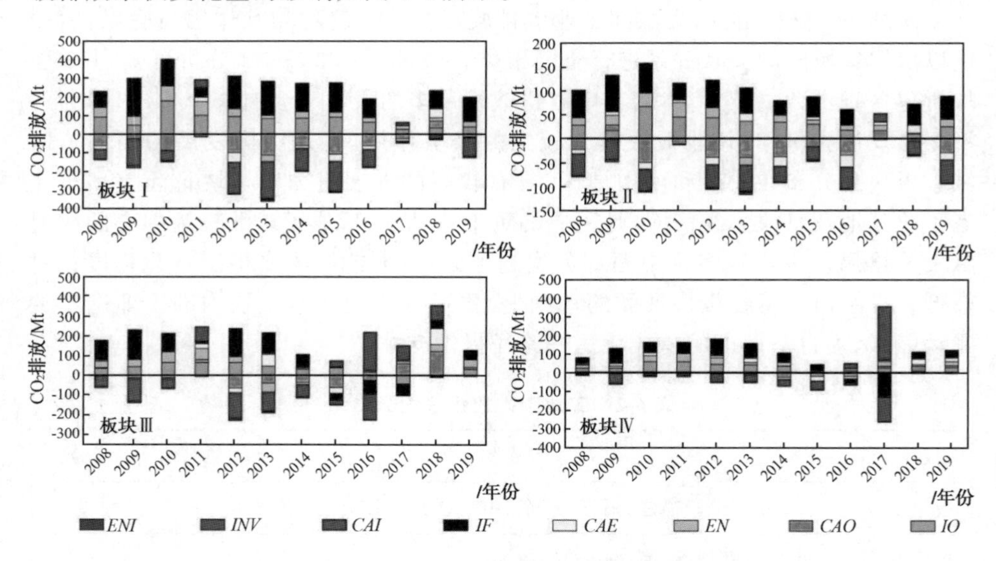

图 6-3　2008～2019 年驱动因素变化对工业碳排放各年份变化量的影响

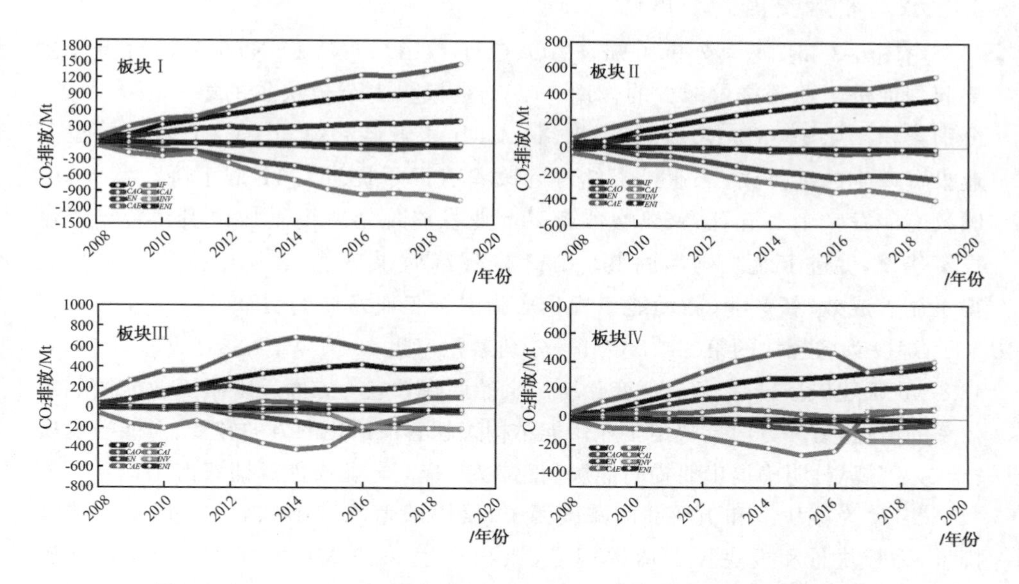

图 6-4　2008～2019 年驱动因素变化对工业碳排放累积变化量的影响

6.2.2.1　绝对量因素分解结果

由图 6-3 和图 6-4 分析可知,*IO*、*EN*、*IF*3 个绝对量因子属于增碳因子。其中,*IF* 为第一增碳因子,分别促进板块Ⅰ到板块Ⅳ累积增加 1470.9 Mt、545.9 Mt、620.4 Mt、404.6 Mt 工业碳排放。张(Zhang)等人认为投资规模是促进中国碳排放增长的最重要因素[23]。投资规模的扩张,不仅是造成工业碳排放量增大的主要因素,同时也是中国整体碳排放的重要增碳因子。该结论和本书的研究结论基本保持一致。*IF* 对工业碳排放的促进作用在 2015 年后显著减弱。其间,中国政府明确提出严格控制新增煤炭产能,一定程度上抑制了工业领域的盲目投资建设,进而有利于减缓工业碳排放的增加。*IO* 对各板块工业碳排放的促进作用弱于 *IF*,且 2008～2018 年 *IO* 的促增作用整体呈现出递减趋势。究其原因,2010 年以后,中国经济增长速度放缓,经济结构不断完善,由高速度发展逐渐向高质量发展、低碳经济发展模式转变。*EN* 对各板块除 2013 年为减碳因子外,其余年份均为增碳因子。多数研究认为能源消耗会对碳排放产生直接影响,能源消耗量的增加会促进碳排放的增加[29, 30]。同时,*EN* 的促增作用虽然呈现递减趋势,但下降幅度明显低于 *IO* 和 *IF*,表明中国工业发展能源消耗水平依然处于较高水平。

6.2.2.2　相对量因素分解结果

由图6-3和图6-4分析可知，*CAO*、*CAE*、*CAI*、*INV*、*ENI*5个相对指标主要起到促进工业碳排放减少的作用。*CAI* 是板块Ⅰ至板块Ⅲ的第一减碳因子，分别累积产生1063.1 Mt、402.3 Mt、44.4 Mt工业碳减排量。*CAI* 表示单位工业投资产生的碳排放，工业投资结构的改善有助于促进 *CAI* 的下降。其间，中国政府印发《"十三五"国家战略性新兴产业发展规划》，提出加快引领新兴产业投资建设，促进工业结构性调整。*CAI* 的促降效果显著，表明中国工业转型取得了显著成效，新产业、新动能正逐步成为引领工业发展的引擎。

CAO 为各板块的第二减碳因子，分别累积产生604.7 Mt、238.8 Mt、35.2 Mt、43.8 Mt工业碳减排量。*CAO* 变化所产生的促降效应一方面反映出工业能源利用效率的增强，另一方面反映出工业用能结构正朝着清洁化的方向转变。《能源发展"十二五"规划》明确提出要提高能源利用效率，提高非化石能源消费占比。

CAE 为板块Ⅰ和板块Ⅱ的减碳因子，累积产生70.7 Mt、41.6 Mt工业碳减排量，为板块Ⅲ和板块Ⅳ的增碳因子，累积产生99.0 Mt、68.7 Mt工业碳排放量。同时，*CAE* 在不同年份的促增或促降效应呈现出较大的波动趋势，说明可再生能源虽然得到了广泛的应用，但逐年的推进效果并不稳定。

能源效率指标作为中国政府着重控制的指标，近年来越来越受到有关部门的高度重视。*ENI* 为各板块的减碳因子，且在各年份中均起到减碳效果。由此表明在政府部门的"能耗双控"(能源消费强度和能源消费量)政策调控下，单位能耗产生的社会经济价值正稳步增加，粗放式的经济增长模式正逐步改善。

6.2.2.3　整体分解结果

由图6-3和图6-4分析可知，*IF*、*IO*、*EN* 为促进全国工业碳排放增长的驱动因素，分别累积产生3041.8 Mt、2112.6 Mt、1076.2 Mt工业碳排放量。此外，由图6-4还发现，*IF*、*IO*、*EN* 三者的累积值变化趋势基本保持一致，表明投资在促进工业产出增加的同时也伴随着能源消耗的增长，相关研究也证实了这一结论[31]。而 *CAE*、*INV*、*ENI* 产生的减碳作用相对较弱，表明中国工业能源结构、投资效率、能源强度虽然有所改善但还未充分发挥其节能降碳潜力，还有较大的提高与改善空间，是今后政策制定的主要着力点。

6.2.3　情景分析

6.2.3.1　情景设置

基于6.2.2小节研究结果，*IF* 是促进工业碳排放增长的主要因素，*CAE*、

INV、ENI 的减碳潜力还未充分发挥。因此，未来政策规划的重点应围绕 IF、CAE、INV、ENI 4 项因素展开[32]。通过合理规划未来年各项因素指标的变化值，可预测出未来年工业碳排放变化趋势，具体见公式(6-15)至公式(6-17)。

$$C = IF \times \frac{C}{IF} = IF \times \frac{IO}{IF} \times \frac{EN}{IO} \times \frac{C}{EN} \tag{6-15}$$

$$C_{t+1} = IF_{t+1} \times INV_{t+1} \times ENI_{t+1} \times CAE_{t+1} \tag{6-16}$$

$$\omega = (1+\alpha) \times (1+\beta) \times (1+\gamma) \times (1+\delta) - 1 \tag{6-17}$$

其中，ω、α、β、γ、δ 分别表示 C、IF、INV、ENI、CAE 的变化率。

从宏观角度分析，工业投资整体呈现出较快的增长趋势，预计未来年工业整体投资规模将保持强劲的增长势头，但相比最快增长时期有所减缓。然而，由于工业投资规模的膨胀，工业投资的盲目性加剧，致使工业投资效率整体呈现下降趋势，预计未来年随着中国政府工业投资管控力度的增强，投资效率的下降趋势将有所减缓。能源强度、能源消费碳强度整体呈现下降趋势，表明中国的能源效率、能源结构正在持续向好。《“十四五”工业绿色发展规划》明确指明了中国工业整体能源强度及非化石能源比重的未来目标，并鼓励地方制定高于国家整体的减排目标。预计能源强度、能源消费碳强度未来将继续呈现下降趋势，但随着边际减排成本的提高，下降趋势幅度将会减慢。

依据板块中各省份社会经济发展现状、政策规划、国家政策目标等因素，通过专家咨询设定出各情景模式下各调控因素的最可能取值，IF、CAE、INV、ENI 分别在最可能变化率的基础上上下浮动 1%、0.2%、1%、0.3%设定变化区间。当已知参数的最可能取值及变化范围时，宜将参数的概率分布设定为三角分布。低情景发展模式为综合考虑研究地区各调控因子历史变化规律、政策影响、自身发展特征等因素得出的常规发展情景模式。中情景和高情景模式是在低情景模式的基础上，通过更加严格的减排政策，引导企业将更高比例的资金用于绿色生产技术研发及污染物排放处理，能源强度、能源消费碳强度进一步下降，但由于用于扩大生产规模的投资下降，投资效率会略有下降。各情景模式参数设置如表 6-4 至表 6-7 所示。

表 6-4　板块Ⅰ调控因子年均变化率情景设置

省份	情景	2021～2025 年				2026～2030 年			
		IF	*ENI*	*INV*	*CAE*	*IF*	*ENI*	*INV*	*CAE*
安徽	L	8.5～10.5	−3.8～−3.2	−0.8～1.2	−2～−1.6	7～9	−3.6～−3	−1.3～0.7	−1.8～−1.4
安徽	M	8.5～10.5	−4.3～−3.7	−1.8～0.2	−2.5～−2.1	7～9	−4.1～−3.5	−2.3～−0.3	−2.3～−1.9
安徽	H	8.5～10.5	−4.8～−4.2	−2.8～−0.8	−3～−2.6	7～9	−4.6～−4	−3.3～−1.3	−2.8～−2.4
上海	L	4.2～6.2	−3.4～−2.8	−1.5～0.5	−2.8～−2.4	3.5～5.5	−2.8～−2.2	−1.3～0.7	−2.5～−2.1
上海	M	4.2～6.2	−3.9～−3.3	−2.5～−0.5	−3.3～−2.9	3.5～5.5	−3.3～−2.7	−2.3～−0.3	−3～−2.6
上海	H	4.2～6.2	−4.4～−3.8	−3.5～−1.5	−3.8～−3.4	3.5～5.5	−3.8～−3.2	−3.3～−1.3	−3.5～−3.1
福建	L	6～8	−3.6～−3	−0.7～1.3	−1.9～−1.5	5.5～7.5	−3.3～−2.7	−1.3～0.7	−1.8～−1.4
福建	M	6～8	−4.1～−3.5	−1.7～0.3	−2.4～−2	5.5～7.5	−3.8～−3.2	−2.3～−0.3	−2.3～−1.9
福建	H	6～8	−4.6～−4	−2.7～−0.7	−2.9～−2.5	5.5～7.5	−4.3～−3.7	−3.3～−1.3	−2.8～−2.4
浙江	L	6.2～8.2	−3.4～−2.8	−0.8～1.2	−2.1～−1.7	5～7	−3.1～−2.5	−1.1～0.9	−1.8～−1.4
浙江	M	6.2～8.2	−3.9～−3.3	−1.8～0.2	−2.6～−2.2	5～7	−3.6～−3	−2.1～−0.1	−2.3～−1.9
浙江	H	6.2～8.2	−4.4～−3.8	−2.8～−0.8	−3.1～−2.7	5～7	−4.1～−3.5	−3.1～−1.1	−2.8～−2.4
广东	L	7～9	−3.2～−2.6	−1.9～0.1	−2.8～−2.4	5.5～7.5	−3～−2.4	−2～0	−2.7～−2.3
广东	M	7～9	−3.7～−3.1	−2.9～−0.9	−3.3～−2.9	5.5～7.5	−3.5～−2.9	−3～−1	−3.2～−2.8
广东	H	7～9	−4.2～−3.6	−3.9～−1.9	−3.8～−3.4	5.5～7.5	−4～−3.4	−4～−2	−3.7～−3.3
山东	L	6.8～8.8	−3.7～−3.1	−0.9～1.1	−2～−1.6	5.5～7.5	−3.6～−3	−1.3～0.7	−1.8～−1.4
山东	M	6.8～8.8	−4.2～−3.6	−1.9～0.1	−2.5～−2.1	5.5～7.5	−4.1～−3.5	−2.3～−0.3	−2.3～−1.9
山东	H	6.8～8.8	−4.7～−4.1	−2.9～−0.9	−3～−2.6	5.5～7.5	−4.6～−4	−3.3～−1.3	−2.8～−2.4

续表

省份	情景	2021～2025 年				2026～2030 年			
		IF	*ENI*	*INV*	*CAE*	*IF*	*ENI*	*INV*	*CAE*
河南	L	6.1～8.1	−3.3～−2.7	−1.3～0.7	−2.6～−2.2	5～7	−3.1～−2.5	−1.9～0.1	−2.3～−1.9
河南	M	6.1～8.1	−3.8～−3.2	−2.3～−0.3	−3.1～−2.7	5～7	−3.6～−3	−2.9～−0.9	−2.8～−2.4
河南	H	6.1～8.1	−4.3～−3.7	−3.3～−1.3	−3.6～−3.2	5～7	−4.1～−3.5	−3.9～−1.9	−3.3～−2.9
江苏	L	8～10	−4.1～−3.5	−0.3～1.7	−1.8～−1.4	6.5～8.5	−3.9～−3.3	−0.6～1.4	−1.7～−1.3
江苏	M	8～10	−4.6～−4	−1.3～0.7	−2.3～−1.9	6.5～8.5	−4.4～−3.8	−1.6～0.4	−2.2～−1.8
江苏	H	8～10	−5.1～−4.5	−2.3～−0.3	−2.8～−2.4	6.5～8.5	−4.9～−4.3	−2.6～−0.6	−2.7～−2.3
湖北	L	6～8	−3.9～−3.3	−0.6～1.4	−2.8～−2.4	5～7	−3.5～−2.9	−1.3～0.7	−2.5～−2.1
湖北	M	6～8	−4.4～−3.8	−1.6～0.4	−3.3～−2.9	5～7	−4～−3.4	−2.3～−0.3	−3～−2.6
湖北	H	6～8	−4.9～−4.3	−2.6～−0.6	−3.8～−3.4	5～7	−4.5～−3.9	−3.3～−1.3	−3.5～−3.1

表 6-5　板块Ⅱ调控因子年均变化率情景设置

省份	情景	2021～2025 年				2026～2030 年			
		IF	*ENI*	*INV*	*CAE*	*IF*	*ENI*	*INV*	*CAE*
湖南	L	6.6～8.6	−3.3～−2.7	−2.1～−0.1	−1.3～−0.9	5～7	−3.1～−2.5	−2～0	−1.1～−0.7
湖南	M	6.6～8.6	−3.8～−3.2	−3.1～−1.1	−1.8～−1.4	5～7	−3.6～−3	−3～−1	−1.6～−1.2
湖南	H	6.6～8.6	−4.3～−3.7	−4.1～−2.1	−2.3～−1.9	5～7	−4.1～−3.5	−4～−2	−2.1～−1.7
贵州	L	6.5～8.5	−3.6～−3	−0.6～1.4	−1.7～−1.3	4.5～6.5	−3～−2.4	−1.3～0.7	−1.2～−0.8
贵州	M	6.5～8.5	−4.1～−3.5	−1.6～0.4	−2.2～−1.8	4.5～6.5	−3.5～−2.9	−2.3～−0.3	−1.7～−1.3

续表

省份	情景	2021～2025 年				2026～2030 年			
		IF	*ENI*	*INV*	*CAE*	*IF*	*ENI*	*INV*	*CAE*
贵州	H	6.5～8.5	−4.6～−4	−2.6～−0.6	−2.7～−2.3	4.5～6.5	−4～−3.4	−3.3～−1.3	−2.2～−1.8
江西	L	8.2～10.2	−3.7～−3.1	−0.6～1.4	−2～−1.6	6.2～8.2	−3.3～−2.7	−0.9～1.1	−1.7～−1.3
江西	M	8.2～10.2	−4.2～−3.6	−1.6～0.4	−2.5～−2.1	6.2～8.2	−3.8～−3.2	−1.9～0.1	−2.2～−1.8
江西	H	8.2～10.2	−4.7～−4.1	−2.6～−0.6	−3～−2.6	6.2～8.2	−4.3～−3.7	−2.9～−0.9	−2.7～−2.3
重庆	L	7～9	−3.5～−2.9	−1.5～0.5	−2.1～−1.7	6.2～8.2	−3.3～−2.7	−1.8～0.2	−2～−1.6
重庆	M	7～9	−4～−3.4	−2.5～−0.5	−2.6～−2.2	6.2～8.2	−3.8～−3.2	−2.8～−0.8	−2.5～−2.1
重庆	H	7～9	−4.5～−3.9	−3.5～−1.5	−3.1～−2.7	6.2～8.2	−4.3～−3.7	−3.8～−1.8	−3～−2.6
海南	L	6.3～8.3	−3～−2.4	−1.1～0.9	−2.1～−1.7	5～7	−2.8～−2.2	−1.5～0.5	−1.7～−1.3
海南	M	6.3～8.3	−3.5～−2.9	−2.1～−0.1	−2.6～−2.2	5～7	−3.3～−2.7	−2.5～−0.5	−2.2～−1.8
海南	H	6.3～8.3	−4～−3.4	−3.1～−1.1	−3.1～−2.7	5～7	−3.8～−3.2	−3.5～−1.5	−2.7～−2.3
云南	L	6～8	−3.5～−2.9	−2～0	−1.5～−1.1	4.5～6.5	−3.3～−2.7	−2.5～−0.5	−1.3～−0.9
云南	M	6～8	−4～−3.4	−3～−1	−2～−1.6	4.5～6.5	−3.8～−3.2	−3.5～−1.5	−1.8～−1.4
云南	H	6～8	−4.5～−3.9	−4～−2	−2.5～−2.1	4.5～6.5	−4.3～−3.7	−4.5～−2.5	−2.3～−1.9
广西	L	7～9	−3.4～−2.8	−1～1	−2.4～−2	5.9～7.9	−3～−2.4	−1.3～0.7	−2.2～−1.8
广西	M	7～9	−3.9～−3.3	−2～0	−2.9～−2.5	5.9～7.9	−3.5～−2.9	−2.3～−0.3	−2.7～−2.3
广西	H	7～9	−4.4～−3.8	−3～−1	−3.4～−3	5.9～7.9	−4～−3.4	−3.3～−1.3	−3.2～−2.8

表 6-6　板块Ⅲ调控因子年均变化率情景设置

省份	情景	2021～2025 年				2026～2030 年			
		IF	*ENI*	*INV*	*CAE*	*IF*	*ENI*	*INV*	*CAE*
内蒙古	L	8～10	−3.8～−3.2	−0.9～1.1	−2.1～−1.7	6～8	−3.3～−2.7	−1～1	−1.5～−1.1
内蒙古	M	8～10	−4.3～−3.7	−1.9～0.1	−2.6～−2.2	6～8	−3.8～−3.2	−2～0	−2～−1.6
内蒙古	H	8～10	−4.8～−4.2	−2.9～−0.9	−3.1～−2.7	6～8	−4.3～−3.7	−3～−1	−2.5～−2.1
辽宁	L	5.5～7.5	−3.6～−3	−1～1	−2～−1.6	5～7	−3.3～−2.7	−1.3～0.7	−1.7～−1.3
辽宁	M	5.5～7.5	−4.1～−3.5	−2～0	−2.5～−2.1	5～7	−3.8～−3.2	−2.3～−0.3	−2.2～−1.8
辽宁	H	5.5～7.5	−4.6～−4	−3～−1	−3～−2.6	5～7	−4.3～−3.7	−3.3～−1.3	−2.7～−2.3
黑龙江	L	6～8	−3.7～−3.1	−0.8～1.2	−1.5～−1.1	4.8～6.8	−3.3～−2.7	−1.3～0.7	−1.2～−0.8
黑龙江	M	6～8	−4.2～−3.6	−1.8～0.2	−2～−1.6	4.8～6.8	−3.8～−3.2	−2.3～−0.3	−1.7～−1.3
黑龙江	H	6～8	−4.7～−4.1	−2.8～−0.8	−2.5～−2.1	4.8～6.8	−4.3～−3.7	−3.3～−1.3	−2.2～−1.8
北京	L	4.2～6.2	−3.4～−2.8	−1.5～0.5	−2.8～−2.4	3.5～5.5	−2.8～−2.2	−1.3～0.7	−2.5～−2.1
北京	M	4.2～6.2	−3.9～−3.3	−2.5～−0.5	−3.3～−2.9	3.5～5.5	−3.3～−2.7	−2.3～−0.3	−3～−2.6
北京	H	4.2～6.2	−4.4～−3.8	−3.5～−1.5	−3.8～−3.4	3.5～5.5	−3.8～−3.2	−3.3～−1.3	−3.5～−3.1
河北	L	6.2～8.2	−3.7～−3.1	−2～0	−2.3～−1.9	5～7	−3.4～−2.8	−1.3～0.7	−2～−1.6
河北	M	6.2～8.2	−4.2～−3.6	−3～−1	−2.8～−2.4	5～7	−3.9～−3.3	−2.3～−0.3	−2.5～−2.1
河北	H	6.2～8.2	−4.7～−4.1	−4～−2	−3.3～−2.9	5～7	−4.4～−3.8	−3.3～−1.3	−3～−2.6
天津	L	5.5～7.5	−3.5～−2.9	−2.3～−0.3	−2.7～−2.3	4～6	−3～−2.4	−1.3～0.7	−2.5～−2.1
天津	M	5.5～7.5	−4～−3.4	−3.3～−1.3	−3.2～−2.8	4～6	−3.5～−2.9	−2.3～−0.3	−3～−2.6
天津	H	5.5～7.5	−4.5～−3.9	−4.3～−2.3	−3.7～−3.3	4～6	−4～−3.4	−3.3～−1.3	−3.5～−3.1

续表

省份	情景	2021～2025年				2026～2030年			
		IF	*ENI*	*INV*	*CAE*	*IF*	*ENI*	*INV*	*CAE*
吉林	L	4.8～6.8	−3.3～−2.7	−1～1	−2.3～−1.9	3.7～5.7	−2.8～−2.2	−1.5～0.5	−2～−1.6
吉林	M	4.8～6.8	−3.8～−3.2	−2～0	−2.8～−2.4	3.7～5.7	−3.3～−2.7	−2.5～−0.5	−2.5～−2.1
吉林	H	4.8～6.8	−4.3～−3.7	−3～−1	−3.3～−2.9	3.7～5.7	−3.8～−3.2	−3.5～−1.5	−3～−2.6

表 6-7　板块Ⅳ调控因子年均变化率情景设置

省份	情景	2021～2025年				2026～2030年			
		IF	*ENI*	*INV*	*CAE*	*IF*	*ENI*	*INV*	*CAE*
青海	L	7.5～9.5	−3.6～−3	−2～0	−1.2～−0.8	5.8～7.8	−3.2～−2.6	−2.3～−0.3	−1～−0.6
青海	M	7.5～9.5	−4.1～−3.5	−3～−1	−1.7～−1.3	5.8～7.8	−3.7～−3.1	−3.3～−1.3	−1.5～−1.1
青海	H	7.5～9.5	−4.6～−4	−4～−2	−2.2～−1.8	5.8～7.8	−4.2～−3.6	−4.3～−2.3	−2～−1.6
甘肃	L	5～7	−3～−2.4	−1.1～0.9	−2.2～−1.8	4～6	−2.8～−2.2	−1.5～0.5	−1.9～−1.5
甘肃	M	5～7	−3.5～−2.9	−2.1～−0.1	−2.7～−2.3	4～6	−3.3～−2.7	−2.5～−0.5	−2.4～−2
甘肃	H	5～7	−4～−3.4	−3.1～−1.1	−3.2～−2.8	4～6	−3.8～−3.2	−3.5～−1.5	−2.9～−2.5
宁夏	L	7.6～9.6	−3.8～−3.2	−0.7～1.3	−1.5～−1.1	6.2～8.2	−3.4～−2.8	−1.3～0.7	−1.2～−0.8
宁夏	M	7.6～9.6	−4.3～−3.7	−1.7～0.3	−2～−1.6	6.2～8.2	−3.9～−3.3	−2.3～−0.3	−1.7～−1.3
宁夏	H	7.6～9.6	−4.8～−4.2	−2.7～−0.7	−2.5～−2.1	6.2～8.2	−4.4～−3.8	−3.3～−1.3	−2.2～−1.8
新疆	L	6.6～8.6	−3～−2.4	−0.5～1.5	−1.4～−1	5.8～7.8	−2.8～−2.2	−1.3～0.7	−1.3～−0.9
新疆	M	6.6～8.6	−3.5～−2.9	−1.5～0.5	−1.9～−1.5	5.8～7.8	−3.3～−2.7	−2.3～−0.3	−1.8～−1.4

续表

省份	情景	2021～2025年				2026～2030年			
		IF	*ENI*	*INV*	*CAE*	*IF*	*ENI*	*INV*	*CAE*
新疆	H	6.6～8.6	−4～−3.4	−2.5～−0.5	−2.4～−2	5.8～7.8	−3.8～−3.2	−3.3～−1.3	−2.3～−1.9
四川	L	5～7	−3.2～−2.6	−2.3～−0.3	−1.9～−1.5	4～6	−2.8～−2.2	−2.3～−0.3	−1.5～−1.1
四川	M	5～7	−3.7～−3.1	−3.3～−1.3	−2.4～−2	4～6	−3.3～−2.7	−3.3～−1.3	−2～−1.6
四川	H	5～7	−4.2～−3.6	−4.3～−2.3	−2.9～−2.5	4～6	−3.8～−3.2	−4.3～−2.3	−2.5～−2.1
山西	L	6.2～8.2	−3.1～−2.5	−1～1	−2.2～−1.8	5.5～7.5	−3～−2.4	−1.5～0.5	−2～−1.6
山西	M	6.2～8.2	−3.6～−3	−2～0	−2.7～−2.3	5.5～7.5	−3.5～−2.9	−2.5～−0.5	−2.5～−2.1
山西	H	6.2～8.2	−4.1～−3.5	−3～−1	−3.2～−2.8	5.5～7.5	−4～−3.4	−3.5～−1.5	−3～−2.6
陕西	L	7.1～9.1	−3.5～−2.9	−0.5～1.5	−1.5～−1.1	6.1～8.1	−3.3～−2.7	−1.3～0.7	−1.2～−0.8
陕西	M	7.1～9.1	−4～−3.4	−1.5～0.5	−2～−1.6	6.1～8.1	−3.8～−3.2	−2.3～−0.3	−1.7～−1.3
陕西	H	7.1～9.1	−4.5～−3.9	−2.5～−0.5	−2.5～−2.1	6.1～8.1	−4.3～−3.7	−3.3～−1.3	−2.2～−1.8

6.2.3.2 情景组合分析

依据混合型多属性决策方法，结合蒙特卡洛模拟，得到各板块碳排放年均变化率及四大板块情景组合方案综合评价结果(见图 6-5、表 6-8 和表 6-9)。由图 6-5 分析可知，各板块在不同减排情景下的达峰时间呈现相对一致性，各板块均可在中或高情景模式中实现 2030 年前工业碳达峰的目标。由表 6-8 分析可知，在 81 种组合方案中，63 种组合方案可以实现工业碳排放 2030 年前达峰，占总方案数量的 77.8%。其中，37 种组合方案可以在“十四五”期间实现中国工业碳达峰目标，26 种组合方案可以在“十五五”期间实现碳达峰目标。说明政府制定工业 2030 年前实现碳达峰目标具有较高的合理性。结合表 6-9 分析可知，“十四五”期间实现工业碳达峰的难度普遍较大，具有较高的不确定性。而“十五五”期间实现工业碳达峰的难度较为适中，更有利于工业行业的可持续发展。因此，将中国工业碳达峰年限设置为“十五五”期间，更符合中国工业的实际发展规律。张(Zhang)等人研究发现，在现有政策强度下中国工业难以实现 2030 年前碳达峰，若政府采用更加严格的工业碳减排政策，则可以实现 2030 年前工业碳达峰[37]。这与本书的研究结论基本保持一致。此外，多数研究表明，中国碳达峰的可能区间为 2026～2030 年[38-41]，说明中国工业碳达峰与整体碳达峰步调保持同步。

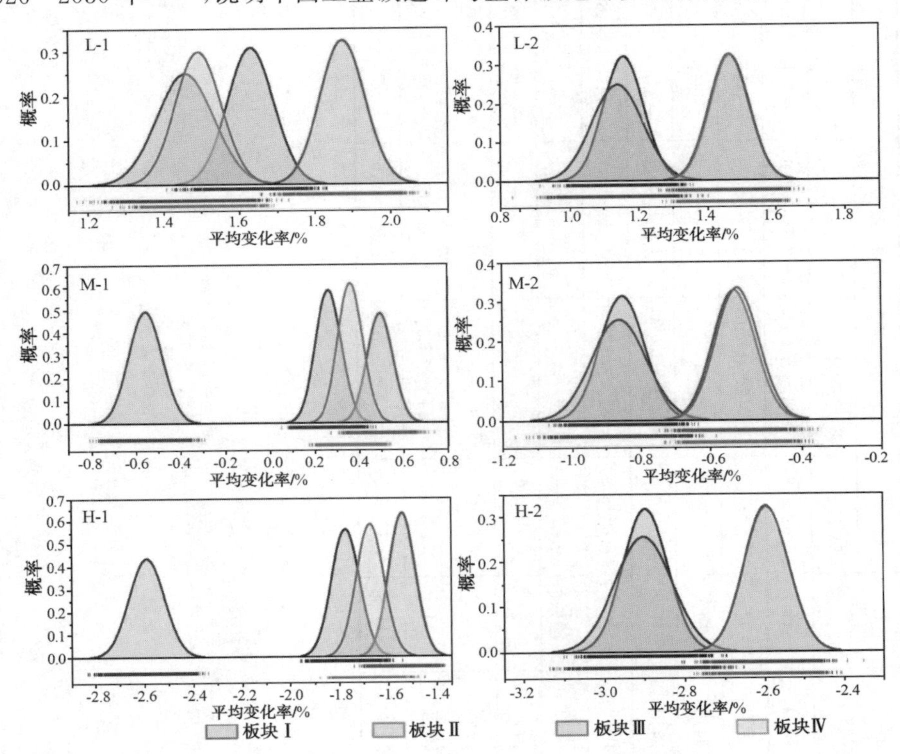

图 6-5 各板块不同时期碳排放年均变化率概率分布(1、2 代表“十四五”和“十五五”两个时期)

表 6-8　不同情景组合下中国工业碳排放年均变化率大概率范围

情景组合	2021～2025 年	2026～2030 年	情景组合	2021～2025 年	2026～2030 年	情景组合	2021～2025 年	2026～2030 年
H-H-H-H	−2.02～−1.889	−2.866～−2.736	M-H-H-H	−1.182～−1.049	−2.049～−1.916	L-H-H-H	−0.599～−0.463	−1.178～−1.046
H-H-H-H	−1.604～−1.471	−2.453～−2.324	M-H-H-M	−0.781～−0.645	−1.649～−1.517	L-H-H-M	−0.206～−0.067	−0.793～−0.661
H-H-H-L	−1.359～−1.228	−2.009～−1.88	M-H-H-L	−0.544～−0.41	−1.215～−1.086	L-H-H-L	0.026～0.161	−0.374～−0.244
H-H-M-H	−1.444～−1.306	−2.283～−2.151	M-H-M-H	−0.624～−0.488	−1.483～−1.349	L-H-M-H	−0.054～0.083	−0.635～−0.5
H-H-M-M	−1.035～−0.898	−1.88～−1.75	M-H-M-M	−0.229～−0.094	−1.092～−0.96	L-H-M-M	0.333～0.468	−0.259～−0.122
H-H-M-L	−0.796～−0.662	−1.446～−1.314	M-H-M-L	0.003～0.136	−0.67～−0.537	L-H-M-L	0.559～0.696	0.149～0.286
H-H-L-H	−0.835～−0.697	−1.663～−1.526	M-H-L-H	−0.034～0.101	−0.881～−0.742	L-H-L-H	0.521～0.66	−0.049～0.087
H-H-L-M	−0.436～−0.299	−1.268～−1.132	M-H-L-M	0.351～0.486	−0.499～−0.362	L-H-L-M	0.898～1.039	0.319～0.454
H-H-L-L	−0.204～−0.068	−0.843～−0.709	M-H-L-L	0.577～0.712	−0.085～0.049	L-H-L-L	1.118～1.258	0.718～0.856
H-M-H-H	−1.759～−1.629	−2.611～−2.481	M-M-H-H	−0.93～−0.798	−1.8～−1.67	L-M-H-H	−0.353～−0.217	−0.94～−0.808
H-M-H-M	−1.348～−1.215	−2.202～−2.074	M-M-H-M	−0.532～−0.398	−1.404～−1.274	L-M-H-M	0.037～0.175	−0.558～−0.427
H-M-H-L	−1.105～−0.975	−1.76～−1.635	M-M-H-L	−0.298～−0.164	−0.976～−0.848	L-M-H-L	0.265～0.402	−0.144～−0.013
H-M-M-H	−1.186～−1.054	−2.034～−1.903	M-M-M-H	−0.375～−0.243	−1.241～−1.108	L-M-M-H	0.188～0.326	−0.401～−0.266
H-M-M-M	−0.785～−0.649	−1.637～−1.504	M-M-M-M	0.015～0.148	−0.855～−0.723	L-M-M-M	0.57～0.706	−0.029～0.107
H-M-M-L	−0.547～−0.415	−1.203～−1.074	M-M-M-L	0.243～0.376	−0.436～−0.305	L-M-M-L	0.794～0.93	0.376～0.512
H-M-L-H	−0.585～−0.449	−1.42～−1.285	M-M-L-H	0.206～0.341	−0.645～−0.509	L-M-L-H	0.755～0.895	0.178～0.314

续表

情景组合	2021～2025 年	2026～2030 年	情景组合	2021～2025 年	2026～2030 年	情景组合	2021～2025 年	2026～2030 年
H-M-L-M	−0.191～−0.055	−1.029～−0.894	M-M-L-M	0.588～0.723	−0.266～−0.131	L-M-L-M	1.131～1.271	0.543～0.679
H-M-L-L	0.039～0.175	−0.607～−0.476	M-M-L-L	0.813～0.946	0.144～0.277	L-M-L-L	1.348～1.489	0.939～1.075
H-L-H-H	−1.571～−1.441	−2.33～−2.203	M-L-H-H	−0.749～−0.619	−1.529～−1.399	L-L-H-H	−0.175～−0.039	−0.677～−0.546
H-L-H-M	−1.163～−1.031	−1.926～−1.798	M-L-H-M	−0.355～−0.221	−1.138～−1.009	L-L-H-M	0.212～0.35	−0.299～−0.17
H-L-H-L	−0.922～−0.791	−1.49～−1.363	M-L-H-L	−0.121～0.011	−0.714～−0.586	L-L-H-L	0.438～0.574	0.111～0.24
H-L-M-H	−1.005～−0.872	−1.759～−1.63	M-L-M-H	−0.2～−0.067	−0.976～−0.844	L-L-M-H	0.36～0.497	−0.144～−0.01
H-L-M-M	−0.604～−0.47	−1.366～−1.236	M-L-M-M	0.189～0.322	−0.595～−0.463	L-L-M-M	0.741～0.876	0.225～0.359
H-L-M-L	−0.369～−0.237	−0.939～−0.808	M-L-M-L	0.414～0.548	−0.179～−0.048	L-L-M-L	0.963～1.099	0.626～0.759
H-L-L-H	−0.406～−0.272	−1.152～−1.017	M-L-L-H	0.38～0.516	−0.386～−0.249	L-L-L-H	0.925～1.065	0.429～0.567
H-L-L-M	−0.015～0.119	−0.766～−0.632	M-L-L-M	0.758～0.894	−0.011～0.124	L-L-L-M	1.296～1.437	0.79～0.927
H-L-L-L	0.213～0.348	−0.349～−0.217	M-L-L-L	0.982～1.115	0.395～0.528	L-L-L-L	1.514～1.654	1.183～1.32

表 6-9　情景组合方案减排效果及难易度综合分析表

情景组合	减排效果	难易程度	是否达峰	优先级	情景组合	减排效果	难易程度	是否达峰	优先级	情景组合	减排效果	难易程度	是否达峰	优先级
H-H-H-H	0.784～0.792	1.000	是	53	M-H-H-H	0.856～0.864	0.894	是	44	L-H-H-H	0.927～0.936	0.789	是	19

续表

情景组合	减排效果	难易程度	是否达峰	优先级	情景组合	减排效果	难易程度	是否达峰	优先级	情景组合	减排效果	难易程度	是否达峰	优先级
H-H-H-M	0.82～0.828	0.973	是	56	M-H-H-M	0.892～0.901	0.868	是	38	L-H-H-M	0.962～0.972	0.762	是	13
H-H-H-L	0.853～0.862	0.947	是	58	M-H-H-L	0.925～0.934	0.841	是	33	L-H-H-L	0.995～1.005	0.736	是	8
H-H-M-H	0.833～0.842	0.975	是	60	M-H-M-H	0.905～0.914	0.870	是	40	L-H-M-H	0.975～0.985	0.764	是	14
H-H-M-M	0.869～0.878	0.948	是	61	M-H-M-M	0.941～0.95	0.843	是	34	L-H-M-M	1.011～1.021	0.737	是	10
H-H-M-L	0.902～0.911	0.922	是	59	M-H-M-L	0.974～0.983	0.816	是	27	L-H-M-L	1.044～1.055	0.711	否	—
H-H-L-H	0.892～0.901	0.950	是	63	M-H-L-H	0.964～0.974	0.845	是	36	L-H-L-H	1.034～1.045	0.739	否	—
H-H-L-M	0.928～0.937	0.924	是	62	M-H-L-M	1～1.01	0.818	是	30	L-H-L-M	1.07～1.081	0.712	否	—
H-H-L-L	0.961～0.971	0.897	是	57	M-H-L-L	1.033～1.043	0.791	是	24	L-H-L-L	1.103～1.114	0.686	否	—
H-M-H-H	0.807～0.815	0.957	是	51	M-M-H-H	0.878～0.887	0.852	是	31	L-M-H-H	0.949～0.958	0.746	是	7
H-M-H-M	0.843～0.851	0.930	是	52	M-M-H-M	0.914～0.923	0.825	是	26	L-M-H-M	0.985～0.994	0.719	是	5
H-M-H-L	0.876～0.884	0.904	是	48	M-M-H-L	0.947～0.956	0.798	是	21	L-M-H-L	1.018～1.028	0.693	是	4
H-M-M-H	0.856～0.864	0.932	是	54	M-M-M-H	0.927～0.936	0.827	是	29	L-M-M-H	0.998～1.008	0.721	是	6
H-M-M-M	0.892～0.9	0.906	是	50	M-M-M-M	0.963～0.972	0.800	是	23	L-M-M-M	1.034～1.044	0.694	否	—
H-M-M-L	0.925～0.933	0.879	是	47	M-M-M-L	0.996～1.006	0.773	是	17	L-M-M-L	1.067～1.077	0.668	否	—
H-M-L-H	0.914～0.924	0.907	是	55	M-M-L-H	0.986～0.996	0.802	是	25	L-M-L-H	1.056～1.067	0.696	否	—

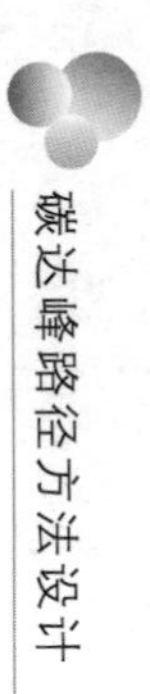

续表

情景组合	减排效果	难易程度	是否达峰	优先级	情景组合	减排效果	难易程度	是否达峰	优先级	情景组合	减排效果	难易程度	是否达峰	优先级
H-M-L-M	0.95～0.96	0.881	是	49	M-M-L-M	1.022～1.032	0.775	是	20	L-M-L-M	1.092～1.103	0.670	否	—
H-M-L-L	0.983～0.993	0.854	是	41	M-M-L-L	1.055～1.065	0.748	否	—	L-M-L-L	1.125～1.136	0.643	否	—
H-L-H-H	0.829～0.837	0.914	是	46	M-L-H-H	0.901～0.909	0.809	是	22	L-L-H-H	0.971～0.981	0.703	是	3
H-L-H-M	0.865～0.873	0.888	是	43	M-L-H-M	0.937～0.945	0.782	是	16	L-L-H-M	1.007～1.017	0.676	是	1
H-L-H-L	0.898～0.906	0.861	是	37	M-L-H-L	0.97～0.979	0.755	是	11	L-L-H-L	1.04～1.05	0.650	否	—
H-L-M-H	0.878～0.886	0.889	是	45	M-L-M-H	0.95～0.959	0.784	是	18	L-L-M-H	1.02～1.03	0.678	是	2
H-L-M-M	0.914～0.923	0.863	是	39	M-L-M-M	0.986～0.995	0.757	是	12	L-L-M-M	1.056～1.066	0.652	否	—
H-L-M-L	0.947～0.956	0.836	是	32	M-L-M-L	1.019～1.028	0.730	是	9	L-L-M-L	1.089～1.099	0.625	否	—
H-L-L-H	0.937～0.946	0.864	是	42	M-L-L-H	1.008～1.018	0.759	是	15	L-L-L-H	1.079～1.09	0.653	否	—
H-L-L-M	0.973～0.982	0.838	是	35	M-L-L-M	1.044～1.054	0.732	否	—	L-L-L-M	1.115～1.126	0.627	否	—
H-L-L-L	1.006～1.015	0.811	是	28	M-L-L-L	1.077～1.088	0.706	否	—	L-L-L-L	1.148～1.159	0.600	否	—

注：减排效果使用 2030 年预测的碳排放量与 2020 年碳排放量的比值表征。

由表 6-5 分析可知，根据优先级顺序，排名最高的方案是 L-L-H-M。该方案可在 2030 年前实现中国工业碳达峰，难度系数为 0.676，整体减排效果大概率范围为 1.007～1.017，表明在该方案下 2030 年全国工业碳排放水平与 2020 年相比基本持平。从全国整体利益出发，在保持我国经济社会高质量发展的前提下，采取实施困难较小的发展路径实现我国碳达峰目标才是最佳策略选择。基于此，方案 L-L-H-M 可以同时兼顾减排效果和实施难易程度，并符合我国工业整体碳达峰目标要求，是最佳的中国工业碳达峰情景组合方案。

6.2.4 政策建议

板块Ⅰ应侧重于加强低碳技术的研发投入，力争实现低碳技术的新突破、新发展，同时加强与其他板块间的交流合作，努力提升绿色低碳技术的正外部性溢出效应。板块Ⅱ应侧重于合理规划工业发展格局，防范工业的不合理发展，尤其是高耗能、高污染行业的盲目投资与扩张。板块Ⅲ应侧重于利用循环经济理念，积极改进生产工艺流程，合理利用工业副产物，提高资源利用效率，同时应加快制造业智能化改进，提升制造业先进制造水平。板块Ⅳ应侧重于大力发展风力、光伏等新能源产业，合理布局规划新能源产业链，提高电力供给端非化石能源使用占比。

各板块的发展应深度融入国家区域协同战略规划，促进工业碳减排高效协同治理。国家应站在国家整体减排效益最大化的高度，合理分配各区域碳减排任务，明确各区域功能定位，建立信息共享机制，畅通区域间工业生产要素流动，力争早日实现工业领域碳排放达峰。

6.3 结论

本章构建了因地制宜的工业碳达峰研究方法体系，即在对省域工业化水平通过聚类分析划分为若干调控板块的基础上，结合工业碳排放驱动因子，采用基于蒙特卡洛模拟的动态情景组合分析方法，兼顾减排效果及实施难易度，识别不同情景组合模式下的中国工业碳达峰实现路径。该方法体系不仅充分考虑了调控因子未来规划年发展变化的不确定性，并且较全面地反映了中国政府为实现工业领域碳达峰采取的所有可能政策方案，因此研究结论可为其制定区域差异化工业碳达峰政策提供很好的实践依据。此外，该方法体系的构建也可以为类似领域的研究提供有益的探索与借鉴。

研究结果表明，不同驱动因素变化对各板块工业碳排放的影响不尽相同。其中，工业投资规模为促进各板块工业碳排放增长的主要因素，分别促进板块Ⅰ

到板块Ⅳ累积增加 1470.9 Mt、545.9 Mt、620.4 Mt、404.6 Mt 工业碳排放量。能源强度、投资效率、能源消费碳强度的降碳作用有待进一步加强。因此，将以上因子作为碳达峰调控因素，具有很好的针对性。为保障研究结论的可操作性和合理性，除要考虑能较全面反映为实现工业领域碳达峰所采取的 81 种情景组合发展模式(所有政策方案)，还必须同时兼顾各种情景组合发展模式的实施难易程度。研究表明，中国政府制定工业 2030 年前实现碳达峰目标具有较高的合理性。达峰最佳的情景发展模式为 L-L-H-M，2030 年工业碳排放量与 2020 年的比值大概率范围为 1.007～1.017，难易度量化得分为 0.676，难易程度适中。最后，立足各板块发展实际，提出了因地制宜的工业碳达峰路径推进策略集。

本章内容还存在一定程度的不足之处，仅探索了工业整体的碳达峰路径，未考虑工业细分行业的碳达峰路径。未来的研究应针对各细分行业研究不同区域的碳达峰路径，亦可从多部门协同的视角研究工业领域碳达峰。

参考文献

[1]Diffenbaugh, N.S., Burke, M. Global Warming Has Increased Global Economic Inequality[J]. Proceedings of the National Academy of Sciences of the United States of America, 2019, 116(20): 9808-9813.

[2]Harvey, L.D.D. Allowable CO_2 Concentrations under the United Nations Framework Convention on Climate Change as A Function of the Climate Xensitivity Probability Distribution Function[J]. Environmental Research Letters, 2007, 2(01): 14001.

[3]IPCC. Change I. Climate Change 2022: IPCC Report. Intergovernmental Panel on Climate Change.[EB/OL].(2022-02-27)[2023-11-23]. https://www.ipcc.ch/report/sixth-assessment-report-working-group-ii/.

[4]Gao, P., Yue, S.J., Chen, H.T. Carbon Emission Efficiency of China's Industry Sectors: from the Perspective of Embodied Carbon Emissions[J]. Journal of Cleaner Production, 2021,283:124655.

[5]Mallapaty, S. How China Could Be Carbon Neutral by Mid-Century[J].Nature, 2020, 586: 482-483.

[6]Carbon Emission Accounts and Datasets (CEADs). China Carbon Dioxide Inventory[EB/OL].(2019-11-25)[2021-08-18]. https://www.ceads.net/user/index.php? id=284andlang=en.

[7]国务院. 国务院关于印发 2030 年前碳达峰行动方案的通知[EB/OL].

(2021-10-24) [2021-11-10]. http://www.gov.cn/gongbao/content/2021/content_5649731.htm/.

[8]Zhang, X., Zhao, X., Jiang, Z., et al. How toAchieve the 2030 CO_2 Emission-reduction Targets for China's Industrial Sector: Retrospective Decomposition and Prospective Trajectories [J]. Global Environmental Change, 2017, 44: 83-97.

[9]Du, W., Li, M.Assessing the Impact of Environmental Regulation on Pollution Abatement and Collaborative Emissions Reduction: Micro-Evidence from Chinese Industrial Enterprises[J]. Environmental Impact Assessment Review, 2020, 82: 106382.

[10] Halicioglu, F. An Econometric Study of CO2 Emissions, Energy Consumption, Income and Foreign Trade in Turkey[J]. Energy Policy, 2009, 37: 1156-1164.

[11] Moutinho, V., Madaleno, M., Inglesi-Lotz, R., et al. Factors Affecting CO2 Emissions in Top Countries on Renewable Energies: A LMDI Decomposition Application[J]. Renewable and Sustainable Energy Reviews, 2018, 90: 605-622.

[12]Mavromatidis, G., Orehounig, K., Richner, P., et al. A Strategy for Reducing CO_2 Emissions from Buildings with the Kaya Identity -a Swiss Energy System Analysis and a Case Study[J]. Energy Policy, 2016, 88: 343-354.

[13] Han, X., Cao, T., Sun, T. Analysis on the Variation Rule and Influencing Factors of Energy Consumption Carbon Emission Intensity in China's Urbanization Construction[J]. Journal of Cleaner Production, 2019, 238: 117958.

[14] Vaninsky, A. Factorial Decomposition of CO_2 Emissions: A Generalized Divisia Index Approach[J]. Energy Economics, 2014, 45: 389-400.

[15]Yu, B., Fang, D.Decoupling Economic Growth from Energy-Related PM2.5 Emissions in China: a GDIM-Based Indicator Decomposition [J]. Ecological Indicators, 2021, 127: 107795.

[16]Wang, J., Jiang, Q., Dong, X., et al.Decoupling and Decomposition Analysis of Investments and CO_2 Emissions in Information and Communication Technology Sector[J]. Applied Energy, 2021, 302: 117618.

[17]Fang, K., Tang, Y., Zhang, Q., et al. Will China Peak Its Energy-Related Carbon Emissions by 2030? Lessons from 30 Chinese Provinces[J]. Applied Energy, 2019, 255: 113852.

[18]Azam, M., Othman, J., Begum, R.A., et al.Energy Consumption and Emission Projection for the Road Transport Sector in Malaysia: An Application of the LEAP Model[J]. Environment, Development and Sustainability, 2016, 18(04): 1027-1047.

[19]Feng, Y.Y., Chen, S.Q., Zhang, L.X.System Dynamics Modeling for Urban Energy Consumption and CO_2 Emissions: A Case Study of Beijing, China[J]. Ecological Modelling, 2013, 252: 44-52.

[20] Emodi, N.V., Emodi, C.C., Murthy, G.P., et al.Energy Policy for Low Carbon Development in Nigeria: A LEAP Model Application [J]. Renewable and Sustainable Energy Reviews, 2017, 68: 247-261.

[21]Wang, D., Nie, R., Long, R., et al.Scenario Prediction of China's Coal Production Capacity Based on System Dynamics Model[J]. Resources, Conservation and Recycling, 2018, 129: 432-442.

[22]Li, B., Han, S., Wang, Y., et al.Feasibility Assessment of the Carbon Emissions Peak in China's Construction Industry: Factor Decomposition and Peak Forecast[J]. Sci Total Environ, 2020, 706: 135716.

[23]Zhang, X., Geng, Y., Shao, S., et al.How to Achieve China's CO_2 Emission Reduction Targets by Provincial Efforts? -An Analysis Based on Generalized Divisia Index and Dynamic Scenario Simulation[J]. Renewable and Sustainable Energy Reviews, 2020, 127: 109892.

[24]Bu, Y., Wang, E., Bai, J., et al. SpatialPattern and Driving Factors for Interprovincial Natural Gas Consumption in China: Based on SNA and LMDI[J]. Journal of Cleaner Production, 2020, 263: 121392.

[25]Xia, Y., Wu, Q.A TOPSIS Method for Mixed Multi-Attribute Decision Making Problems[J]. Journal of systems engineering, 2004, 19(06): 630-634.

[26]Liu, Y., Zhao, G., Zhao, Y.An Analysis of Chinese Provincial Carbon Dioxide Emission Efficiencies Based on Energy Consumption Structure [J]. Energy Policy, 2016, 96: 524-533.

[27]Wu, H., Xu, L., Ren, S., et al.How Do Energy Consumption and Environmental Regulation Affect Carbon Emissions in China? New Evidence from A Dynamic Threshold Panel Model[J]. Resources Policy, 2020, 67: 101678.

[28]Xie, L., Li, Z., Ye, X., et al.Environmental Regulation and Energy Investment Structure: Empirical Evidence from China's Power Industry[J]. Technological Forecasting and Social Change, 2021, 167: 120690.

[29]Li, W., Sun, W., Li, G.M., et al.Transmission Mechanism between Energy Prices and Carbon Emissions Using Geographically Weighted Regression[J]. Energy Policy, 2018, 115: 434-442.

[30]Liang, Y., Niu, D.X., Zhou, W.W., et al. Decomposition Analysis of Carbon Emissions from Energy Consumption in Beijing-Tianjin-Hebei, China: A Weighted-Combination Model Based on Logarithmic Mean Divisia Index and Shapley Value[J]. Sustainability, 2018, 10(07): 2535.

[31]Wang, Q., Jiang, R. Is Carbon Emission Growth Decoupled from Economic Growth in Emerging Countries? New Insights from Labor and Investment Effects[J]. Journal of Cleaner Production, 2020, 248: 119188.

[32]Li, B., Han, S., Wang, Y., et al.Feasibility Assessment of the Carbon Emissions Peak in China's Construction Industry: Factor Decomposition and Peak Forecast[J]. Science of The Total Environment, 2020, 706: 135716.

[33]Chen, X., Shuai, C., Wu, Y., et al. Analysis on theCarbon Emission Peaks of China's Industrial, Building, Transport, and Agricultural Sectors[J]. Science of The Total Environment, 2020, 709: 135768.

[34]Fang, K., Li, C., Tang, Y., et al. China'sPathways to Peak Carbon Emissions: New Insights from Various Industrial Sectors[J]. Applied Energy, 2022, 306: 118039.

[35]Zhou, S., Wang, Y., Yuan, Z., et al. PeakEnergy Consumption and CO_2 emissions in China's Industrial Sector[J]. Energy Strategy Reviews, 2018, 20: 113-123.

[36]Ding, S., Zhang, M., Song, Y.Exploring China's Carbon Emissions Peak for Different Carbon Tax Scenarios[J]. Energy Policy, 2019, 129: 1245-1252.

[37]Su, K., Lee, C.-M. When Will China Achieve Its Carbon Emission Peak? A Scenario Analysis Based on Optimal Control and the STIRPAT Model [J]. Ecological Indicators, 2020, 112: 106138.

[38]Yu, S., Zheng, S., Li, X.The Achievement of the Carbon Emissions Peak in China: The Role of Energy Consumption Structure Optimization[J]. Energy Economics, 2018, 74: 693-707.

[39]Zhang, X., Chen, Y., Jiang, P., et al.Sectoral Peak CO_2 Emission Measurements and a Long-Term Alternative CO_2 Mitigation Roadmap: A Case Study of Yunnan, China[J]. Journal of Cleaner Production, 2020, 247: 119171.

第7章　碳达峰路径之区域达峰路径研究

由二氧化碳排放引起的全球气候变化问题已成为当今世界面临的重大挑战，致使国际社会的碳减排承诺也从《京都议定书》到《巴黎协定》不断强化[1,2]。当前，主要的发达国家和部分发展中国家已经实现了碳达峰，如德国、匈牙利、挪威、俄罗斯等19个国家在1990年以前就实现了碳达峰，法国、英国、荷兰等30个国家在2000～2010年间实现了碳达峰[3]。而中国作为全球第一的碳排放大国和负责任大国，也在国际上庄严承诺力争于2030年前二氧化碳达峰，努力争取2060年前碳中和，同时也将其作为《中华人民共和国国民经济和社会发展第十四个五年规划和2035年远景目标纲要》的主要内容之一[4,5]。城市是推动低碳经济转型与经济社会高质量发展的重要空间和行动单元，同时也是温室气体的主要排放源[6]。长期以来，世界各国非常重视发挥城市在实现碳减排目标中的积极性和创造性[7,8]。目前，已有很多学者提出中国应借鉴世界其他国家在城市碳减排方面取得的经验，大力实施以城市为主体的碳达峰行动方案[9,10]。与此同时，为应对气候变化，中国政府出台了一系列促进低碳城市建设的政策措施，其中最具代表性的是分别于2010年、2012年和2017年实施的低碳城市试点(LCCP)项目[11,12]。因此，从城市层面因地制宜地开展碳达峰研究，并采取相应的倒逼机制落实碳达峰政策，是最终实现2030年前达峰目标的有效途径。山东省作为中国东部经济和人口大省，其能源消费总量和温室气体排放量长期处于较高水平，是中国实现碳减排目标的六大关键地区之一[13,14]。因此，本书立足于城市视角，选取山东省为代表预测不同城市的碳达峰时间和峰值，并提出"一市一策"的碳达峰路径对策，对山东省实现2030年前碳达峰以及其他国家落实城市差异化达峰行动路径提供了很好的理论基础和实践参考。

目前，大量文献在不同时空尺度(主要是基于国家、区域和省域层面)展开了碳达峰方面的研究，其中主要集中在碳排放驱动因素识别和碳排放峰值预测方面[15,16]。首先，由于在研究时间尺度、方法学、基础假设等方面不同，关于国家

尺度的达峰时间和峰值的预测研究有不同的结论[17,18]。其中有些学者认为中国可以在 2025 年之前实现碳达峰的目标[13,19-21]，另外一些学者的研究表明在 2030 年之前中国的二氧化碳排放就可以达到峰值[22-24]。此外，还有部分学者认为 2030 年前中国难以实现碳达峰的目标[25-27]。其次，由于不同区域的经济、社会和自然资源有所差异，因此部分研究基于不同的划分依据（如地理分布、经济带、行政区域等方面）在区域层面开展了碳达峰相关研究[9,28,29]。有些学者认为相较西部地区和中部地区，中国东部地区于 2030 年之前较早达峰[30,31]。珠江三角洲于 2020 年碳排放达峰，而长三角最迟可于 2029 年达峰[10,32]。也有部分学者基于省域的碳达峰进行了研究，如广东[33]、新疆[34]、台湾地区[35]、云南[36]、北京[37]等。基于以上文献分析，一方面由于区域异质性造成的社会、经济和政策的变化，现有的碳排放达峰时间和峰值的预测研究存在较大差异性；另一方面由于数据缺乏，城市尺度的碳达峰研究鲜有。如何降低由于城市异质性的聚合偏差带来的不确定性，从城市尺度落实碳达峰行动，发挥城市在碳减排行动中的积极性和创造性，对中国碳达峰目标的实现更具有现实指导意义。

在目前碳减排的背景下，关于碳排放影响因素和碳达峰预测的研究成果日渐丰富，其中研究方法主要有 LEAP 模型[38]、投入产出模型[22]、动态情景模拟模型[39]、STIRPAT 模型[40]、灰色预测法[28]和神经网络模型[2]等。霍（Huo）等人通过耦合系统动力学和 LEAP 模型，建立了一种综合的动力学仿真模型对重庆市城市住宅建筑的排放峰值进行了预测分析[41]。霍（Huo）等人结合扩展 Kaya 恒等式和蒙特卡罗模拟方法，创新构建动态情景模拟模型，探索了 2000～2050 年中国建筑碳排放的未来动态演化轨迹、峰值和达峰时间[42]。张（Zhang）等人使用包含面板回归模型的扩展 STIRPAT 模型识别了中国在国家和不同区域层面的二氧化碳排放的主要影响因素[43]。由于 STIRPAT 模型相比较于其他模型可以随机扩展更多的碳排放影响因素（通常包括人口、城市化、经济水平、能源强度、产业结构和能源结构），综合地对碳排放达峰时间和峰值进行预测分析，同时为决策者提供更多的碳减排路径选择，因此，STIRPAT 模型在目前的碳排放相关研究中被广泛应用，正逐渐成为公认度较高的模型[44,45]。部分研究利用 STIRPAT 模型分别基于中国、区域、省份以及家庭尺度对产生的碳排放量和碳排放强度的驱动因素进行了分析，并对碳达峰峰值和时间进行了预测[10,13]。部分研究采用岭回归拟合扩展的 STIRPAT 模型分析了人口、经济水平、技术水平、服务水平、能源消费结构以及外贸程度对能源相关碳排放的影响[33,46]。部分研究采用 STIRPAT 模型从城市规模、能源专利等角度探究了碳排放的驱动因素，并对碳排放峰值进行了预测[45,47]。综上所述，利用 STIRPAT 模型进行碳排放量预测既可以兼顾与碳排放相关的社会、经济和技术驱动因素之间的关系，也可以扩展与碳排放相关的其他附加因素。而目前的 STIRPAT 模型扩展包括固定资产、进出口投资和城市绿化面积的较少，且多处于国家、区域和省级层面。因此，本书对 STIRPAT 模型进行扩展，综合考虑山东省不同城市影响碳排放因素的差异性，客观、准确地对其城市层面的碳排放达峰时间和峰值进行预测分析。

综上所述，本书以山东省各城市为例，自下而上地探究城市尺度碳排放达峰驱动力的差异性，并预测不同城市的碳达峰时间和峰值。其主要贡献为：第一，基于城市层面的碳达峰预测方法学模型构建。即在建立影响区域碳达峰因子库的基础上，兼顾考虑不同城市关键因子的差异性，通过岭回归分别对不同城市的影响碳达峰因子进行了筛选，并选用扩展的 STIRPAT 模型对不同城市的碳达峰进行预测，这在很大程度上降低了城市异质性偏差带来的不确定性。第二，研究结论的针对性和可操作性。针对各城市影响碳达峰的不同影响因素提出“一市一策”城市差异化达峰方案集，为地方政府制定碳减排行动方案提供了较全面的路径选择方向，也为中国其他省域或其他国家区域探究城市差异化碳达峰并制定碳达峰行动方案提供了借鉴和参考。

7.1 方法学体系构建

7.1.1 扩展的 STIRPAT 模型

STIRPAT 模型源自埃利希(Ehrlich)和霍尔德伦(Holdren)建立的用于量化人类活动与环境之间关的 IPAT 模型($I=PAT$)，其中 I 是影响力，P 是人口，A 是富裕程度，T 是技术[48]。相比于经典的 IPAT 模型，STIRPAT 模型克服了影响因素与因变量之间比例关系造成的局限性，增加了自身的灵活性和随机性[49,50]，其公式为：

$$I = a\,P^b\,A^c\,T^d e \tag{7-1}$$

其中，a 是模型系数，b、c 和 d 分别是 P、A 和 T 的指数参数，e 是模型的随机误差。该方程转化为对数形式，如下所示：

$$\ln I = \ln a + b\ln P + c\ln A + d\ln T + \ln e \tag{7-2}$$

由于 STIRPAT 模型可以通过扩展的方式将更多的影响因素包括进来，因此该方法被广泛用于分析二氧化碳排放的相关研究中[40,51]。为进一步全面系统分析碳排放的影响因素，除了上述人口、经济和技术因素外，又纳入了城镇化、能源结构和产业结构等因素，并对部分影响因素进行了扩充。其中，经济因素包括人均国内生产总值、进出口总额和固定资产投资总额；城市化因素包括城镇化

率、就业率和城市园林面积；能源结构因素包括煤炭、石油和天然气的消费总量以及总能耗；产业结构因素包括第一、第二、第三和工业产业增加值占 GDP 比重。扩展的 STIRPAT 模型如下：

$$\begin{aligned}\ln CE = &\ln a + b_1\ln RG + b_2\ln IE + b_3\ln FA + b_4\ln PG \\ &+ b_5\ln SG + b_6\ln TG + b_7\ln GI + b_8\ln TC + b_9\ln CC \\ &+ b_{10}\ln OC + b_{11}\ln GC + b_{12}\ln UR + b_{13}\ln ER + b_{14}\ln LC \\ &+ b_{15}\ln TP + b_{16}\ln EG + \ln\varepsilon\end{aligned} \tag{7-3}$$

其中，a 是模型系数，b_1、b_2、b_3、b_4、b_5、b_6、b_7、b_8、b_9、b_{10}、b_{11}、b_{12}、b_{13}、b_{14}、b_{15} 和 b_{16} 为指数参数，ε 是模型的随机误差，公式中其他的相关参数如表 7-1 所示。

表 7-1　1999～2017 年期间分析中使用的变量描述

因素	简写	计量单位
人均 GDP	*RG*	万元
进出口总额	*IE*	亿元
固定资产投资总额	*FA*	亿元
第一产业产值占总 GDP 的比重	*PG*	%
第二产业产值占总 GDP 的比重	*SG*	%
第三产业产值占总 GDP 的比重	*TG*	%
工业部门产值占总 GDP 的比重	*GI*	%
总能源消耗	*TC*	t CO_2-eq
煤炭消耗	*CC*	t CO_2-eq
石油消耗	*OC*	t CO_2-eq
天然气消耗	*GC*	t CO_2-eq
城镇化率	*UR*	%
就业率	*ER*	%
绿地面积	*LC*	hm^2
总人口	*TP*	万人
能耗强度	*EG*	t/万元
碳排放	*CE*	Mt

7.1.2 岭回归

扩展的 STIRPAT 模型本质上是一个随机回归模型，而多元回归模型中自变量之间会存在线性相关的情况，这会增大回归模型系数的标准误差，从而导致模型结果的不稳定性[46]。而岭回归可以通过在自变量标准化矩阵的主对角线加入非负因子 k 消除多重共线性对结果的干扰，所以被广泛用于分析多样本数据和病态数据偏多的研究中[33]。

多元线性回归的标准模型如下所示：

$$\boldsymbol{Y}=\boldsymbol{X\beta}+\varepsilon \tag{7-4}$$

其中，$\boldsymbol{X}$ 是自变量的 $n\times p$ 矩阵（秩 p），$\boldsymbol{\beta}$ 是未知数的 $p\times 1$ 向量，ε 是 $E[\varepsilon]=0$ 和 $E[\varepsilon\varepsilon']=\delta^2\boldsymbol{I}$ 的误差。$\boldsymbol{\beta}$ 的无偏估计通常为：

$$\boldsymbol{\beta}=(\boldsymbol{X'X})^{-1}\boldsymbol{X'Y} \tag{7-5}$$

当 x 个变量之间出现共线性时，矩阵是病态的，即其行列式的值 $|\boldsymbol{X'X}|\approx 0$。在这种情况下，为了控制估计的一般不稳定性和膨胀率 $\boldsymbol{\beta}$ 引入了岭回归，沿归一化自变量矩阵的对角线加入一个非负因子 k，如下所示：

$$\boldsymbol{\beta}=(\boldsymbol{X'X}+k\boldsymbol{I})^{-1}\boldsymbol{X'Y} \tag{7-6}$$

其中，k 是岭系数，$0<k<1$。

本书首先采用普通最小二乘（OLS）回归检查扩展的 STIRPAT 模型中自变量的多重共线性，并通过方差膨胀因子（*VIF*）进行量化（若 *VIF* 大于 10 则说明存在共线性），同时根据 *VIF* 数值对碳排放的影响因子进行筛选，然后通过岭回归选择适当的 k 值和可接受的最小偏差，从而显著降低方差并提高模型估计的稳健性，最终消除共线性问题。

7.1.3 碳达峰情景设置

本书采用情景分析法，预测未来不同发展模式对碳排放的影响。首先，对 16 个碳排放影响因素分别在低碳、常规、高碳水平（分别用 L、M、H 表示）进行预测，情景设置依据如表 7-2 所示。其中，常规水平遵循山东省及各城市中长期发展规划和相关的历史趋势。低碳和高碳水平的设定是以常规水平为基线调整规划年的平均增长率。具体设置选取山东省及各城市的 5 年平均值作为 2021～2035 年各影响因素的年变化率，其中山东省碳排放影响因素的年变化率不同水平设置如表 7-3 所示。其次，将以上影响因素在 3 个不同发展水平上排列组合，得到不同的情景组合。最后，基于扩展的 STIRPAT 模型计算预测山东省及各城市的碳排放峰值，并整理得到城市差异化达峰方案集。

表 7-2　低碳、常规、高碳水平下不同碳排放影响因素的情景设置及其依据

情景变量	情景设置依据
RG、*IE*、*TG*、*TC*、*LC*、*TP*、*EG*、*FA*	根据《中华人民共和国国民经济和社会发展第十四个五年规划和 2035 年远景目标纲要》《山东省国民经济和社会发展第十四个五年规划和 2035 年远景目标纲要》和“十四五”期间节能减排的相关综合工作方案中的相关规划值确定了 *RG*、*IE*、*TG*、*TC*、*LC*、*TP*、*EG*、*FA* 的常规水平(M)。结合专家咨询建议，确定了低碳水平(L)和高碳水平(H)
UR、*ER*	根据山东省 16 个城市出台的各个城市的国民经济和社会发展第十三个和第十四个五年规划，并结合山东省 2010～2020 年的节能减排政策相关规划措施中的相关规划值确定了 *UR*、*ER* 的常规水平(M)。结合专家咨询建议，确定了低碳水平(L)和高碳水平(H)
PG、*SG*、*GI*、*CC*、*OC*、*GC*	以 2000～2020 年的历史数据为基础，结合山东省 2010～2020 年的节能减排相关规划措施中的相关规划值，基于历史数据线性拟合，并结合专家咨询建议，确定了 *PG*、*SG*、*GI*、*CC*、*OC*、*GC* 的常规水平(M)、低碳水平(L)和高碳水平(H)

表 7-3　山东省碳排放影响因素的年变化率不同水平设置

情景	年份	*RG*	*IE*	*FA*	*PG*	*TC*	*CC*	*UR*	*ER*	*LC*	*TP*	*EG*
L	2021～2025	0.60	0.52	3.06	−0.12	−1.30	−0.46	0.54	1.00	0.30	0.07	−3.90
	2026～2030	0.40	0.30	2.00	1.60	−2.30	−2.00	0.44	0.50	0.20	0.05	−2.70
	2031～2035	0.20	0.10	1.00	3.10	−3.30	−3.50	0.34	0.00	0.10	0.03	−1.50
M	2021～2025	1.10	1.02	3.56	−0.62	−0.80	0.04	0.64	1.10	0.40	0.12	−3.40
	2026～2030	0.90	0.80	2.50	1.10	−1.80	−1.50	0.54	0.60	0.30	0.10	−2.20
	2031～2035	0.70	0.60	1.50	2.60	−2.80	−3.00	0.44	0.10	0.20	0.08	−1.00
H	2021～2025	1.60	1.52	4.06	−1.12	−0.30	0.54	0.74	1.20	0.50	0.17	−2.90
	2026～2030	1.40	1.30	3.00	0.60	−1.30	−1.00	0.64	0.70	0.40	0.15	−1.70
	2031～2035	1.20	1.10	2.00	2.10	−2.30	−2.50	0.54	0.20	0.30	0.13	−0.50

7.1.4　数据来源

山东省及各城市碳排放影响因素的相关数据来自山东省统计局的山东统计年鉴以及各城市统计局的各城市统计年鉴[52]，其中对于少量缺失值采取线性差值的方式进行补充;各城市 1999～2017 年的碳排放数据来自 CEADs 数据库[53];山东省及各城市 2021～2030 年的达峰目标设置依据山东省及各城市的"十四五"规划和 2035 年远景目标确定[4]。

7.2 结果和讨论

7.2.1 碳排放回顾性分析

通过梳理 1999～2017 年山东省及各地市碳排放数据,发现山东省历年碳排放量呈现较强的区域差异性,具体如图 7-1 所示。由图 7-1 分析可知,山东省各地市的碳排放中潍坊占比最大,约占 10%以上,其碳排放量从 1999 年的 19 Mt 增长至 2017 年的 78 Mt。值得注意的是,山东省的碳排放具有一定的集中度,其中碳排放前五的城市(潍坊、青岛、烟台、临沂和济南)能占全省总碳排放量的 44%左右。另外,因各地市的资源禀赋差异和社会经济发展差异(区域发展的不平衡性),各地市碳排放在 2013 年之前呈现持续上升趋势,但随后的走势出现了分化。其中,聊城、菏泽和临沂碳排放继续呈现上升趋势,日照、滨州和青岛在 2016 年之后呈现了震荡式上升趋势,其他地市在 2013 年之后呈现了震荡式上升趋势,但均未出现峰值。以上说明山东省大部分城市近5 年内的碳排放量呈现了波动趋势,即有望在 2030 年前实现碳达峰。

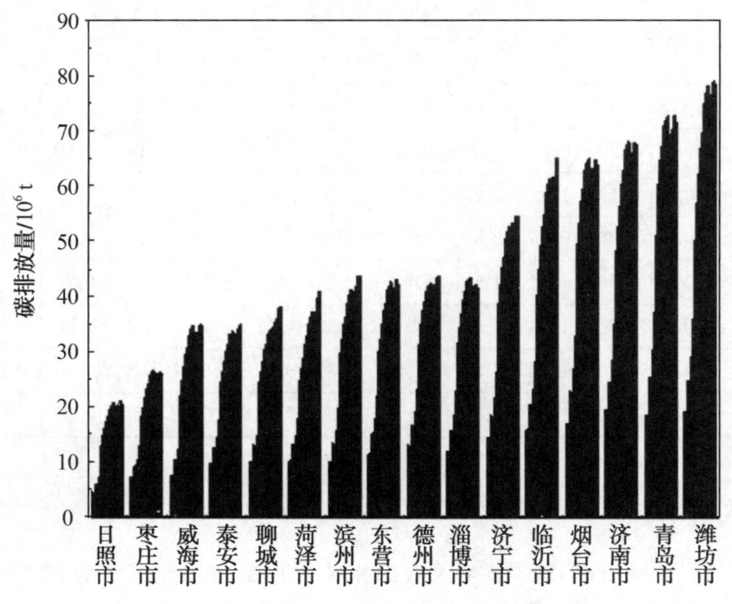

图 7-1　山东省各地市 1999～2017 年的碳排放量

7.2.2　碳排放的驱动因素

通过公式计算得出的山东省及不同城市的碳排放驱动因素的弹性系数如图 7-2 和表 7-4 所示。

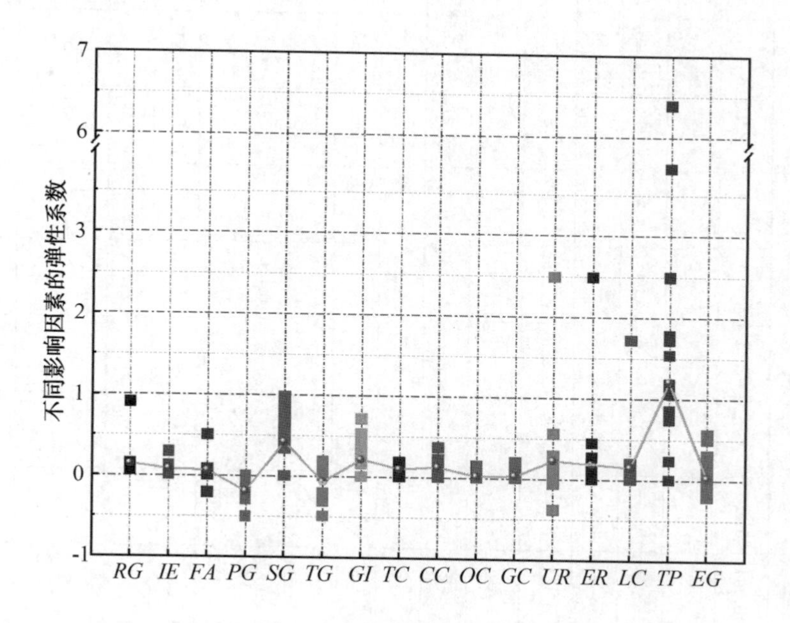

图 7-2　山东省及各地市驱动因素的弹性系数

7.2.2.1　省域层面碳排放驱动因素分析

由图 7-2 分析可知，山东省及各地市中人均 GDP、进出口总额、固定资产、第二产业增加值占比、工业产业增加值占比、总能源消耗、煤炭消耗、石油消耗、天然气消耗、就业率、城市绿地面积和总人口是促进碳排放的影响因素。但是，山东省不同地市促进碳排放的驱动因素种类是不同的，且其弹性系数变化范围也是不同的。例如天然气消耗的弹性系数变化范围最小（0～0.094），这是由于所有市域的天然气使用时间较晚且消耗量较小，因此其对不同区域碳排放的影响差异性较小。

表 7-4　山东省 16 地市驱动因素的弹性系数

因素	RZ	ZZ	WH	TA	BZ	LC	HZ	DY	ZB	DZ	JNI	LY	JNA	YT	QD	WF	SD
ln*RG*	0.081	0.096	0.102	0.139	0.096	0.089	0.111	0.064	0.073	0.083	0.122	0.093	0.088	0.097	0.112	0.085	0.095
	* * *	* * *	* * *	* * *	* * *	* * *	* * *	* *	* * *	* * *	* * *	* * *	* * *	* * *	* * *	* * *	* * *
ln*IE*	0.033	0.068	0.107	0.103	0.056	0.049	0.020	0.047	0.059	—	0.074	0.043	0.090	0.065	0.106	0.061	0.086
	* *	* * *	* * *	* * *	* *	* * *		* *	* * *		* * *	* *	* * *	* * *	* * *	* * *	* * *
ln*FA*	0.045	0.050	0.052	0.068	0.060	0.037	0.093	0.045	0.043	0.051	0.056	0.048	0.049	0.068	0.057	0.046	0.050
	* * *	* * *	* * *	* * *	* * *	* * *	* *	*	* * *	* *	* * *	* * *	* * *	* *	* * *	* * *	* * *
ln*PG*	−0.174	−0.224	−0.401	—	−0.196	−0.169	−0.053	−0.296	−0.177	−0.150	−0.264	−0.134	−0.232	−0.275	−0.185	−0.200	−0.209
	* * *	* * *	* * *		* * *	* * *		*	* * *	* * *	* *	* *	* * *	* * *	* * *	* * *	* *
ln*SG*	0.702	—	—	1.082	0.600	0.644	0.506	—	0.951	0.931	0.476	—	0.371	0.501	0.515	0.343	—
	* * *			* * *	* * *	* * *	* * *		* *	* *	* *		*	* * *	* *	* *	
ln*TG*	—	—	—	—	—	—	—	0.088	—	—	—	0.190	—	—	—	—	—
												*					
ln*GI*	0.315	—	—	0.382	0.721	0.186	0.216	—	0.358	—	0.535	—	0.489	0.294	0.198	0.244	—
	* *			* * *	* * *	*	*		* *		* * *		* *	* *		*	
ln*TC*	0.042	0.189	0.172	0.104	0.052	0.162	0.037	0.047	—	0.077	0.167	0.106	0.148	0.121	0.119	0.091	0.158
	* *	* * *	* * *	* * *	* *	* * *	* *	* * *		* * *	* * *	* * *	* *	* * *	* * *	* * *	* * *
ln*CC*	0.046	0.200	0.179	0.087	—	—	—	0.183	0.169	0.115	0.153	0.097	0.176	0.145	0.345	0.110	0.164
	* * *	* * *	* * *	* * *				* * *	* * *	* * *	* * *		* * *	* *	* * *	* * *	* * *

续表

因素	RZ	ZZ	WH	TA	BZ	LC	HZ	DY	ZB	DZ	JNI	LY	JNA	YT	QD	WF	SD
ln*OC*	0.098	0.0590	—	—	0.064	—	—	0.042	—	0.042	—	—	—	0.156	—	—	—
	**	*			*			**		*				**			
ln*GC*	—	—	0.088	0.051	—	—	—	—	0.064	0.023	—	0.022	0.047	—	—	—	—
			*	**					**	**		*	***				
ln*UR*	0.527	—	—	—	0.158	—	−0.102	−0.381	—	—	—	—	—	0.210	0.291	0.248	0.202
	***				***									**	***	***	***
ln*ER*	—	—	—	—	0.273	—	—	—	—	—	—	0.049	—	—	—	0.452	2.492
					*							*				***	**
ln*LC*	—	0.057	0.070	—	0.076	—	0.108	0.143	0.202	—	—	—	0.084	—	0.061	0.092	0.108
		*			*		*	**	***				**		**	***	***
ln*TP*	—	0.994	5.37	3.664	—	0.849	—	1.785	2.495	1.169	1.068	0.746	—	—	—	—	1.721
		**	**	**		**		**	**	**	*	*					***
ln*EG*	—	0.017	−0.113	−0.172	—	−0.152	−0.020	0.121	−0.198	0.002	−0.211	0.313	−0.078	−0.171	−0.081	0.569	0.240
			*	**		***			***		***	***				**	*
Cons	−3.946	−6.798	−30.019	−27.788	−5.070	−6.614	−0.683	−8.037	−20.735	−9.233	−10.016	−4.128	−3.474	−3.174	−5.067	−3.801	−25.861
*R*2	0.99	0.984	0.984	0.986	0.982	0.974	0.976	0.988	0.983	0.968	0.979	0.984	0.981	0.988	0.983	0.992	0.989
k	0.10	0.16	0.20	0.10	0.20	0.20	0.10	0.10	0.20	0.18	0.20	0.20	0.20	0.10	0.20	0.20	0.10

注:RZ为日照市,ZZ为枣庄市,WH为威海市,TA为泰安市,BZ为滨州市,LC为聊城市,HZ为菏泽市,DY为东营市,ZB为淄博市,DZ为德州市,JNA为济南市,LY为临沂市,JNI为济宁市,YT为烟台市,QD为青岛市,WF为潍坊市,SD为山东省。

总人口的弹性变化范围最大(0～6.395)，这是因为不同的人口规模和经济发展程度会造成技术水平、能源密集使用程度以及减排设施共享程度的不同，因此在不同城市之间总人口对碳排放的影响会存在显著差异[45]。此外，第一产业增加值占比、第三产业增加值占比、城镇化率和单位 GDP 能耗对不同区域的碳排放的影响具有反向差异性，对有些城市是促进碳排放，而对有些城市是抑制碳排放。这说明产业结构、城镇化及减排技术是不同区域之间碳排放差异的关键性因素。值得注意的是，进出口总额的弹性系数是正的，即对外贸易促进了城市碳排放。尽管有研究表明国外投资可以带来先进的技术和管理，并通过技术溢出提高生产率从而降低碳排放，但这与山东省及各城市的情况相反[10]。这有可能是由引进的外资高耗能和高碳排行业的占比较大造成的。

对于山东省整体来说，影响碳排放的最关键影响因素是就业率和总人口。究其原因，一方面就业率与高质量人口所占比例和人均能耗强度有关，另一方面不同产业间人口的分布以及不同地理区域人口的分布会影响公共资源共享率和能源密集使用率，从而影响整体的碳排放量。该结论与刘(Liu)等人和周(Zhou)等人的研究相一致，认为总人口因素是中国东部地区(包括山东省在内)碳排放主要驱动因素之一[19,45]。而王(Wang)等人和方(Fang)等人研究发现城市化率是山东省碳排放的主要驱动因素之一，也是对本书研究结论的有力支撑[13,17]。

7.2.2.2 城市层面碳排放驱动因素分析

由表 7-4 分析可知，影响山东省各城市碳排放的最关键影响因素具有明显的差异性。泰安、聊城、淄博、德州的最关键影响因素为第二产业增加值占比和总人口。究其原因，与其近 20 年第二产业规模的不断变化幅度有关，泰安、聊城、淄博和德州的第二产业增加值占比最大变动幅度分别为 12%、25%、22%和16%。此外，以上 4 个城市的人口变化幅度也较大，近 20 年来分别增长了 7.26 倍、8.28 倍、8.28 倍和 7.32 倍。枣庄和威海的最关键影响因素为第一产业和总人口，主要与这两个城市的产业定位密切相关，前者作为国家可持续发展议程创新试验区，主要致力于打造齐鲁乡村样本，后者主要致力于渔业资源的开发与利用。同时，以上两个城市的人口变化幅度也较大，近 20 年来分别增长了 5.75 倍和 6.40 倍。东营、济宁和临沂的最关键影响因素为总人口。究其原因，东营人口偏少，与其作为资源型城市的发展速度要求不匹配；临沂作为山东省人口最多的城市，其生活用能越来越成为影响碳排放的主要因素；济宁市作为煤炭生产与消费的资源型城市，人均能耗强度居高不下。日照、烟台和青岛的最关键影响因

素为第二产业增加值占比，这与其显著的地理位置密切相关。这3个城市均属于濒海城市，其发达的港口海洋运输、高新技术产业近20年得到了迅速发展。济南、菏泽和滨州的最关键影响因素为第二产业增加值占比和工业产业增加值占比。究其原因，截至2020年，第二产业增加值占比和工业产业增加值近20年来济南变动最大幅度分别为14%和18%左右，滨州分别变动了17%和16%左右，而菏泽变动最大幅度分别为28%和32%。以上3个城市的第二产业增加值占比和工业产业增加值变化最大幅度在山东省处于前列。

7.2.3 碳达峰情景预测分析

基于山东省及各城市历年影响因素和碳排放统计数值，通过扩展的STIRPAT模型拟合得到公式(7-3)和历年碳排放数据。其中，计算碳排放数据的偏差数据汇总结果如表7-5所示。由表7-5分析可知，碳排放数据的偏差大都在5%以内，表明该模型具有很好的适合性和可靠性。然后，通过不同影响因素的预测值计算得到不同情景组合下的碳排放达峰峰值和达峰时间，具体如图7-3所示。由于情景组合较多，图7-3只展现了2030年之前达峰的情景组合和具体达峰年的峰值区间。考虑到区域发展的不平衡性，从省级和城市两个层面对结果进行了分析和比较，发现山东省及其各城市的达峰时间分布在2018～2035年，并且在不同情景组合下达峰时间和峰值大小都有一定程度的差异，其中山东省碳达峰方案集如表7-6所示。

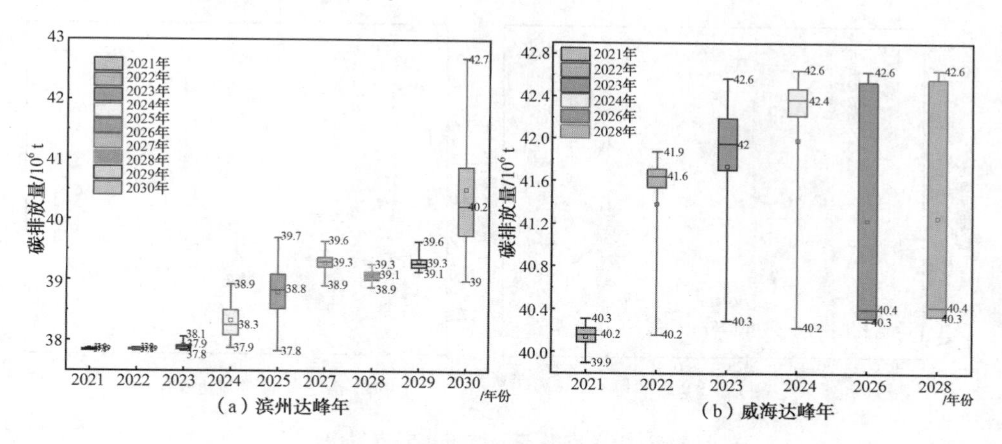

图7-3 山东省及部分城市达峰方案集(一)

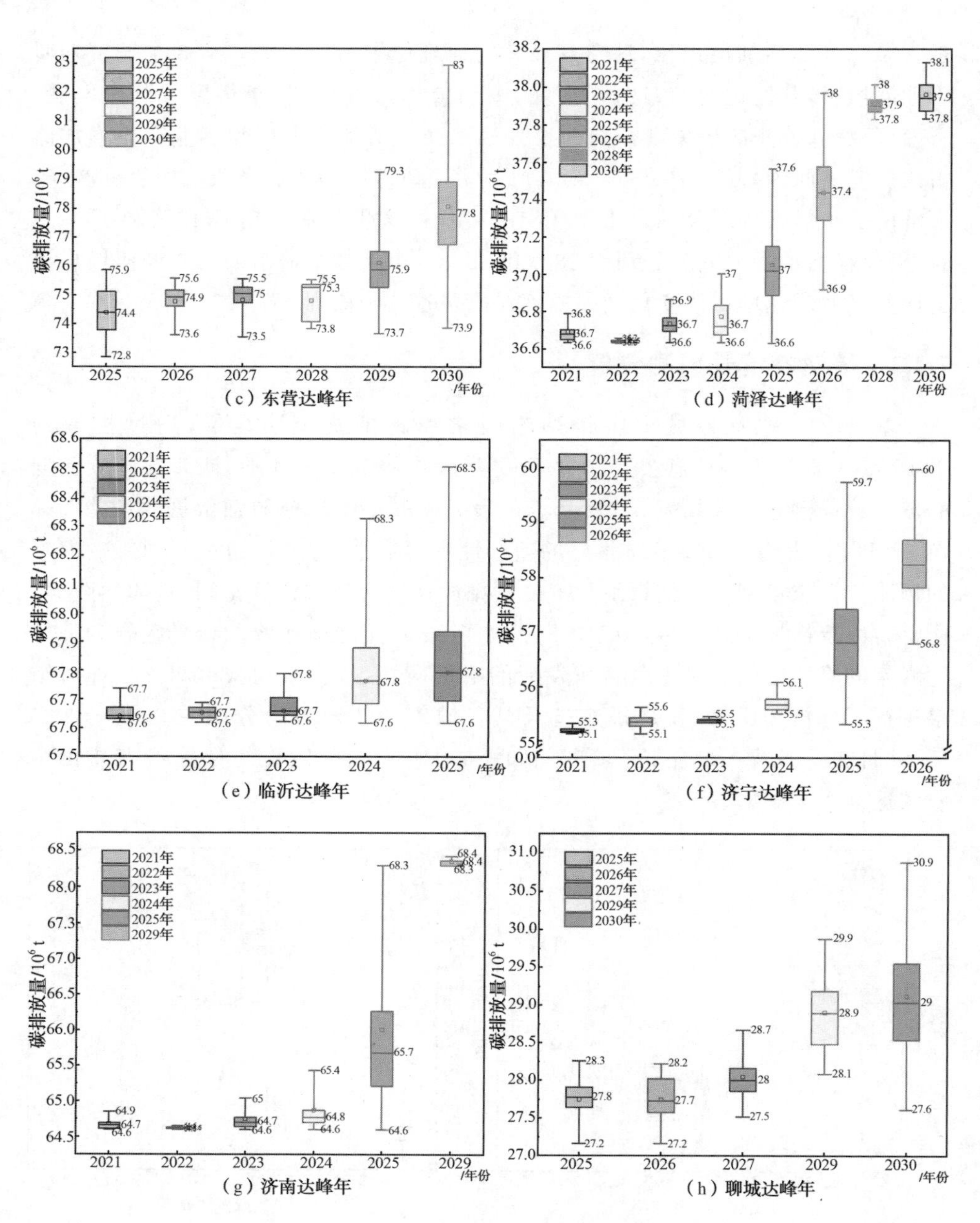

图 7-3　山东省及部分城市达峰方案集(二)

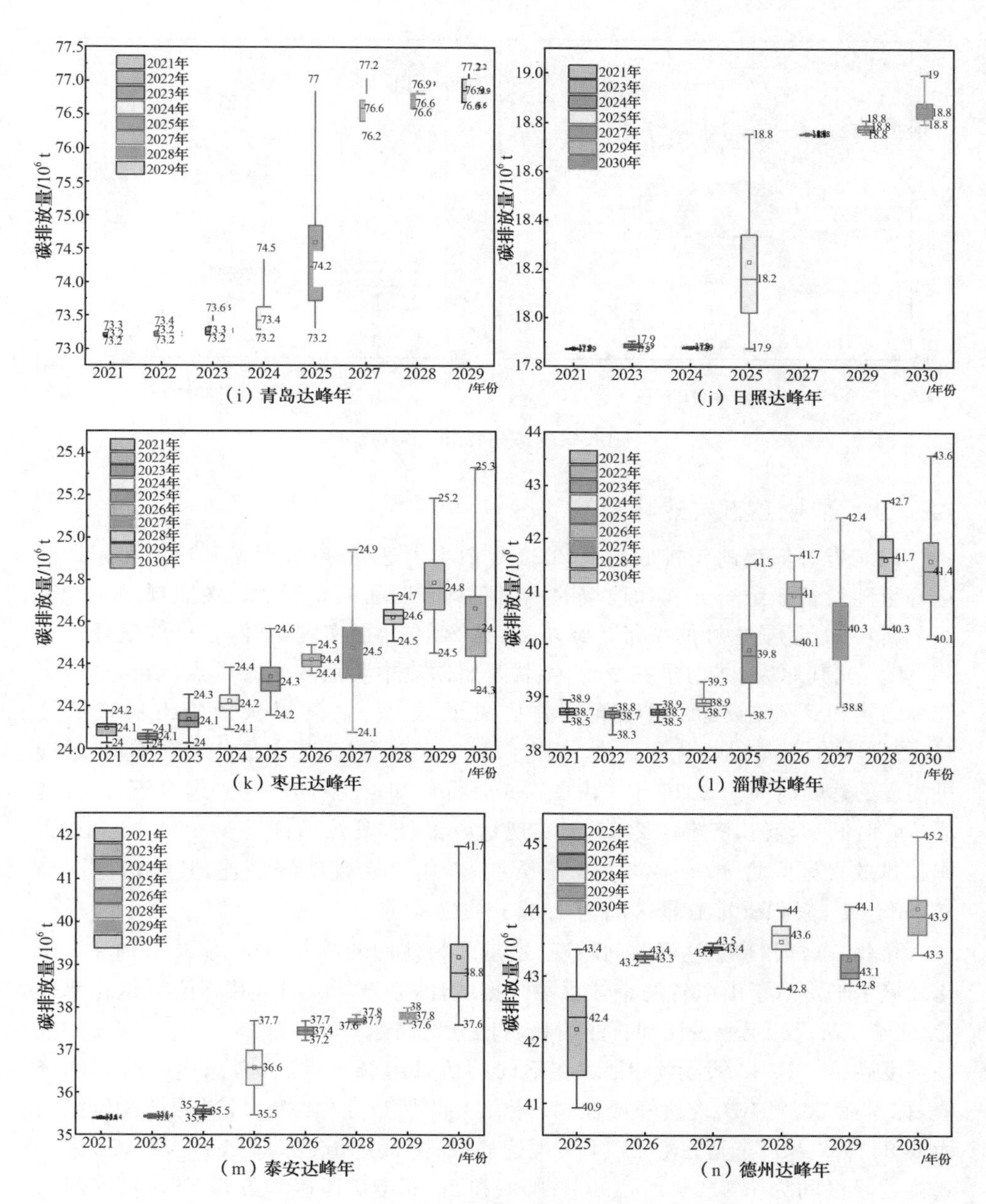

图 7-3　山东省及部分城市达峰方案集(三)

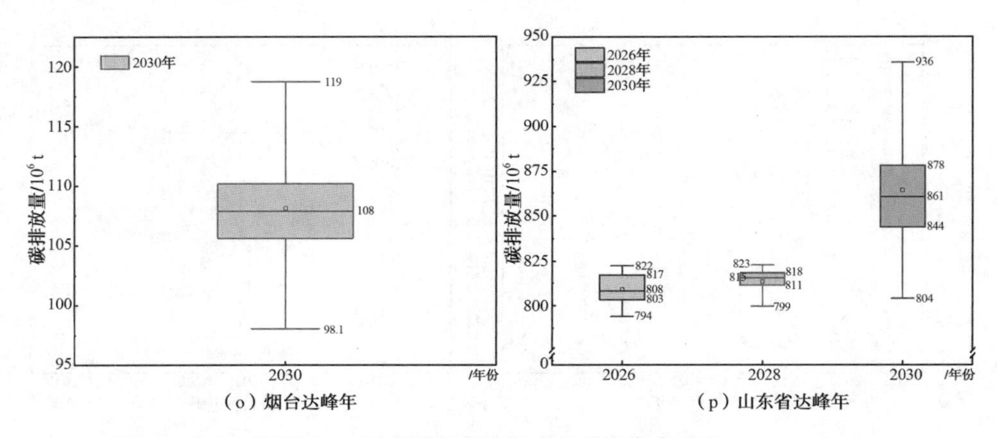

(o) 烟台达峰年　　(p) 山东省达峰年

图 7-3　山东省及部分城市达峰方案集(四)

7.2.3.1　市域层面碳达峰预测

山东省各城市的碳排放量在 2030 年前均可达到峰值,但是其峰值和累计碳达峰量随着情景组合方式和地域的不同而具有明显的差异性。按照预测达峰时间分析可知,最早达峰的城市是潍坊,其在 2019 年已实现达峰,碳排放量峰值为 88 Mt。究其原因,潍坊早在 2015 年就开始创建中美低碳生态试点城市,进行了能源结构和产业结构的调整优化并已见成效[54,55]。其煤炭消费占比降低至 41.03%,同时三产结构优化比为 9.12∶39.31∶51.57。其次是济宁和临沂,最晚可实现的达峰时间为 2026 年。由图 7-3 分析可知,在不同的情景组合下,综合考虑达峰时间和峰值,济宁在 2025 年实现达峰最佳,其峰值区间为 55～60 Mt,累积碳排放量区间为 803～906 Mt;临沂在 2024 年实现达峰最佳,其峰值区间为 67～68 Mt,累积碳排放量区间为 1.043～1.036 Gt。

德州、东营和聊城达峰时间较晚,这是因为他们的产业结构、能源结构和城镇化发展水平落后于山东省的整体水平。据统计,截至 2020 年,德州的城镇化率仅为 34%。东营的工业占比和石油消耗占比分别高达 54.2%和 85.9%。聊城的能耗强度高达 10.2 kt/亿元。因此,在不同的情景组合下,综合考虑达峰时间和峰值,德州在 2028 年实现达峰最佳,其峰值区间为 42～44 Mt,累积碳排放量区间为 648～667 Mt;东营在 2027 年实现达峰最佳,其峰值区间为 73～76 Mt,累积碳排放量区间为 1.112～1.139 Gt;聊城在 2030 年实现达峰最佳,其峰值区间为 76～86 Mt,累积碳排放量区间为 1.199～1.315 Gt。

表 7-5　碳排放实际值和计算值的偏差

年份	偏差率/%																
	RZ	ZZ	WH	TA	BZ	LC	HZ	DY	ZB	DZ	JNI	LY	JNA	YT	QD	WF	SD
1999	0	1.69	0.88	2.81	3.63	4.71	3.26	3.77	3.35	3.66	2.93	0.87	2.32	0.49	1.67	1.11	1.08
2000	−6.46	−5.94	−9.91	−4.94	−8.82	−7.38	−6.66	−3.65	−6.83	−6.34	−5.02	−4.03	−4.63	−6.2	−7.25	−3.43	−1.69
2001	4.24	6.05	6.86	3.66	3.85	3.03	4.64	5.42	1.48	4.72	3	2.19	2.41	4.07	2.64	2.32	2.32
2002	−5.11	−5.32	−3.2	−4.33	−4.42	−5.13	−4.7	−1.53	−1.55	−6.03	−3.38	−2.3	−2.61	−0.79	−2.56	−1.61	−1.84
2003	−0.14	−4.07	−1.98	−2.18	−2.49	−3.99	−3.44	0.48	−1.78	−3.3	−4.11	−4.48	−2.88	−0.12	−0.47	−2.28	−1.01
2004	−0.38	−1.27	−2.77	−0.74	0.07	−1.51	−3.71	2.68	−3.49	−2.4	−3.32	−0.03	−2.5	−0.75	−0.59	−1.55	−0.75
2005	2.88	2.19	0.68	2.79	2.08	−0.27	3.16	2.1	2.64	2.49	2.69	1.38	1.82	0.16	2.25	1.65	0.83
2006	3.06	0	0.82	0.74	0.58	2.58	2.16	2.39	1.22	0.8	0.35	1.66	0.63	1.38	0.35	0.24	0.33
2007	0.83	1.3	0.93	−1.04	−0.45	1.55	0.62	2.03	0.84	1.06	1.75	1.25	−0.5	0.51	0.59	−0.23	0.06
2008	−0.58	1.62	1.45	−1.12	0.09	1.7	2.24	1.62	0.33	0.77	0.54	1.77	0.53	−0.78	0.18	1.74	0.36
2009	−1.8	0.27	1.85	0.42	1.52	1.72	1.64	2.58	1.28	1.7	0.89	0.68	2.11	−0.33	1.34	−0.21	0.32
2010	1.26	0.76	1.01	0.87	1.74	1.68	1.38	1.96	1.44	2.01	0.78	0.69	1.73	0.61	0.71	0	−0.41
2011	−1.56	−0.55	1.99	0.92	1.2	0.13	0.56	1.03	0.68	0.9	0.87	−0.22	0.77	0.73	0.42	0.04	0.97
2012	−0.94	1.15	1.33	1.38	0.26	0.25	−0.15	0.16	0.31	0.23	0.48	−1.17	1.15	1.11	0.55	1.06	0.71
2013	−0.97	1.14	−0.68	0.48	0.46	−1.84	−1.3	−1.3	−1.1	−0.88	−1.58	−1.9	−0.3	−0.4	−1.38	0.73	−0.31

续表

年份	偏差率/%																
	RZ	ZZ	WH	TA	BZ	LC	HZ	DY	ZB	DZ	JNI	LY	JNA	YT	QD	WF	SD
2014	0.5	−1.7	−2.06	−0.09	−1.63	0.19	−0.43	0.28	−0.04	−0.53	0.34	−1.99	−0.78	−0.26	−0.63	0.32	0.15
2015	−0.32	−1.24	−0.06	−0.67	−0.74	−0.05	−1.38	2.55	0.59	−0.61	0.27	1.48	−0.52	−0.77	0.13	0.27	−0.68
2016	1.31	0.36	0.94	0.67	1.69	−0.12	0.18	2.29	0.89	0.4	0.96	0.67	0.49	0.48	0.52	−0.02	−0.02
2017	0.04	0.59	−1.12	−0.25	−0.8	−0.09	−0.14	−0.08	−2.45	−0.43	−0.73	1.17	−0.83	−0.01	−0.25	−0.99	−0.09

注:RZ 为日照市,ZZ 为枣庄市,WH 为威海市,TA 为泰安市,BZ 为滨州市,LC 为聊城市,HZ 为菏泽市,DY 为东营市,ZB 为淄博市,DZ 为德州市,JNA 为济南市,LY 为临沂市,JNI 为济宁市,YT 为烟台市,QD 为青岛市,WF 为潍坊市,SD 为山东省。

表 7-6　山东省碳达峰方案集

达峰年	达峰量/Mt	累积量/Mt	方案设计										
			RG	*IE*	*FA*	*PG*	*TC*	*CC*	*UR*	*ER*	*LC*	*TP*	*EG*
2026	793.80	12144.15	L	L	L	L	L	L	L	L	L	L	L
	803.27	12325.72	M	M	M	L	L	M	L	L	L	L	L
	808.17	12408.32	H	L	H	L	L	L	M	L	L	L	M
	817.21	12528.08	M	M	M	L	L	M	L	L	L	H	L
	822.29	12609.32	H	M	H	L	M	L	M	L	L	H	L

续表

达峰年	达峰量/Mt	累积量/Mt	方案设计										
			RG	*IE*	*FA*	*PG*	*TC*	*CC*	*UR*	*ER*	*LC*	*TP*	*EG*
2028	799.45	12263.40	L	L	L	L	L	M	H	L	M	L	L
	811.33	12385.95	L	M	L	L	M	L	L	L	M	M	L
	815.48	12433.41	L	M	M	L	M	L	M	L	H	M	L
	818.19	12459.51	L	H	M	L	L	M	L	L	H	M	L
	822.68	12597.28	L	L	M	M	L	M	H	L	H	H	L
2030	803.95	12345.79	L	L	L	L	L	M	L	L	M	L	M
	843.75	12838.52	L	L	M	L	L	L	L	H	H	H	L
	860.59	13003.11	M	M	M	L	H	H	H	M	L	H	L
	878.00	13181.59	M	H	M	H	L	M	M	H	M	L	M
	935.58	13890.77	H	H	H	H	H	H	H	H	H	H	H

此外，由图7-3分析可知，达峰最晚的城市为烟台，达峰时间为2030年，其峰值区间为98～119 Mt，累积碳排量区间为1.503～1.741 Gt。2020年，烟台的煤炭消费占比高达66.34%，以煤炭为主的能源消费结构是致使其达峰较晚的主要原因。综上所述，德州、东营、聊城和烟台达峰时间较晚，应该充分考虑利用其地理位置优势与相邻城市协同发展，努力将碳达峰时间提前。例如德州和聊城应该积极深入实施京津冀协同发展战略，促进产业结构转型升级的同时推动能源的集约高效利用。对于东营而言，由于传统动能主体地位改变困难，应加强资源综合利用效率，拓展与京津冀和省会经济圈的合作空间和市场发展空间。烟台应充分发挥港口综合优势，积极推进沿黄省区的配套联动和科技创新，以加快面向亚太和亚欧的对外开放，从而实现与周边省市和国家的优势互补、发展共赢。

由图7-3分析可知，其他城市的达峰时间随着不同情景组合方式在2021～2030年期间都有实现达峰的可能性。例如，青岛最佳达峰时间为2025年，峰值区间为73～77 Mt，累积碳排放量区间为1.125～1.209 Gt。该研究结论与吴(Wu)等人对青岛市碳达峰时间(2025年左右)的预测研究相一致[46]。济南最佳达峰时间为2025年，峰值区间为65～68 Mt，累积碳排放量区间为0.991～1.073 Gt。该研究结论与张(Zhang)等人对济南市碳达峰时间(2025年左右)的预测研究相一致[55]。因此，这类城市应综合考虑达峰时间和达峰峰值，即兼顾社会经济发展与碳减排。胶东经济圈内的城市应加强海洋资源开发与保护，发展海洋经济，为建设海洋强国建设做出山东贡献。省会经济圈和鲁南经济圈内的城市应加强国际创新交流合作，在优化提升传统工业的同时壮大发展新兴产业。

7.2.3.2 省域层面碳达峰预测

由表7-6和图7-3分析可知，山东省整体的碳排放量在2026～2030年期间可达到峰值，但是其峰值和累计碳达峰量会随着情景组合方式的不同而有所不同。本书的研究与史(Shi)等人和孙(Sun)等人的研究结果相一致，即山东省在2023～2030年可达到碳排放峰值[21,44]。由表7-6分析可知，山东省在不同碳排放影响因素自由组合的情景下分别在2026年、2028年和2030年可达到峰值。其中，山东省碳排放若在2026年达到峰值，其峰值区间为793.80～822.29 Mt，累计碳排放量为12.14～12.61 Gt；若在2028年达到峰值，其峰值区间为799.45～822.68 Mt，累计碳排放量为12.26～12.60 Gt；若在2030年达到峰值，其峰值区间为803.95～935.58 Mt，累计碳排放量为12.35～13.89 Gt。因此，为了减缓2060年前的碳中和压力，综合考虑达峰时间、峰值和累计排放量，山东省的最佳达峰年为2028年。

由图7-3分析可知，山东省有8个城市(滨州、临沂、菏泽、济宁、济南、青岛、

日照、泰安)的最佳达峰年份在 2025 年左右,有 5 个城市(威海、东营、枣庄、淄博、德州)的最佳达峰年份在 2028 年左右。此外,聊城和烟台的碳排放达峰较迟,为 2030 年,而潍坊在 2019 年就已经达峰。通过城市层面的碳达峰预测对比发现,除了聊城和烟台之外,山东省其他城市都有在 2028 年之前达峰的可能性。这说明山东省不同城市之间可以实现错落达峰,其在一定程度上可降低省级层面的整体达峰压力。因此,从城市层面碳达峰的差异性分析可知,省级层面的碳达峰预测最佳年份为 2028 年,这与以上省域层面碳达峰的预测结果相一致。但是通过综合城市和省域层面碳达峰预测的对比分析,可以识别出需重点关注的达峰时间滞后和峰值较高的城市。通过制定这些城市的差异化达峰策略,即政策协同、产业协同、技术协同、能源协同和生态协同,从而实现山东省整体的尽早达峰,同时山东省的整体达峰峰值也可适当降低。

7.2.4　不确定性和局限性分析

关于对未来年碳排放的预测研究都不可避免地存在不确定性和局限性,本书关于城市差异化碳达峰的预测研究也不例外,主要包括以下几个方面:第一,影响因素产生的不确定性。不同城市的产业基础、资源禀赋、区位条件等方面存在较大的差异性,因此不能用相同的影响因素统一测算。为有效降低这方面产生的不确定性,在借鉴其他研究成果的基础上,本书采用 16 个社会经济发展相关的变量来代表碳排放相关的碳排放影响因素,然后利用岭回归进行了具有较小均方误差的可接受偏差估计,显著降低了影响因素的多重共线性,从而因地制宜地筛选出了不同城市的关键碳排放影响因素。第二,情景设置产生的不确定性。情景设置主要依赖于历史数据和政府规划,具有一定的主观性,且变量的未来规划年的变化趋势也充满了不确定性。因此,在情景参数的设计上,采用了高、中、低 3 种方案并对其进行自由组合,以全面反映不同情景组合未来规划年的广泛变化。第三,数据的不确定性。本书研究的数据虽均来自具有权威性的统计年鉴,但是其可靠性也存在一定的争议,这会给计算结果带来一定的不确定性。因此,从城市视角自下而上搜集数据对碳排放进行预测从而甄别山东省的碳达峰时间,这种措施可进一步降低以往以山东省为整体开展研究结果的不确定性,这也为未来的研究指明了方向。

7.3　结论

开展城市差异化碳排放预测研究是实现省域碳达峰目标的重要举措。基于此,本书构建了基于城市层面的碳达峰预测方法学体系,既实现了针对每个城市发展特点对碳排放影响因素的科学识别与筛选，又能达到因地制宜地制定不同城市的碳达峰行动方案的目的。同时，针对各城市影响碳达峰的不同影响因素提出“一市一策”城市差异化达峰方案集，为地方政府制定碳减排行动方案提供了较全面的路径选择方向。本书的研究可为其他国家探究城市差异化碳达峰提供很好的方法学借鉴。

研究发现，山东省最佳碳排放达峰年为 2028 年，而由于城市发展的不平衡性，使得发展阶段、产业结构和能源消费差异巨大，最终导致其碳排放达峰存在较大的差异性。其中有 8 个城市（滨州、临沂、菏泽、济宁、济南、青岛、日照、泰安）的最佳达峰年份在 2025 年左右，有 5 个城市（威海、东营、枣庄、淄博、德州）的最佳达峰年份在 2028 年左右。此外，聊城和烟台的碳排放达峰较迟，为 2030 年，而潍坊在 2019 年已经达峰。因此，本书建议要充分发挥山东省的统筹管控作用，大力推进以省会、胶东和鲁南三大经济圈建设为代表的城市协同发展战略。此外，还应加强与相邻省份间的协同发展，如促进省会经济圈与京津冀协同发展，以加强德州、滨州和东营能源结构调整和产业结构升级，同时引导人口和就业优化聚集。通过以上区域协同发展措施，进一步优化资源要素的合理分配，降低部分城市碳减排的难度，实现山东省整体碳排放的早日达峰。另外，山东省应统筹把控和引导整体的碳达峰行动，搭建区域碳减排信息共享平台，进一步促进减排技术的推广、产业结构的升级和能源结构的优化，支持部分城市率先达峰，制定城市层面差异化的碳达峰时间表和路线图。

本书的研究为开展城市间和区域间碳减排协同机制研究提供了前期的方法学支撑，将不同城市碳减排目标聚类分析及城市之间协同碳减排作为未来的研究方向。

参考文献

[1]Chen, J. An Empirical Study on China's Energy Supply-and-Demand Model Considering Carbon Emission Peak Constraints in 2030[J]. Engineering, 2017, 3(4), 512-517.

[2] Wang, Q., Li, S., Li, R., et al. Underestimated Impact of the COVID-19 on Carbon Emission Reduction in Developing Countries-A Novel Assessment Based on Scenario Analysis[J]. Environmental Research, 2022, 204:111990.

[3]WRI. The World Resources Institute[EB/OL]. (2018-11-30)[2021-10-16].https://wri.org.cn/data.

[4]国务院. 中华人民共和国国民经济和社会发展第十四个五年规划和2035年远景目标纲要[EB/OL].(2021-03-13)[2021-07-08]. http://www.gov.cn/xinwen/2021-03/13/content_5592681.htm.

[5]He, W., Liu, D., Wang, C. Are Chinese Provincial Carbon Emissions Allowances Misallocated Over 2000-2017? Evidence from An Extended Gini-coefficient Approach[J]. Sustainable Production and Consumption, 2022, 29: 564-573.

[6]Zhuang, G., Wei, M. Theory and Pathway of City Leadership in Emission Peak and Carbon Neutrality[J]. China Population, Resources and Environment, 2021, 31(09):114-121.

[7]Ciancio, V., Salata, F., Falasca, S., et al. Energy Demands of Buildings in the Framework of Climate Change: an Investigation Across Europe[J]. Sustainable Cities and Society, 2020, 60:102213.

[8]Nicolini, G., Antoniella, G., Carotenuto, F., et al. Direct Observations of CO_2 Emission Reductions Due to COVID-19 Lockdown Across European Urban Districts[J]. Science of the Total Environment, 2022, 830:154662.

[9]Cui, X., Zhao, K., Zhou, Z., et al. Examining the Uncertainty of Carbon Emission Changes: A Systematic Approach Based on Peak Simulation and Resilience Assessment[J]. Environmental Impact Assessment Review, 2021, 91:106667.

[10]Yu, X., Wu, Z., Zheng, H., et al. How Urban Agglomeration Improve the Emission Efficiency? A Spatial Econometric Analysis of the Yangtze River Delta Urban Agglomeration in China[J]. Journal of Environmental Management, 2020, 260:110061.

[11]Pan, A., Zhang, W., Shi, X., et al. Climate Policy and Low-Carbon Innovation: Evidence from Low-Carbon City Pilots in China[J]. Energy Economics, 2022, 112:106129.

[12]Wang, B., Zhang, Y., Feng, S. Impact of the Low-Carbon City Pilot Project on China's Land Transfers in High Energy-Consuming Industries[J]. Journal of Cleaner Production, 2022, 363:132491.

[13]Fang, K., Tang, Y., Zhang, Q., et al. Will China Peak Its Energy-Related Carbon Emissions by 2030? Lessons from 30 Chinese Provinces[J]. Applied Energy, 2019, 255:113852.

[14]Sun, Z., Liu, Y., Yu, Y. China's Carbon Emission Peak Pre-2030: Exploring Multi-Scenario Optimal Low-Carbon Behaviors for China's Regions

[J]. Journal of Cleaner Production, 2019, 231:963-979.

[15]Wang, Z., Huang, W., Chen, Z. The Peak of CO_2 Emissions in China: A New Approach Using Survival Models[J]. Energy Economics, 2019, 81:1099-1108.

[16]Yang, S., Cao, D., Lo, K. Analyzing and Optimizing the Impact of Economic Restructuring on Shanghai's Carbon Emissions Using STIRPAT and NSGA-Ⅱ[J]. Sustainable Cities and Society, 2018, 40:44-53.

[17]Wang, M., Wang, P., Wu, L., et al. Criteria for Assessing Carbon Emissions Peaks at Provincial Level in China[J]. Advances in Climate Change Research, 2022, 13(01):131-137.

[18]Zhang, F., Deng, X., Xie, L., et al. China's Energy-Related Carbon Emissions Projections for the Shared Socioeconomic Pathways[J]. Resources Conservation and Recycling, 2021, 168:105456.

[19]Liu, D., Xiao, B. Can China Achieve Its Carbon Emission Peaking? A Scenario Analysis Based on STIRPAT and System Dynamics Model[J]. Ecological Indicators, 2018, 93:647-657.

[20]Song, J., Yang, W., Wang, S., et al. Exploring Potential Pathways towards Fossil Energy-Related GHG Emission Peak Prior to 2030 for China: An Integrated Input-Output Simulation Model[J]. Journal of Cleaner Production, 2018, 178:688-702.

[21]Yu, S., Zheng, S., Li, X., et al. China Can Peak Its Energy-Related Carbon Emissions Before 2025: Evidence from Industry Restructuring[J]. Energy Economics, 2018, 73:91-107.

[22]Mi, Z., Wei, Y.M., Wang, B. et al. Socioeconomic Impact Assessment of China's CO_2 Emissions Peak Prior to 2030[J]. Journal of Cleaner Production, 2017, 142:2227.

[23]Su, K., Lee, C.M. When Will China Achieve Its Carbon Emission Peak? A Scenario Analysis Based on Optimal Control and the STIRPAT Model [J]. Ecological Indicators, 2020, 112:106138.

[24]Xu, G., Schwarz, P., Yang, H. Adjusting Energy Consumption Structure to Achieve China's CO_2 Emissions Peak[J]. Renewable Sustainable Energy Review, 2020, 122:109737.

[25]Elzen, M., Fekete, H., Höhne, N., et al. Greenhouse Gas Emissions from Current and Enhanced Policies of China until 2030: Can Emissions Peak

before 2030? [J]. Energy Policy, 2016, 89:224-236.

[26]Yuan, J., Xu, Y., Hu, Z., et al. Peak Energy Consumption and CO_2 Emissions in China[J]. Energy Policy, 2014, 68:508-523.

[27]Zhang, X., Karplus, V.J., Qi, T., et al. Carbon Emissions in China: How Far Can New Efforts Bend the Curve? [J]. Energy Economics, 2016, 54:388-395.

[28]Li, F., Xu, Z., Ma, H. Can China Achieve Its CO_2 Emissions Peak by 2030? [J]. Ecological Indicators, 2018, 84:337-344.

[29]Wang, Y., Zhao, T. Impacts of Urbanization-Rel ated Factors on CO_2 Emissions: Evidence from China's Three Regions with Varied Urbanization Levels [J]. Atmospheric Pollution Research, 2018, 9(01):15-26.

[30]Chang, K., Du, Z., Chen, G., et al. Panel Estimation for the Impact Factors on Carbon Dioxide Emissions: A New Regional Classification Perspective in China[J]. Journal of Cleaner Production, 2021, 279:123637.

[31]Wang, Y., Zhao, T. Impacts of Energy-Related CO_2 Emissions: Evidence from under Developed, Developing and Highly Developed Regions in China[J]. Ecological Indicators, 2014, 50:186-195.

[32]Wang, S., Mo, H., Fang, C. Carbon Emissions Dynamic Simulation and Its Peak of Cities in the Pearl River Delta Urban Agglomeration[J]. Chinese Science Bulletin, 2021, 67(07):670-684.

[33]Wang, P., Wu, W., Zhu, B., et al. Examining the Impact Factors of Energy-Related CO_2 Emissions Using the STIRPAT Model in Guangdong Province, China[J]. Applied Energy, 2013, 106:65-71.

[34]Wang, C., Wang, F., Zhang, X., et al. Examining the Driving Factors of Energy Related Carbon Emissions Using the Extended STIRPAT Model Based on IPAT Identity in Xinjiang[J]. Renewable Sustainable Energy Review, 2017, 67:51-61.

[35]Yeh, J., Liao, C. Impact of Population and Economic Growth on Carbon Emissions in Taiwan Using An Analytic Tool STIRPAT [J]. Sustainable Environment Research, 2017, 27(01):41-48.

[36]Zhang, X., Chen, Y., Jiang, P., et al. Sectoral Peak CO_2 Emission Measurements and a Long-Term Alternative CO_2 Mitigation Roadmap: A Case Study of Yunnan, China[J]. Journal of Cleaner Production, 2020, 247:119171.

[37]Liu, Z., Wang, F., Tang, Z., et al. Predictions and Driving Factors

of Production-Based CO_2 Emissions in Beijing, China[J]. Sustainable Cities and Society, 2020, 53:101909.

[38]Zhou, N., Price, L., Yande, D., et al. A Roadmap for China to Peak Carbon Dioxide Emissions and Achieve a 20% Share of Non-Fossil Fuels in Primary Energy by 2030[J]. Applied Energy, 2019, 239:793-819.

[39]Huo T., Xu L., Feng W., et al. Dynamic Scenario Simulations of Carbon Emission Peak in China's City-Scale Urban Residential Building Sector through 2050[J]. Energy Policy, 2021, 159:112612.

[40]Zhao, L., Zhao, T., Yuan, R. Scenario Simulations for the Peak of Provincial Household CO_2 Emissions in China Based on the STIRPAT Model [J]. Science of the Total Environment, 2022, 809:151098.

[41]Huo T., Ma Y., Xu L., et al. Carbon Emissions in China's Urban Residential Building Sector through 2060: A Dynamic Scenario Simulation[J]. Energy, 2022, 254:124395.

[42]Huo T., Ma Y., Cai W., et al. Will the Urbanization Process Influence the Peak of Carbon Emissions in the Building Sector? A Dynamic Scenario Simulation[J]. Energy Buildings, 2020, 232:110590.

[43]Zhang S., Zhao T. Identifying Major Influencing Factors of CO_2 Emissions in China: Regional Disparities Analysis Based on STIRPAT Model from 1996 to 2015[J]. Atmospheric Environment, 2018, 207:136-147.

[44]Sun, L.L., Cui, H.J., Ge, Q.S. Will China Achieve Its 2060 Carbon Neutral Commitment from the Provincial Perspective? [J]. Advances in Climate Change Research, 2022, 13(02):169-178.

[45]Zhou, Y., Yang, Y., Xia, S. A Novel Geographic Evolution Tree Based on Econometrics for Analyzing Regional Differences in Determinants of Chinese CO_2 Emission Intensity[J]. Journal of Environmental Management, 2022, 305:114402.

[46]Wu, C.B., Huang, G.H., Xin, B.G., et al. Scenario Analysis of Carbon Emissions' Anti-Driving Effect on Qingdao's Energy Structure Adjustment with an Optimization Model, Part Ⅰ: Carbon Emissions Peak Value Prediction [J]. Journal of Cleaner Production, 2018, 172:466-474.

[47]Huang, J., Li, X., Wang, Y., et al. The Effect of Energy Patents on China's Carbon Emissions: Evidence from the STIRPAT Model [J]. Technological Forecasting and Social Change, 2021, 173:121110.

[48]Ehrlich, P.R., Holdren, J.P. Impact of Population Growth[J].

Obstetrical and Gynecological Survey，1971，26:769-771.

［49］Shahbaz，M.，Chaudhary，A.R.，Ozturk，I. Does Urbanization Cause Increasing Energy Demand in Pakistan? Empirical Evidence from STIRPAT Model ［J］. Energy，2017，122:83-93.

［50］Yang，L.，Xia，H.，Zhang，X.，et al. What Matters for Carbon Emissions in Regional Sectors? A China Study of Extended STIRPAT Model ［J］. Journal of Cleaner Production，2018，180:595-602.

［51］Li，Z.，Deng，X.，Peng，L. Uncovering Trajectories and Impact Factors of CO_2 Emissions：A Sectoral and Spatially Disaggregated Revisit in Beijing［J］. Technological Forecasting and Social Change，2020，158:120124.

［52］山东省统计局. 山东统计年鉴［EB/OL］.（2010-06-30）［2021-11-20］. http://tjj.shandong.gov.cn/col/col6279/index.html.

［53］CEADs（Carbon Emission Accounts and Datasets）. Carbon Emission Accounts and Datasets［EB/OL］.（2021-06-30）［2021-11-20］. https://www.ceads.net.cn/.

［54］UCLTCILCC. US-China Long-Term Cooperation Initiative on Low Carbon Cities［EB/OL］.（2017-06-30）［2021-11-08］. http://www.weifang.gov.cn/162/55341/5150819.html.

［55］Zhang，S.，Li，M.，Wang，C.，et al. Carbon Emission Trend Analysis of China's Provinces and Their Differented Peak Strategy Design［J］. China Population，Resources and Environment，2021，31(09):45-54.

第 8 章　碳达峰路径之跨省域碳足迹路径研究

黄河发源于青藏高原，分别流经青海、四川、甘肃、宁夏、内蒙古、陕西、山西、河南及山东 9 个省份。黄河是中国重要的生态安全屏障，也是人口活动和经济发展的重要区域。沿黄九省份的总面积为 307.07 万平方千米，占全国国土面积的 32％。2020 年流域的 GDP 为 247408 亿元，占全国 GDP 的 25％。但黄河流域的人均 GDP 从 2007 年开始一直低于全国平均水平（见图 8-1），且 2011 年以来差距逐渐增大。此外，九省份的发展水平存在明显差距，上游省份经济比较落后，下游省份经济比较发达，山东、河南两省的 GDP 超过流域总量的一半。

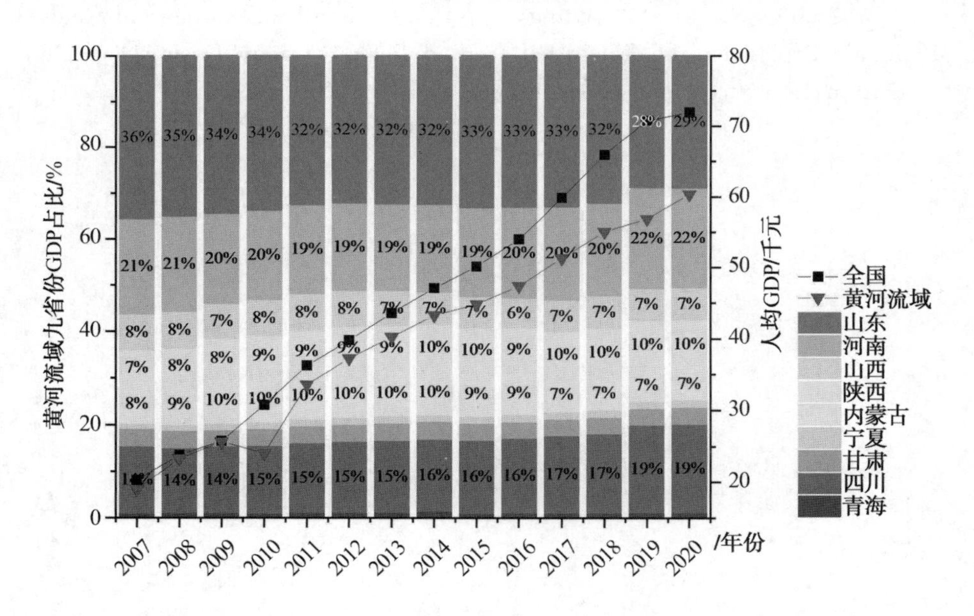

图 8-1　2007～2020 年沿黄九省份 GDP 占比和人均 GDP 对比

2019 年 9 月，中国政府提出了黄河流域生态保护和高质量发展战略，将沿

黄省份作为一个整体区域对未来的发展进行布局。在中国2030年前实现碳排放达峰、2060年前实现碳中和的整体目标下，黄河流域要实现低碳发展，首先需要确定区域内各省份碳排放现状及省域间的碳排放转移。通过核算沿黄九省份的碳足迹，识别各省份碳排放的重点部门，有针对性地制定减排政策，同时明确沿黄各省份之间的碳排放转移网络，为区域碳减排协同治理提供理论依据。

在本书的研究中，我们核算了黄河流域九省份的碳足迹，确定各省份碳足迹的部门构成，并明确部门间的隐含碳排放转移；建立了区域内省际三大产业部门之间的隐性碳排放转移网络，并确定其中的重点产业。

本书利用投入产出分析核算了中国黄河流域九省份的碳足迹，包括12个部门的完全碳排放量，同时利用MRIO模型构建了沿黄九省份及各省份三大产业间碳排放转移网络，并使用社交网络分析识别出其中的关键产业。通过对各省份及省份内各产业碳足迹的核算，定量分析各产业部门间隐含碳排放转移关系，这对提高各省份产业部门能源利用效率，减少隐含碳排放，加快产业结构优化进程具有重要意义。

本研究的贡献如下：第一，用投入产出模型和多区域投入产出模型计算了黄河流域九省份的碳足迹和隐含碳排放转移。第二，在三大产业层面建立了隐含碳排放转移网络，并利用社会网络分析确定了重点产业部门。

本研究的安排如下：对现有相关文献进行回顾；介绍研究方法及主要的数据来源；展示结果，并针对结果进行讨论；总结。

8.1　国内外研究现状

8.1.1　碳足迹与投入产出模型

近年来，碳足迹研究已经成为学术界关注的热点问题[1]。本书采用由维德曼(Wiedmann)和明克斯(Minx)提出的被广泛承认的碳足迹定义，即对一项活动直接或间接导致的或在产品生命周期中累积的二氧化碳排放总量的衡量[2]。碳足迹的研究方法主要有生命周期评价（LCA）及投入产出分析法（IOA）[2]。生命周期评价法更适用于在微观层面上对单个产品或过程进行分析。达尔高(Dalgaard)等人利用4种不同的生命周期评价模型核算丹麦及瑞典牛奶的碳足迹，建立特定模型可以在不同评价标准间切换而不需要额外输入数据[3]。比菲克(Beeftink)等人通过LCA核算了5种不同软化水方法对碳足迹减少的贡献[4]。

投入产出分析法主要应用于部门或地区的碳足迹核算。朱(Zhu)等人通过

IO 核算了中国建筑部门 2015 年的隐含碳排放量[5]。孙(Sun)等人发现 IOA 是一种计算旅游业碳足迹的有效方法,可以计算旅游业的部门级碳排放量,同时将碳账户与可持续发展目标的进展联系起来,并记录可持续发展与气候议程之间的相互联系[6]。徐(Xu)等人利用投入产出分析得到中国 2007 年、2012 年、2017 年各部门的碳排放量及部门间的隐含碳排放流动[7]。陈(Chen)和张(Zhang)将 2007 年中国 CO_2、CH_4、N_2O 排放清单与投入产出模型相结合,揭示了中国最终消费以及国际贸易中污染物排放情况[8]。龙(Long)等人试图通过 IOA 测量日本东京大都市家庭的碳足迹,每户家庭的碳足迹估计为 0.76 t 碳,东京的总边际碳排放估计高达 0.56 t 碳[9]。蔡(Cai)等人基于投入产出分析研究了 2009～2016 年中国出口碳足迹的变化趋势,进一步明确了中国的碳减排责任[10]。于(Yu)等人核算了 2007～2017 年中国 42 个行业的碳足迹。结果表明,虽然中国碳足迹增速放缓,但总足迹仍在增加,第三产业已成为碳足迹的关键节点网络[11]。

学者们经常将投入产出模型与其他方法结合起来,对碳足迹相关问题进行研究,其中结构分解分析、社会网络分析是使用较多的方法学。通过与结构分解分析技术结合,可以对碳排放的驱动因素、变化原因进行分析,从多角度对驱动因素进行评价,识别其中的关键因素[12-14]。SNA 是应用图论和线性代数来说明网络结构的一种方法,通过分析参与者的位置或角色以及网络中的关系来定义系统[15]。目前,SNA 主要被应用于文献分析[16]、建设项目管理研究[17]、地理空间结构研究[18]等研究领域。

同时,能源及环境领域也开始应用 SNA 方法。卜(Bu)等人使用 SNA 揭示了中国省际天然气消费的网络特征和空间格局[19]。在碳排放研究领域,SNA 方法的应用也逐渐增多,尤其是将 IO 与 SNA 相结合。吴(Wu)等人通过在投入产出框架下将生命周期评价和 SNA 相结合,构建了中国跨部门嵌入式碳流网络[20]。吕(Lv)等人结合 MRIO 和 SNA 方法,估算了中国 2002～2012 年省域间的隐含碳转移量[21]。刘(Liu)和肖(Xiao)将改进的引力模型与 SNA 相结合,构建了中国 2004～2017 年省级工业碳排放空间关联网络[22]。李(Li)等人在 IO 的基础上,利用 SNA 比较了中国、日本两国产业结构调整对碳排放的影响[23]。

除了上述提到的方法外,也有很多研究在 IO 的基础上建立数学模型进行情景模拟,常用的数学模型有数学规划[24-26]、多元回归[27]等。

8.1.2 隐含碳排放转移与多区域投入产出模型

作为由生态足迹衍生而来的概念[28],碳足迹被越来越多地应用于各种研究,从家庭[29,30]、行业[31]、区域[32,33]至国家[34,35]层面。在跨区域的碳足迹研究方面, MRIO 模型是一个被广泛认可的有效工具。MRIO 由切纳里

(Chenery)[36]及摩西(Moses)[37]在跨区域投入产出模型（IRIO)[38]的基础上简化而来。与 IRIO 相比,MRIO 的数据相对易于获取,因此该方法的使用更为广泛[39]。

MRIO 模型已被广泛应用于计算区域间贸易的碳排放转移。库库克瓦尔(Kucukvar)和萨马迪(Samadi)[40]使用全球 MRIO 模型计算了来自欧盟 27 国和土耳其食品制造业的隐含碳排放转移,发现上游供应链承担了 90%以上的碳排放,而直接排放和食品制造供应链的前三层约占总碳排放量的 80%。费尔南德斯·阿马多尔(FernándezAmador)等人编制了 1997～2011 年包括 78 个区域和 55 个部门在内的 MRIO 表,并在此基础上生成了基于最终产量和最终消费量的碳排放清单[41]。香川真司(Kagawa)等人通过建立 MRIO 框架,模拟与特定国家特定行业的最终需求和产品相关的经济交易,识别了全球供应链网络中碳排放量最大的产业集群[42]。林(Lin)等人建立了以北京为中心的全球多区域投入产出模型,核算了 2010 年北京市基于消费的碳足迹总量为 338.26 Mt CO_2-eq,其中净进口排放量为 160.03 Mt CO_2-eq,制造业、服务业和建筑业是主要的贡献部门[43]。谢(Xie)等人将中国划分为 8 个区域,利用 IO 及 MRIO 模型计算出各区域的碳足迹及隐含碳流量,并从中识别出了碳排放总量最大的部门及地区[44]。刘(Liu)等人使用多区域投入产出模型分别核算了中国国内最终消费品(基于消费的排放)和出口商品(基于出口的排放)所隐含的碳排放[45]。陈(Chen)等人研究了澳大利亚两个主要大都市墨尔本和悉尼的碳足迹和部门之间的碳排放转移,使用了多尺度、多区域的投入产出模型,其中嵌套区域位于城市、州、国家和世界水平[46]。阿里(Ali)等人基于 MRIO 模型计算了意大利国际贸易中的隐含碳排放转移,结果表明与意大利进口相关的碳排放高于与意大利出口相关的碳排放[47]。

8.2　方法学体系构建

8.2.1　投入产出模型

本书应用投入产出模型对黄河九省份的碳足迹进行核算。

首先,引入直接消耗系数:

$$a_{ij}=\frac{x_{ij}}{X_j}\ ,(i,j=1,2,\cdots,n) \tag{8-1}$$

其中,x_{ij}表示各部门间产品的流量,即 j 产品部门生产经营活动中直接消耗 i 产品部门的货物或服务的价值量, X_j表示 j 部门的总投入。

其次，根据价值型投入产出表，建立行平衡模型：

$$\boldsymbol{AX}+\boldsymbol{Y}=\boldsymbol{X} \tag{8-2}$$

即

$$\boldsymbol{X}=(\boldsymbol{I}-\boldsymbol{A})^{-1}\boldsymbol{Y} \tag{8-3}$$

其中，$\boldsymbol{A}$ 表示直接消耗系数矩阵 $(a_{ij})_{n\times n}$，$\boldsymbol{X}=\begin{bmatrix}X_1\\X_2\\\cdots\\X_n\end{bmatrix}$，$\boldsymbol{Y}=\begin{bmatrix}Y_1\\Y_2\\\cdots\\Y_n\end{bmatrix}$ 分别表示总产出及最终使用量，$(\boldsymbol{I}-\boldsymbol{A})^{-1}$ 为列昂惕夫逆矩阵。

8.2.2 去竞争化

中国国家统计局发布的2017年各地区投入产出表均为竞争型价值表，需要通过去竞争化将竞争型投入产出表转化为非竞争型投入产出表。原因主要有以下两点：首先，竞争型地区投入产出表的直接消耗系数包括本地生产产品、省外流入产品、进口产品的直接消耗系数，不能体现出本地各部门在中间使用过程中对本地产品的真实消耗需求。其次，竞争型地区投入产出表将全部的省外流入量与进口量仅作为外部变量，列入第二象限的最终使用列，这将无法区别本地产品、省外流入产品与进口各自分别对碳排放的影响。因此，使用竞争型地区投入产出模型进行碳足迹分析提出政策建议时会造成估计结果与实际有较大偏差。通过按比例分配的方法对省外流入产品和进口进行拆分，去除省外流入与进口对本地碳排放的影响，将竞争型地区投入产出表转化为非竞争型地区投入产出表[48,49]。

$$y_i^m=\frac{y_i}{y_i+\sum_{j=1}^{n}x_{ij}}im_i \tag{8-4}$$

$$\sum_{j=1}^{n}x_{ij}^m=im_i-y_i^m \tag{8-5}$$

$$x_{ij}^m=\sum_{j=1}^{n}x_{ij}^m\cdot\frac{x_{ij}}{\sum_{j=1}^{n}x_{ij}} \tag{8-6}$$

其中，y_i^m 表示 i 行业最终使用合计中的进口量，y_i 表示 i 行业最终使用量，$\sum_{j=1}^{n}x_{ij}^m$ 表示 i 行业中间使用量中的进口量，im_i 表示 i 行业进口量，x_{ij}^m 表示 j 部门生产过程中所消耗 i 部门产品量中的进口量，x_{ij} 表示 j 部门生产过程中所消耗 i 部门的产品量，$\sum_{j=1}^{n}x_{ij}$ 表示 i 行业中间使用量。

$$y_i^f = \frac{y_i}{y_i + \sum_{j=1}^{n} x_{ij}} if_i \tag{8-7}$$

$$\sum_{j=1}^{n} x_{ij}^f = if_i - y_i^f \tag{8-8}$$

$$x_{ij}^f = \sum_{j=1}^{n} x_{ij}^f \cdot \frac{x_{ij}}{\sum_{j=1}^{n} x_{ij}} \tag{8-9}$$

其中，y_i^f 表示 i 行业最终使用合计中的省外调入量，$\sum_{j=1}^{n} x_{ij}^f$ 表示 i 行业中间使用量中的省外调入量，if_i 表示 i 行业省外调入量，x_{ij}^f 表示 j 部门生产过程中所消耗 i 部门产品量中的省外调入量。

$$y_i^d = y_i - y_i^m - y_i^f \tag{8-10}$$

$$x_{ij}^d = x_{ij} - x_{ij}^m - x_{ij}^f \tag{8-11}$$

其中，y_i^d 表示 i 行业本省的实际最终使用量，x_{ij}^d 表示 j 部门生产过程中所消耗本省 i 部门产品量。

8.2.3　碳足迹核算

通过投入产出模型计算各省碳足迹，首先需要明确各省的直接二氧化碳排放总量。根据 IPCC 排放因子法[50]，二氧化碳直接排放总量可由各省能源消耗数据得到。

$$P_R = \sum_{r=1}^{z} E_R^r \times NCV_R^r \times CEF_R^r \times COF_R^r \times 44 \div 12 \tag{8-12}$$

其中，P_R代表 R 省的直接二氧化碳排放总量，z 代表能源种类数量，E_R^r、NCV_R^r、CEF_R^r、COF_R^r 分别代表 R 省 r 能源品种的消耗量、平均净热值、平均碳化率和碳氧化率。所需的单位热值含碳量与碳氧化率来自《省级温室气体清单编制指南》[51]，平均低位发热量来自《综合能耗计算通则》，标煤的二氧化碳排放因子值为国家发展和改革委员会能源研究所推荐值。

求得直接排放量后，通过直接排放系数与投入产出表的列昂惕夫逆矩阵$(\boldsymbol{I}-\boldsymbol{A}^d)^{-1}$结合，求得 R 省各行业完全二氧化碳排放系数，与去竞争化后的最终使用量 Y^d 相乘，可得 R 省各行业碳足迹。

$$e_i = \frac{P_i}{x_i}, \boldsymbol{E} = (e_i) \tag{8-13}$$

$$C = \boldsymbol{E}(\boldsymbol{I} - \boldsymbol{A}^d)^{-1} Y^d \tag{8-14}$$

其中，e_i、P_i、x_i 分别为直接二氧化碳排放系数、直接二氧化碳排放量及总产出；$\boldsymbol{E}$ 代表直接碳排放系数矩阵；C 为碳足迹。

8.2.4 碳排放转移核算

利用区域间投入产出模型计算省域间碳排放转移，需要将其与碳排放数据相结合。

$$\boldsymbol{L}^{RS}=\boldsymbol{E}^{RS}(\boldsymbol{I}-\boldsymbol{A}^{RS})^{-1} \tag{8-15}$$

$$\boldsymbol{E}^{RS}=\begin{bmatrix}\boldsymbol{E}^{R_1} & \cdots & 0\\ \vdots & \ddots & \vdots\\ 0 & \cdots & \boldsymbol{E}^{R_9}\end{bmatrix} \tag{8-16}$$

其中，$\boldsymbol{L}^{RS}$ 为区域间完全碳排放系数矩阵，代表单位最终产品中包括的直接与间接碳排放，每一个 $\boldsymbol{E}^{R}$ 都是一个 30×30 的对角矩阵，其对角线上的元素 $\boldsymbol{E}^{R_i}$ 表示 R 省 i 行业的直接碳排放系数，$(\boldsymbol{I}-\boldsymbol{A}^{RS})^{-1}$ 表示区域间投入产出表的列昂惕夫逆矩阵。

用 $\boldsymbol{L}^{RS}$ 乘去竞争化后的区域最终使用矩阵 $\boldsymbol{Y}^{RS}$，即可得到区域间碳排放转移矩阵 $\boldsymbol{T}^{RS}$：

$$\boldsymbol{T}^{RS}=\boldsymbol{L}^{RS}\boldsymbol{Y}^{RS} \tag{8-17}$$

8.2.5 社会网络节点特征分析

8.2.5.1 度数中心度

度数中心度是计算网络中与某节点存在直接联系的节点个数的指标[52]。如果一个产业的度数中心度较大，则表明该产业在此碳排放转移网络中处于中心位置，对其他节点的影响力较强。碳排放网络属于有向网络，度数中心度又分为点入度和点出度。

$$C_{DI}=d_{Ii}=\sum_{j=1}^{n}x_{ji} \tag{8-18}$$

点入度 C_{DI} 表示与该节点存在碳排放联系，并且以该节点为碳排放需求的节点个数，其中 x_{ji} 为节点 j 与节点 i 的有效连接数，n 为总节点数。

$$C_{DO}=d_{oi}=\sum_{j=1}^{n}x_{ij} \tag{8-19}$$

点出度 C_{DO} 代表与该节点存在碳排放联系，并且以该节点为碳排放供给的节点个数，x_{ij} 为节点 i 和节点 j 的有效连接数。

8.2.5.2 接近中心度

接近中心度从距离的角度衡量某节点在网络中的重要性。如果某节点与其

他多个与之存在关联关系的节点的距离均较短，说明该节点在网络中相对重要。在碳排放网络中，如果某节点的接近中心度很高，意味着该节点在与其他节点发生碳排放关联关系的同时产生的距离较短。同理，若某节点的接近中心度较低，表明该节点需要经历很远的距离才能与其他节点发生关联关系。接近中心度的计算公式为：

$$C_{ci}=\frac{n-1}{\sum_{j=1}^{n}d(i,j)} \tag{8-20}$$

其中，$d(i,j)$为从节点 i 到节点 j 的最短距离。

8.2.5.3　中间中心度

中间中心度衡量某节点在网络中的连接作用。节点的中间中心度越高，说明该节点的连接作用越强[53]。在碳排放网络中，某节点的中间中心度越高，意味着其他两个产业碳排放关联关系时，该产业在中间充当“桥梁”的作用越大，也代表该产业在整个网络中的位置相对重要。中间中心度的计算公式为：

$$C_{Bi}=\frac{\sum_{j<k}g_{jk}(i)/g_{jk}}{(n-1)(n-2)/2} \tag{8-21}$$

其中，g_{jk}表示 j、k 两节点间发生碳排放关联关系时产生的最短路径数目，$g_{jk}(i)$表示 j、k 两节点间发生碳排放关联时部门 i 参与的个数。

8.2.6　数据来源

各省份碳足迹计算过程中使用的能耗数据来自各省份发布的 2018 年统计年鉴，投入产出表来自中国国家统计局出版的《中国地区投入产出表：2017》[54]。省域间碳排放转移计算所使用的区域间投入产出数据来自 CEADS 数据库发布的 2017 年中国 31 省份 42 部门区域间投入产出表[55]。

由于各省能源消耗量数据统计口径与投入产出表存在差异，本书将 42 部门投入产出表合并为 30 部门投入产出表进行相关计算。为了方便研究，在后续分析中将计算结果合并为 12 部门及三大产业部门。

8.3　结果与讨论

8.3.1　碳足迹分析及对比

2017 年黄河流域九省份碳足迹总量为 3.822 Gt，其中碳足迹总量最高的省份为山东，碳足迹总量为0.845 Gt；其次是陕西，碳足迹总量为0.827 Gt；最低的省份是青海，碳足迹总量为84 Mt，仅为碳足迹总量最高省份的十分之一。在区域分布上，基本呈现上游省份低、下游省份高，由发源地向入海口递增的趋势。

黄河流域的碳足迹强度为1.73 t/万元。在九省份中，宁夏的碳足迹强度最高，为4.41 t/万元。虽然该省碳足迹总量不高，但是经济发展程度较低，生产总值低，导致碳足迹强度高。其次是陕西，其碳足迹强度为3.78 t/万元。与宁夏不同的是，该省碳足迹强度高的原因是碳足迹总量较高。在区域分布上，黄河中游省份碳足迹强度较高，上、下游较低。

黄河流域的人均碳足迹为8.86 t/人，青海、宁夏、内蒙古、陕西、山西5省份的人均碳足迹高于黄河流域平均水平，其中宁夏仍是最高的省份，人均碳足迹为22.37 t/人；四川、甘肃、河南、山东4省份的人均碳足迹低于黄河流域平均水平，四川人均碳足迹最低，为4.78 t/人。在区域分布上，呈现黄河中游省份人均碳足迹较高，上、下游较低的状态。通过与吕(Lv)等人[21]的研究对比发现，2017年黄河流域整体人均碳足迹比2012年降低了2.71 t/人。其中，内蒙古、山西、甘肃的下降比例超过40%。然而，青海、宁夏、陕西3省份的人均碳足迹却呈现了上升的趋势，尤其是青海，人均碳足迹上升了6.71 t/人。黄河流域对碳排放的控制已经有了一定的成果，未来黄河流域碳减排仍需要从山东、宁夏、陕西、青海等碳足迹总量、强度、人均较高的省份寻找突破口。

8.3.2 产业部门碳足迹分析

如图8-2所示，黄河流域九省份在各省份的碳足迹产业构成方面有一些共同点。S5、S9、S12三个部门的碳足迹在各省份的占比较大，最高可达42.4%、47.7%、14.7%。S5的完全碳排放系数较高，导致完全碳排放系数较高的原因是该部门属于典型的高能耗、低产值部门；S9完全碳排放系数并不高，碳足迹高的原因是该部门的最终需求高；虽然S12完全消耗系数低，但是在各省份最终需求中，其他服务业占比较高。

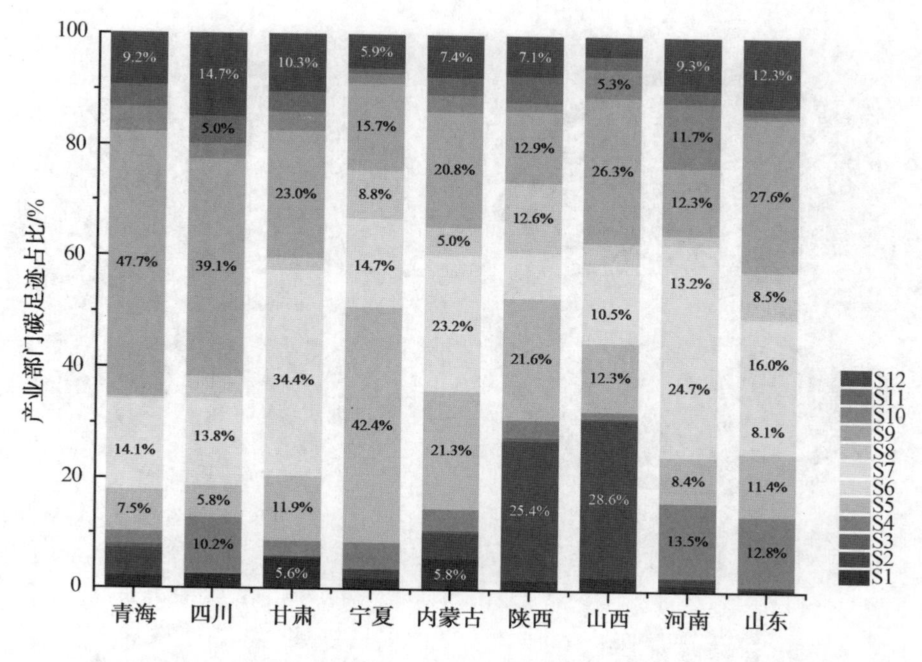

图 8-2　黄河九省份碳足迹产业构成

除上述共同点外，黄河流域九省份碳足迹的部门构成也具有各自的特点。山西和陕西的碳足迹构成中，S2 的碳足迹占比远高于其他 7 个省份，主要原因是山西和陕西均属于中国化石能源丰富的省份，S2 的最终需求占比在两省较高。从碳足迹的具体数值分析可知，山西煤炭采选部门的最终需求约为陕西的 4 倍，但山西煤炭采选碳足迹仅为陕西的 60.19%，主要原因是陕西煤炭采选部门的完全碳排放系数过高，同时导致该省的碳足迹过高。陕西 S8 碳足迹占比为 12.6%，高于其他省份，其中的主要原因是陕西电力、热力供应部门的完全碳排放系数约是其他省份的 10 倍，这也是陕西碳足迹总量高的另一个原因。黄河流域碳减排需要从碳足迹较高的 S5、S6、S9、S12 部门入手，加强节能减排，鼓励使用低碳能源，推进 CCUS 技术应用等。

8.3.3　省域内隐含碳排放转移分析

通过对沿黄九省份省域内产业间隐含碳排放转移（见图 8-3）的分析可以发现，S5、S6、S8 均是碳排放转移输出量较大的部门；陕西、宁夏隐含碳排放调出量最多的部门分别为 S2、S8，其他 7 个省份均为 S6，表明 S2、S6、S8 是控制省域内碳输出的关键部门。

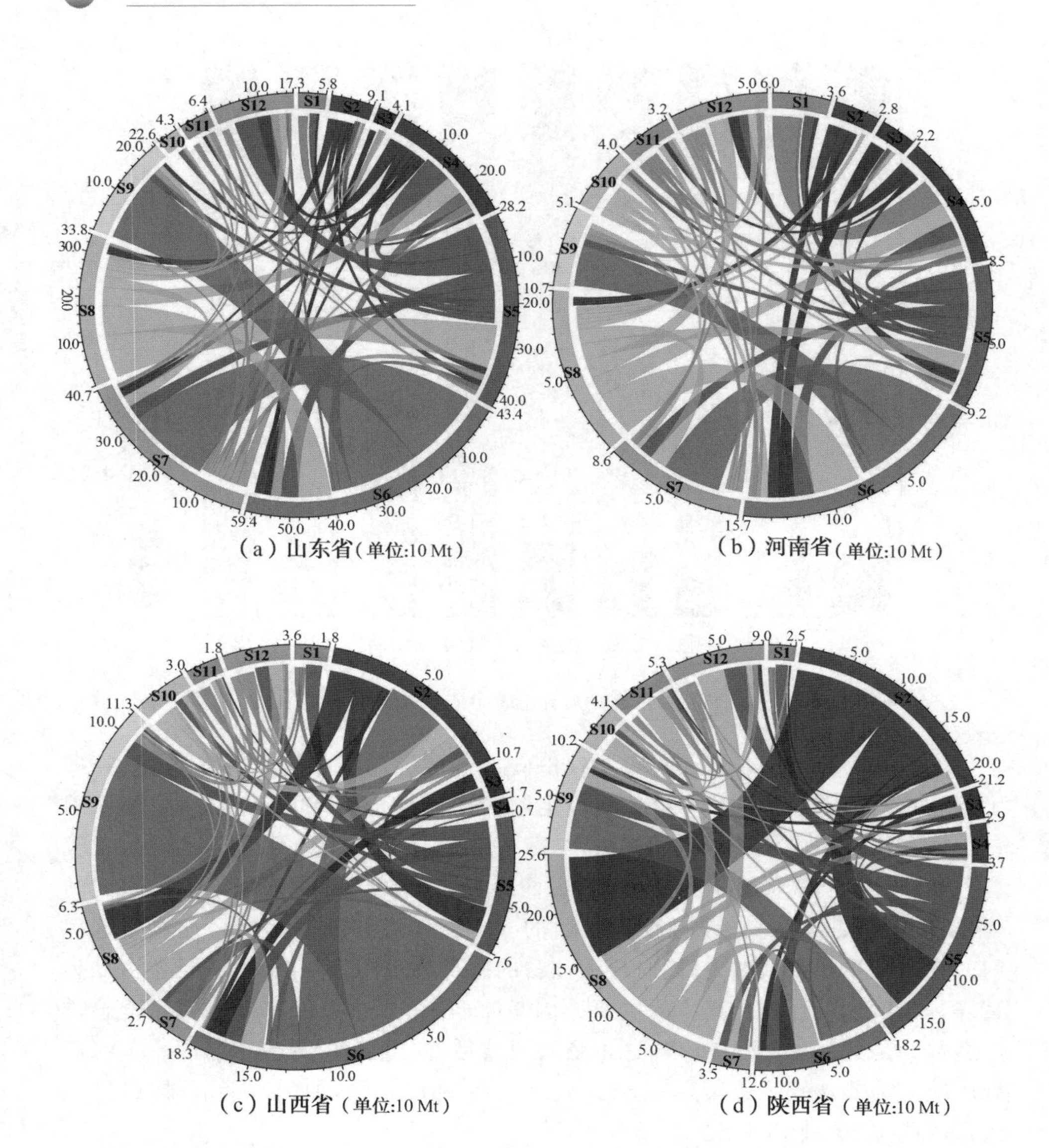

图 8-3 沿黄九省份省域内产业部门间碳排放转移(一)

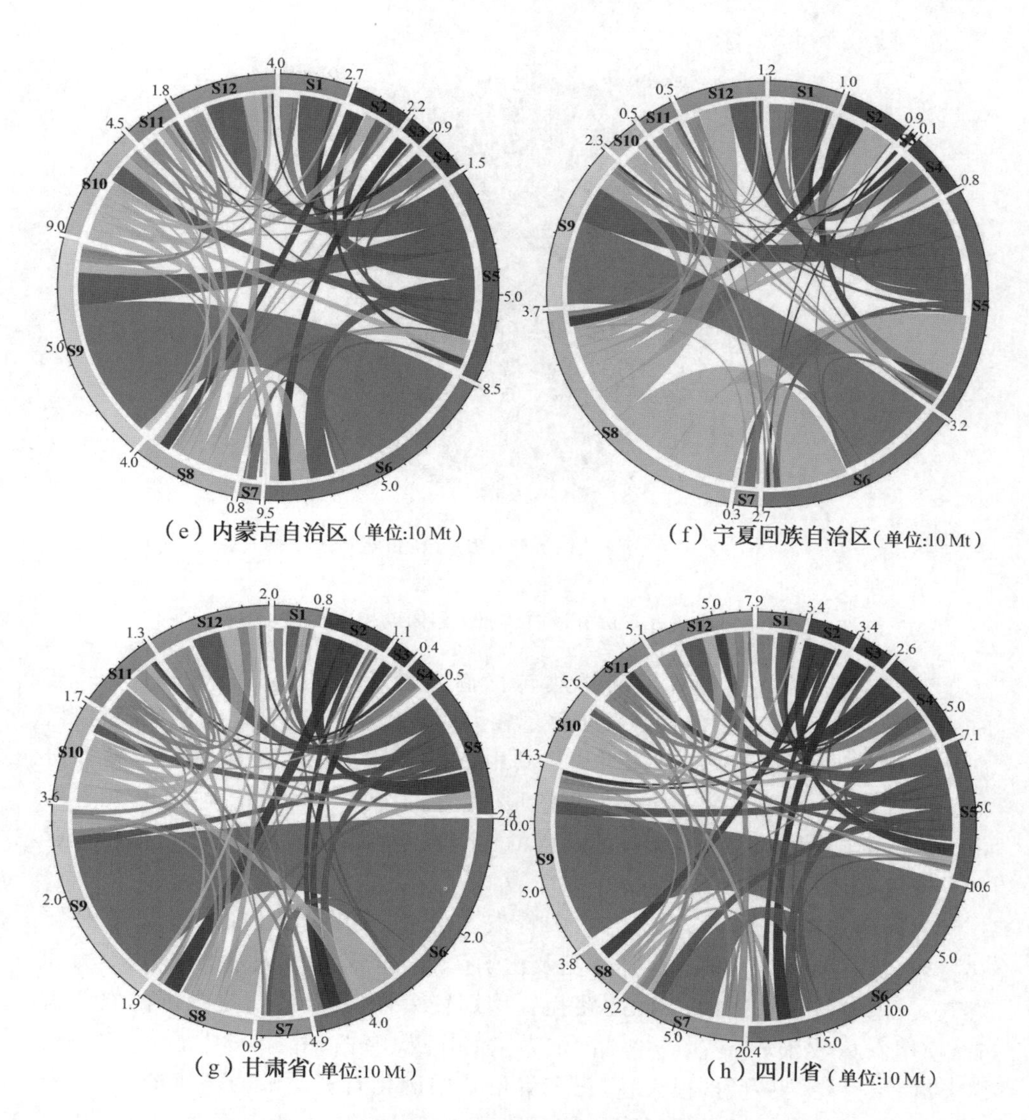

图 8-3　沿黄九省份省域内产业部门间碳排放转移(二)

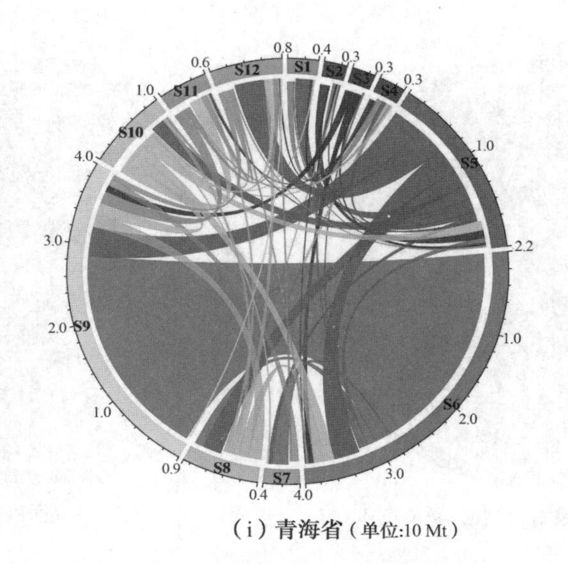

(i) 青海省(单位:10 Mt)

图 8-3　沿黄九省份省域内产业部门间碳排放转移(三)

S5、S6、S9、S12 是各省份碳排放转移输入量较大的部门。S6-S9、S5-S6、S5-S12、S8-S6、S6-S7 是各省份碳转移量较大的 5 条路径,他们之间的原辅材料、产品和副产品的供应关系都很明显。其中,S6-S9 路径的碳排放量位于各省份前三位。目前,中国正处于快速发展阶段,大量的金属制品用于建筑业,九省份中 S6-S9 的碳排放量占 S9 碳排放输入的比例高达 79.04%,这也是导致建筑业碳足迹较高的一个重要原因。

不同省份碳排放转移也有各自的特点。山东、宁夏两省份的 S8-S5 路径转移量较大,石油、炼焦、核燃料加工品及化学产品生产消耗了大量的电力、热力和燃气;河南、四川两省份的 S1-S4 路径转移量较大,这两个省份是中国的农业大省,使用农林牧渔产品生产食品、烟草等;山西、陕西、甘肃三省份的 S2-S5、S2-S8两条路径转移量都很大,这三个省份是中国化石资源较为丰富的省份,开采的原油、天然气等大量用于当地的石油、化学产品、电力、燃气等生产;内蒙古、青海两省份的 S5-S9 路径转移量较大,这是 S9 碳足迹较高的另一个原因。从以上计算结果可以看出,降低各省份隐含碳排放转移输出量较大的产业部门,可以同时降低其他相关联产业部门的碳排放量。例如,针对 S9、S12 的碳减排应从 S5、S6 部门入手。

8.3.4　省域间隐含碳排放转移分析

图 8-4 表明,黄河流域中下游的山东、河南、陕西是隐含碳排放的主要调出

省份，调出量分别为 711.6 kt、763.6 kt、1.3417 Mt。隐含碳排放调出量较多的省份大多是黄河中游资源富集省份，例如陕西，或者是黄河下游经济体量较大的省份，例如山东、河南。河南、陕西同时也是隐含碳排放的主要调入省份，调入量分别为 1.2418 Mt、0.7966 Mt。隐含碳排放调入量、调出量最小的省份均为青海。除宁夏外，主要的调入调出省份都是位于黄河流域中下游的经济较为发达的省份。

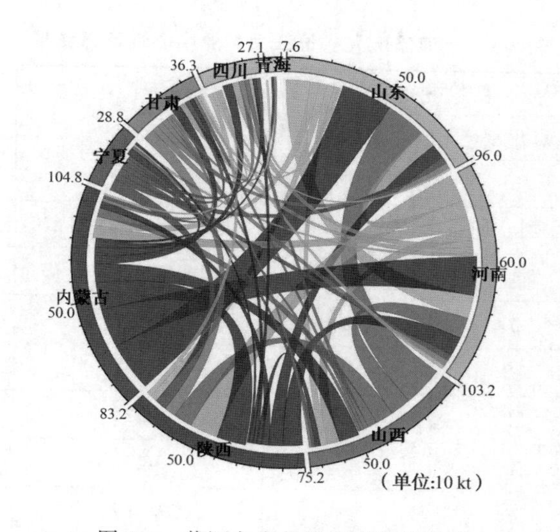

图 8-4　黄河九省份隐含碳排放转移

在隐含碳排放调出量较多的省份中，山东隐含碳排放主要流入河南、陕西，流入量分别为 425.4 kt、158.1 kt；河南隐含碳排放主要流入山西、陕西、内蒙古，流入量分别为 153.1 kt、276.0 kt、140.1 kt；陕西隐含碳排放主要流入山东、河南、宁夏，流入量分别为 286.0 kt、680.5 kt、207.7 kt；内蒙古 50.98%的隐含碳排放流入山西，四川 82.99%的隐含碳排放流入陕西。从区域分布的角度分析可知，隐含碳排放转移主要发生在黄河流域相邻或相近的省份间，例如山东流向河南、陕西流向河南、山东流向陕西。省份间隐含碳排放转移主要发生在黄河下游的省份间，黄河上游的省份例如青海、甘肃与其他省份发生的隐含碳排放转移量极小。通过对黄河流域省域间隐含碳排放转移核算可以看出，优化山东、河南、陕西等隐含碳排放转移量较高的省份的能源消费结构，对于整个流域的碳减排具有关键性作用。

8.3.5　省域产业间碳排放转移分析

为了更好地识别黄河流域省域间碳排放转移的关键产业部门，节点特征分析首先不考虑各省份省内三大产业间的碳排放转移,将其记为0。若某路径两产业间转移量低于总流入和总流出的5%,则认为其影响可以忽略不计,也将其记为0。其他有效路径计为1。F、S、T用于表示第一产业、第二产业及第三产业,F、S、T前的字母是省份名称的缩写,例如:SX表示山西,SHX表示陕西。利用UCINET软件计算的中心性指标计算结果如表8-1所示。根据碳排放转移数据,使用Gephi绘制的碳排放转移网络图如图8-5所示。

表8-1 黄河流域九省份三大产业中心性计算结果

部门	度数中心度		接近中心度	中间中心度
	点出度	点入度		
SDF	5	3	56.52	0.13
SDS	11	4	65.00	1.23
SDT	4	5	57.78	0.41
HNF	5	3	57.78	0.61
HNS	18	17	86.67	16.10
HNT	12	9	72.22	4.61
SXF	4	3	56.52	1.20
SXS	4	13	66.67	1.89
SXT	4	4	56.52	1.22
SHXF	4	6	61.91	3.10
SHXS	23	21	92.86	34.42
SHXT	7	6	60.47	1.81
IMF	3	5	59.09	1.38
IMS	12	11	78.79	6.04
IMT	8	9	63.42	3.25
NXF	6	2	57.78	0.21
NXS	6	8	65.00	0.85
NXT	7	5	60.47	0.11
GSF	4	3	56.52	0.65
GSS	7	11	68.42	5.80
GST	4	3	55.32	0.54

续表

部门	度数中心度		接近中心度	中间中心度
	点出度	点入度		
SCF	4	5	59.09	1.56
SCS	5	8	65.00	0.84
SCT	2	4	55.32	0.08
QHF	4	3	55.32	0.36
QHS	6	6	60.47	0.97
QHT	3	5	59.09	0.80

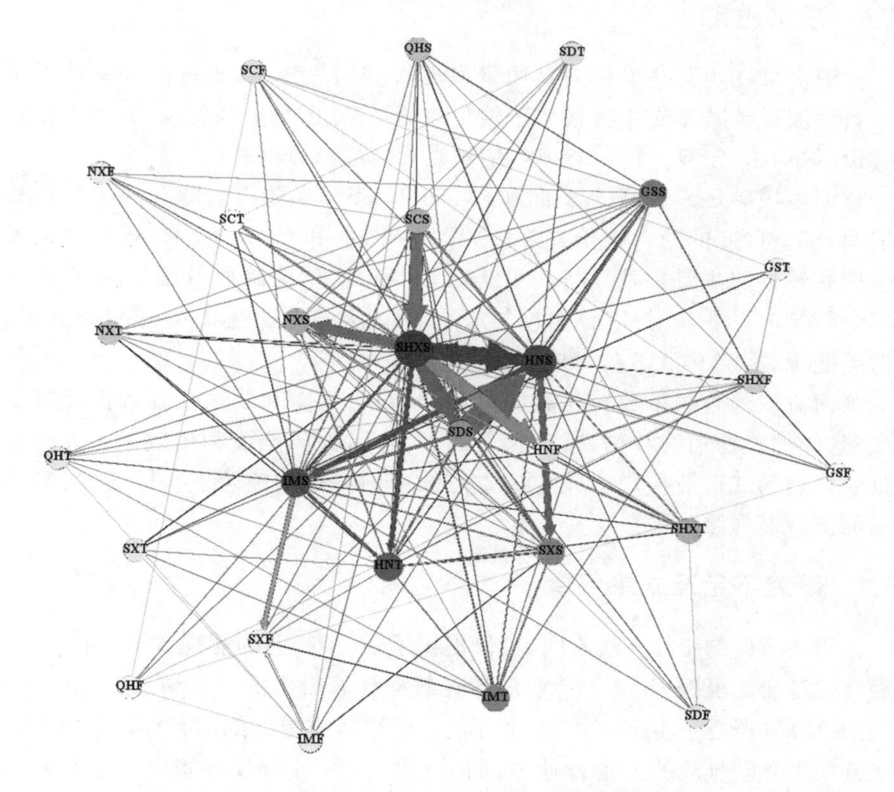

图 8-5　黄河九省份三大产业间碳排放转移网络图

由表 8-1 及图 8-5 分析可得，点入度较高的前五产业为 SHXS、HNS、HNT、IMS、SDS，点出度较高的产业为 SHXS、HNS、SXS、IMS、GSS，说明沿黄区域内这些产业部门对其他产业产生的影响较多，各省点入度、点出度较高的产业均为第二产业。SHXS、HNS、IMS、HNT、GSS 等产业的接近中心度较高,表明这些产业的碳排放的流动不易受到其他产业影响,处于碳排放网络的核心地位;GST、SCT、QHF 等产业具有较低的接近中心度,表明这些产业部门需要经过较长的“距离”才能和其他产业部门产生碳排放关联,且容易被其他产业部门所控制,在网络中处于较为边缘的位置。通过对中间中心度分析可得,SHXS 的中间中心度远高于其他产业,其次是 HNS、IMS、GSS、HNT,表明这些产业部门对其他产业部门碳排放联系的影响能力较强,处于网络的核心地位。若这些产业部门受到冲击,则可能会导致其上、下游产业部门间的碳排放关联中断,导致整个经济出现波动。但从另一方面讲,也可以利用这些产业的控制能力降低其他产业部门的碳排放水平,促进黄河流域整体的碳减排。

8.3.6 政策应用

黄河流域在由高速发展向高质量发展转变的过程中,碳排放控制取得了成效。黄河流域碳减排应主要聚焦于碳足迹总量高、碳足迹强度高、人均碳足迹高的省份,如山东、宁夏、陕西、青海等应重点开展碳减排部署。

黄河流域碳足迹最高的行业为 S5、S6、S9、S12。部门间隐含碳排放转移核算表明,S5 和 S6 的隐含碳排放转移主要流向 S9 和 S12。S5 和 S6 是黄河流域碳排放和转移的主要贡献部门。为提高 S5 和 S6 的能源利用效率,应有效降低其完全碳排放系数,如提高智能控制水平,引入大数据、“互联网+”等新技术,利用低碳能源,推广 CCUS 技术应用。

黄河流域隐含碳排放转移高的省份是山东、河南和陕西。各省份要制定相关政策,优化能源消费结构,减少化石燃料消耗,提高能源利用效率。九省份特别是陕西的第二产业应成为减排的重点。中国可以实施跨省协同减排战略,推动黄河流域高质量发展。

8.3.7 研究不足及未来展望

由于各省份的统计方法不同,且仅提供了 30 个行业的能耗数据,因此碳足迹和隐含碳排放是根据这 30 个行业的能耗数据计算得出的。在结果分析中,30 个部门的核算数据进一步合并到 12 个部门。未来研究更详细的行业以准确识别高碳足迹和隐含碳排放的关键行业方面仍有潜力,并可为政府制定更有针对性的政策提供理论参考。此外,中国各省份的 IO 表每 5 年编制一次。2017 年各省份的 IO 表于 2020 年 5 月发布,是可以应用的最新数据。随着中国 IO 表的不断发布,本研究也可以通过 2017 年前后的对比进行延伸。

8.4　结论

本书使用 IO 和 MRIO 模型来计算省内碳足迹和碳排放转移以及黄河流域九省份间碳排放转移。部门碳足迹构成表明,“石油、焦化、核燃料和化工产品加工制造”(S5)、“建筑业”(S9)和 “其他服务业”(S12)的碳足迹在各省份的比例较高,分别达到 42.4%、47.7%和 14.7%。在 9 个省份的碳排放转移中,“金属加工和金属、非金属制品-建筑业”(S6-S9)、“石油、炼焦、核燃料和化工产品的加工和制造-金属加工和金属、非金属制品”(S5-S6)、“石油、炼焦、核燃料和化工产品的加工和制造-建筑业”(S5-S9)、“电力、蒸汽、燃气及水的生产和供应-金属加工和金属、非金属制品”(S8-S6)和 “金属加工和金属、非金属制品-设备、机械及其他制造业”(S6-S7),是各省份转移量较大的 5 条二氧化碳转移途径。山东、河南和陕西是隐含碳排放调出量最多的省份,分别为 711. 6 kt、763. 6 kt 和 1. 3417 Mt;而河南和陕西则是隐含碳排放调入量最多的省份,分别为 1. 2418 Mt 和 79. 66 kt。陕西的第二产业是其中最关键的产业,其度数中心度、接近中心度和中间中心度都是最高的,这意味着它对其他省份三大产业的碳排放联系具有更决定性的控制作用,处于碳排放转移网络的核心位置。

在 2030 年前实现碳峰值、2060 年前实现碳中和的目标下,黄河流域九省份需要适用的碳减排部署来实现高质量发展。本书的研究为部署黄河流域区域和省级碳减排工作提供了数据支持和理论依据。

参考文献

[1] Shi, S., Yin, J. Global Research on Carbon Footprint: A Scientometric Review[J]. Environmental Impact Assessment Review, 2021, 89(03):106571.

[2] Wiedmann, T., Minx, J. A Definition of “Carbon Footprint”[M]. Durham:Durham Press.2008,

[3]Dalgaard, R., Schmidt, J., Flysjoe, A. Generic Model for Calculating Carbon Footprint of Milk Using Four Different Life Cycle Assessment Modelling Approaches[J]. Journal of Cleaner Production, 2014, 73:146-153.

[4] Beeftink, M., Hofs, B., Kramer, O., et al. Carbon Footprint of Drinking Water Softening As Determined by Life Cycle Assessment [J]. Journal of Cleaner Production, 2021, 278:123925.

[5] Zhu, W., Feng, W., Li, X., et al. Analysis of the Embodied Carbon

Dioxide in the Building Sector: A Case of China[J]. Journal of Cleaner Production, 2020, 269:122438.

[6] Sun, Y. Y., Cadarso, M. A., Driml, S. Tourism Carbon Footprint Inventories: A Review of the Environmentally Extended Input-Output Approach [J]. Annals of Tourism Research, 2020, 82:102928.

[7]Xu, W., Xie, Y., Cai, Y., et al. Environmentally-Extended Input-Output and Ecological Network Analysis for Energy-Water-CO_2 Metabolic System in China[J]. Science of the Total Environment, 2021, 758:143931.

[8]Chen, G.Q., Zhang, B. Greenhouse Gas Emissions in China 2007: Inventory and Input-Output Analysis[J]. Energy Policy, 2010, 38:6180-6193.

[9]Long, Y., Yoshida, Y., Fang, K., et al. City-Level Household Carbon Footprint from Purchaser Point of View by A Modified Input-Output Model [J]. Applied Energy, 2019, 236:379-387.

[10]Cai, H., Qu, S., Wang, M. Changes in China's Carbon Footprint and Driving Factors Based on Newly Constructed Time Series Input-Output Tables from 2009 to 2016[J]. Science of the Total Environment, 2020, 711:134555.

[11]Yu, J., Yang, T., Ding, T., et al. "New Normal" Characteristics Show in China's Energy Footprints and Carbon Footprints[J]. Science of the Total Environment, 2021, 785:147210.

[12]Wang, Y., Zhao, H., Li, L., et al. Carbon Dioxide Emission Drivers for A Typical Metropolis Using Input-Output Structural Decomposition Analysis[J]. Energy Policy, 2013, 58:312-318.

[13]Wei, J., Huang, K., Yang, S., et al. Driving Forces Analysis of Energy-Related Carbon Dioxide (CO_2) Emissions in Beijing: An Input-Output Structural Decomposition Analysis[J]. Journal of Cleaner Production, 2017, 163:58-68.

[14]Pompermayer Sesso, P., Amâncio-Vieira, S.F., Zapparoli, I.D., et al. Structural Decomposition of Variations of Carbon Dioxide Emissions for the United States, the European Union and BRIC [J]. Journal of Cleaner Production, 2020, 252:119761.

[15]Zaw, T.N., Lim, S. The Military's Role in Disaster Management and Response During the 2015 Myanmar Floods: A Social Network Approach[J]. International Journal of Disaster Risk Reduction, 2017, 25:1-21.

[16]Yin, C., Gu, H., Zhang, S. Measuring Technological Collaborations

on Carbon Capture and Storage Based on Patents: A Social Network Analysis Approach[J]. Journal of Cleaner Production, 2020, 274:122867.

[17]Zheng, X., Le, Y., Chan, A. P. C., et al. Review of the Application of Social Network Analysis (SNA) in Construction Project Management Research [J]. International Journal of Project Management, 2016, 34:1214-1225.

[18] Zhang, P., Zhao, Y., Zhu, X., et al. Spatial Structure of Urban Agglomeration under the Impact of High-Speed Railway Construction: Based on the Social Network Analysis[J]. Sustainable Cities and Society, 2020, 62:102404.

[19]Bu, Y., Wang, E., Bai, J., et al. Spatial Pattern and Driving Factors for Interprovincial Natural Gas Consumption in China: Based on SNA and LMDI[J]. Journal of Cleaner Production, 2020, 263:121392.

[20] Wu, K., Yang, T., Wei, X. Define, Process and Describe the Intersectoral Embedded Carbon Flow Network in China[J]. MethodsX, 2019, 6: 2037-2045.

[21]Lv, K., Feng, X., Kelly, S., et al. A Study on Embodied Carbon Transfer at the Provincial Level of China from A Social Network Perspective[J]. Journal of Cleaner Production, 2019, 225:1089-1104.

[22] Liu, S., Xiao, Q. An Empirical Analysis on Spatial Correlation Investigation of Industrial Carbon Emissions Using SNA-ICE Model[J]. Energy, 2021, 224:120183.

[23]Li, Z., Sun, L., Geng, Y., et al. Examining Industrial Structure Changes and Corresponding Carbon Emission Reduction Effect by Combining Input-Output Analysis and Social Network Analysis: A Comparison Study of China and Japan[J]. Journal of Cleaner Production, 2017, 162:61-70.

[24]Mi, Z., Wei, Y., Wang, B., et al. Socioeconomic Impact Assessment of China's CO_2 Emissions Peak Prior to 2030 [J]. Journal of Cleaner Production, 2017, 142:2227-2236.

[25]Nguyen, H.T., Aviso, K.B., Le, D.Q., et al. A Linear Programming Input-Output Model for Mapping Low-Carbon Scenarios for Vietnam in 2030 [J]. Sustainable production and consumption, 2018, 16:134-140.

[26]Song, J., Yang, W., Wang, S., et al. Exploring Potential Pathways towards Fossil Energy-Related GHG Emission Peak Prior to 2030 for China: An Integrated Input-Output Simulation Model[J]. Journal of Cleaner Production, 2018, 178:688-702.

[27] Xia, Y., Wang, H., Liu, W. The Indirect Carbon Emission from Household Consumption in China between 1995-2009 and 2010-2030: A Decomposition and Prediction Analysis[J]. Computers and Industrial Engineering, 2019, 128: 264-276.

[28] Wackernagel, M., Rees, W. E. Our Ecological Footprint: Reducing Human Impact on the Earth[M]. Gabriola Island:New Society Publishers, 1996.

[29]Kanemoto, K., Moran, D., Shigetomi, Y.,et al. Meat Consumption Does Not Explain Differences in Household Food Carbon Footprints in Japan [J]. One Earth, 2019, 1:464-471.

[30]Salo, M., Savolainen, H., Karhinen, S.,et al. Drivers of Household Consumption Expenditure and Carbon Footprints in Finland[J]. Journal of Cleaner Production, 2021, 289:125607.

[31] Onat, N. C., Kucukvar, M. Carbon Footprint of Construction Industry: A Global Review and Supply Chain Analysis[J]. Renewable and Sustainable Energy Reviews, 2020, 124:109783.

[32]Benbi, D.K. Carbon Footprint and Agricultural Sustainability Nexus in An Intensively Cultivated Region of Indo-Gangetic Plains[J]. Science of the Total Environment, 2018, 644:611-623.

[33]Zhao, Y., Zhang, Q., Li, F.Y. Patterns and Drivers of Household Carbon Footprint of the Herdsmen in the Typical Steppe Region of Inner Mongolia, China: A Case Study in Xilinhot City[J]. Journal of Cleaner Production, 2019, 232:408-416.

[34]Marques, A., Rodrigues, J., Domingos, T. International Trade and the Geographical Separation between Income and Enabled Carbon Emissions [J]. Ecological Economics, 2013, 89:162-169.

[35]Nair, M., Arvin, M.B., Pradhan, R.P.,et al. Is Higher Economic Growth Possible Through Better Institutional Quality and A Lower Carbon Footprint? Evidence from Developing Countries[J]. Renewable Energy, 2021, 167:132-145.

[36]Chenery, H. The Structure and Growth of the Italian Economy[J]. Econometrica, 1955,23:110-111.

[37] Moses L. N. The Stability of Interregional Trading Patterns and Input-Output Analysis[J]. American Economic Review, 1955, 45(05): 803-826.

[38]Isard W. Interregional and Regional Input-Output Analysis: A Model

of A Space-Economy[J]. Review of Economics and Statistics，1951，33(04)：318-328.

[39]计军平. 中国碳排放投入产出分析：原理、扩展及应用[M]. 北京：北京大学出版社，2020.

[40]Kucukvar M.，Samadi H. Linking National Food Production to Global Supply Chain Impacts for the Energy-Climate Challenge：The Cases of the EU-27 and Turkey[J]. Journal of Cleaner Production，2015，108:395-408.

[41]Fernández-Amador，O.，Francois，J. F.，Tomberger，P. Carbon Dioxide Emissions and International Trade at the Turn of the Millennium[J]. Ecological Economics，2016，125:14-26.

[42]Kagawa，S.，Suh，S.，Hubacek，K.，et al. CO_2 Emission Clusters within Global Supply Chain Networks：Implications for Climate Change Mitigation[J]. Global Environmental Change，2015，35:486-496.

[43]Lin，J.，Hu，Y.，Zhao，X.，et al. Developing A City-Centric Global Multiregional Input-Output Model（CCG-MRIO）to Evaluate Urban Carbon Footprints[J]. Energy Policy，2017，108:460-466.

[44]Xie，X.，Cai，W.，Jiang，Y.，et al. Carbon Footprints and Embodied Carbon Flows Analysis for China's Eight Regions：A New Perspective for Mitigation Solutions[J]. Sustainability，2015，7:10098-10114.

[45]Liu，H.，Liu，W.，Fan，X.，et al. Carbon Emissions Embodied in Demand-Supply Chains in China[J].Energy Economics，2015，50:294-305.

[46]Chen，G.Q.，Zhang，B. Greenhouse Gas Emissions in China 2007：Inventory and Input-Output Analysis[J]. Energy Policy，2010，38:6180-6193.

[47]Ali，Y.，Pretaroli，R.，Socci，C.，et al. Carbon and Water Footprint Accounts of Italy：A Multi-Region Input-Output Approach[J]. Renewable and Sustainable Energy Reviews，2017，81:1813-1824.

[48]沈利生. "三驾马车"的拉动作用评估[J]. 数量经济技术经济研究，2009，26:139-151.

[49]张友国. 中国贸易增长的能源环境代价[J]. 数量经济技术经济研究，2009，26:16-30.

[50]Paustian，K.；Ravindranath，N.H.；Amstel，van，A.R. 2006 IPCC Guidelines for National Greenhouse Gas Inventories[EB/OL].(2007-5-31)[2021-11-10].https://agris.fao.org/agris-search/search.do? recordID=NL2020024641.

[51]国家发展和改革委员会. 省级温室气体清单编制指南[EB/OL].(2012-

02-20)[2022-08-10]. http://www. cbcsd. org. cn/sjk/nengyuan/standard/home/20140113/download/shengjiwenshiqiti.pdf.

[52]Freeman，L.C. Centrality in Social Networks Conceptual Clarification [J]. Social Networks，1978，1(03):215-239.

[53]Freeman，L.C. A Set of Measures of Centrality Based on Betweenness [J]. Sociometry，1977，40(01):35-41.

[54]国家统计局.中国地区投入产出表:2017[M]. 北京：中国统计出版社，2020.

[55]Zheng，H.，Zhang，Z.，Wei，W.，et al. Regional determinants of China's consumption-based emissions in the economic transition[J]. Environmental Research Letters，2020，15(07):74001.

第9章 碳达峰路径之家庭减碳路径研究

9.1 家庭减碳路径研究背景

许多国家和地区都出台了碳减排政策，而这些政策的关键是电力系统，因为电力系统是碳排放的主要来源，占全球总排放量的40%[1-3]。欧洲提出了净零排放要求[4]，英国也通过了净零排放法[5]。储能技术被广泛认为是有效利用不可调度的可再生能源的关键，也是提高电网可靠性的关键[6,7]。近年来，随着储能成本的大幅下降，世界范围内大规模储能的部署持续增加[8]。然而，储能系统对欧洲电网的电力碳排放的影响尚未明确[9,10]。充放电过程中的效率损失会增加电力的碳排放强度[11]。此外，储能充放电时电力的边际排放因子(MEFs)的差异也会影响储能系统的碳排放[12]，其中边际排放因子是电力系统负荷对排放的影响[13]。本书考虑短期边际排放因子，这意味着所分析的电网混合系统中的结构变化很少[14]。因此，储能的碳排放取决于储能效率和充放电时电网电力的边际排放因子[15]。

排放因子通常用来评价能源系统对碳排放的影响，主要包括平均排放因子(AEFs)和边际排放因子。平均排放因子是单位电力消耗[CO_2/(kW·h)]所包含的排放量[16]，通常用于碳排放核算[17]。许多研究表明，平均排放因子会严重错误地计算与干预有关的排放量。一些研究指出，由于电力的最终使用和减排水平的不同，平均排放因子有20%～50%的误差[14,18,19]。因此，边际排放因子通常用于计算储能系统的碳排放影响。现有的短期边际排放因子计算方法主要基于经济调度模型和综合统计模型。基于经济调度模型的研究多采用按性能排序的电厂调度方法，根据边际成本计算边际排放因子[20]。该模型在加拿大和美国的边际排放因子推导中得到应用[21,22]。统计模型通常采用历史功率数据的线性回归计算边际排放因子。边际排放因子是根据每种发电技术类型的总碳排

放量与每个时刻的总电力需求之间的线性关系计算的[13]。这一模型已应用于英国、爱尔兰、美国和葡萄牙的边际排放因子计算中[13,23-26]。

边际排放因子是碳排放与电网系统负荷需求之间的关系。由于电网之间存在规模庞大的电力交易,购买电力所包含的排放量因其空间不确定性将影响各国家和区域当地电力当量碳排放核算的准确性[27]。欧洲国家的电力交易总量在 2018 年达到 1.8×10^5 GW・h,约占欧洲国家发电总量的 4%[28]。电力贸易碳排放的转移对碳排放核算提出了挑战[29]。现有研究对区域电力碳排放的测算可以分为 3 个范围[30]:范围 A 是电力生产碳排放[31];范围 B 包括国家自身发电和仅考虑直接购买电力的碳排放(即在范围 A 的基础上加上进口电力的排放量和减去出口电力的排放量)[32];范围 C 是在直接电力贸易碳排放的基础上考虑购电产生的间接碳排放,即多个国家存在电力贸易时带来的碳排放影响,旨在捕捉全网碳排放[33]。在 eGrid 数据库的区域电力碳排放估算中,丹麦、瑞典和芬兰属于范围 A[34,35],范围 A 忽略了电力贸易和一些低碳发电来源的影响。英国国家电网的碳强度 API 考虑了其直接发电和电力输入的碳排放,属于范围 B[36]。当多个国家存在电力传输时,范围 B 可能导致碳排放计算错误[29,37]。准投入产出(QIO)模型被用来研究美国区域间电力贸易的碳排放[37],属于范围 C。考虑到区域电力贸易的影响,范围 C 和范围 A 的结果有 20%的偏差,这表明在排放量化过程中应考虑电力传输的重要性[29,38]。在使用统计方法计算边际排放因子的研究中,有些使用范围 A 来进行相关计算。在美国和中国的边际排放因子计算中,该范围被应用于评估储能系统和电动汽车的碳排放[25,39-42]。其他相关研究使用范围 B 来计算碳排放。在英国和其他欧洲国家,这一范围被用来计算边际排放因子,以评估电网系统和光伏电池系统的减排潜力[13,43-46]。从文献研究中可以发现,大多数研究使用范围 A 和范围 B 来计算边际排放因子,少数研究使用范围 C 来计算平均排放因子,极少数使用范围 C 来分析边际排放因子。

上述研究表明,由于缺乏欧洲各国统一的、高时间分辨率的大规模电力数据,现有的短期边际排放因子计算主要是基于范围 A 和范围 B 的排放,基于范围 C 的排放主要应用于评估平均排放因子。然而一些研究者意识到,电力贸易网络中的隐性排放流会给碳排放核算带来重大偏差,并对储能系统的碳排放计算产生重大影响[10,37]。因此,目前研究的主要挑战和贡献如下:

(1)利用 28 个欧洲国家的发电数据和电力贸易数据,全面研究了电力贸易对碳核算和边际排放因子计算的影响。基于 3 个范围的碳核算结果,本书研究为准确的边际排放因子计算提供了参考。

(2)构建了 2 个储能情景,以评估各国使用电力储存的碳减排潜力。本书评

估了边际排放因子的准确性对储能应用的碳减排效果的影响，并为政策制定者和监管者提供了相关建议。

9.2　方法学体系构建

首先，本书的研究使用 ENTSO-E 透明度平台（ETP）中各燃料技术类型的小时分辨率发电数据，计算范围 A 下 28 个欧洲国家的碳排放量[47]。ETP 数据还包括这些国家之间电力传输的具体数据，可用来解决电力贸易的影响。这些国家的范围 B 碳排放是根据嵌套平均分布协议计算的[48]。利用 QIO 模型，我们根据国家间电力传输的具体数据建立了欧洲电力交易网络，并计算了范围 C 的碳排放。使用 ETP 的数据而不是长期统计数据的原因是，本研究侧重于短期边际排放因子的计算，所以应该在短时间内计算。

其次，研究通过各国全年的日用电数据计算出每个时刻的电力需求，然后通过线性回归模型评估不同排放范围下的边际排放因子。

最后，本研究构建了 3 个简单的储能方案，在只考虑与系统净需求和风力输出相关的边际排放因子的情况下，评估各国储能的碳减排效果。

9.2.1　电力网络建模

9.2.1.1　范围 A 下的碳排放核算

利用 ETP 数据库中 28 个国家 2019 年的历史发电量时间序列数据，计算发电引起的直接碳排放。数据包括 20 种不同的发电技术类型，并被归纳成 12 种主要的技术类型来计算排放。原始数据的时间分辨率因国家和地区而异（15 分钟、30 分钟和 60 分钟间隔）。必要时，数据汇总到每小时分辨率，小时分辨率在边际排放因子计算中得到了广泛的应用[49-51]。国家 i 的 f 种类产生的发电量被记为 p_i^f。一些国家的数据存在缺失值和异常值，必要时，这些值将由前一天相应时间的值替换。每种技术类型的碳强度系数 r_f 被用来计算发电的直接碳排放。范围 A 下的碳排放（e_i^P）的计算方法是：

$$e_i^P = \sum p_i^f \times r_f \tag{9-1}$$

9.2.1.2　范围 B 下的碳排放核算

范围 B 下的碳排放只考虑直接进行电力贸易的国家之间交换的碳排放。由于所选取的部分国家有来自研究边界外国家的电力传输，所以在计算这些国家的碳排放量时，将来自研究边界外国家的进口或出口电力的碳排放量与他们的直接发电排放量相加或相减。研究边界外国家的直接发电排放强度参考莫罗

(Moro)的研究[52]。国家之间的直接电力传输表示为 T_{ij}，表示从国家 i 到国家 j 的直接电力传输量。范围 B 下的碳排放量 e_i^D 为：

$$e_i^D = e_i^P + \sum_{j=1}^{n} B_{ji} e_j^P - \sum_{j=1}^{n} B_{ij} e_i^P \tag{9-2}$$

$B_{ji} = \boldsymbol{T}_{ji}/X_j$ 是指从国家 j 转移到国家 i 的电力占国家 j 总发电量的比例，当 $i=j$ 时，$B_{ji}=0$。

9.2.1.3 范围 C 下的碳排放核算

QIO 模型是基于经济投入产出理论的电力交易网络碳排放评估方法，用于计算范围 C 下的碳排放量[29]。传统的投入产出方法主要用于分析不同部门之间的供求关系，分为需求驱动的 Leontief 模型和供给驱动的 Ghosh 模型[53]。QIO 模型将区域发电的排放与电力贸易的碳排放转移联系起来，可以分析多个区域之间电力转移带来的直接和间接碳排放转移。间接碳排放转移是指一个地区作为多个国家电力的中转站，然后将电力传输到其他国家时，来自多个国家的电力带来的碳排放转移。我们将范围 C 下的排放称为“全网排放”。这种方法可以减少排放核算误差，提高计算效率[29]。

本书的研究首先构建了一个电力交易网络，其中每个国家既是电力生产国也是电力消费国。每个国家充当与其他节点相连的节点，且各节点的电力交换必须守恒。节点 i 的电力流入包括本地发电(P_i)和来自其他节点的传输($\boldsymbol{T}_{ji}$)，节点 i 的电力流出量包括本地消费量(C_i)和传输到其他节点的电量($\boldsymbol{T}_{ij}$)，$\boldsymbol{T}$ 表示为一个 $n \times n$ 的电力交易矩阵，其中的网络有 n 个节点。每个节点的电量守恒方程为：

$$P_i + \sum_{j=1}^{n} \boldsymbol{T}_{ji} = C_i + \sum_{i=1}^{n} \boldsymbol{T}_{ij} = X_i \tag{9-3}$$

其中，X_i 表示为总电量。x 表示所有节点的总电量。与 X_i 相关的碳排放量可以表示为：

$$e_i^X = e_i^P + \sum_{j=1, j\neq i}^{n} B_{ji} e_j^X \tag{9-4}$$

其中，e_i^X 为节点 i 的电力排放总量。$B_{ji} = \boldsymbol{T}_{ji}/X_j$ 为从节点 j 转移到节点 i 的总电量占国家 j 总电量的比例，当 $i = j$ 时，$B_{ji} = 0$。

公式(9-4)的矩阵形式为：

$$\boldsymbol{e}^X = \boldsymbol{e}^P + \boldsymbol{e}^X \boldsymbol{B} \tag{9-5}$$

其中，$\boldsymbol{e}^X$ 和 $\boldsymbol{e}^P$ 分别为节点总电力流中隐含排放量和节点发电直接排放量的 $1\times n$ 向量。$\boldsymbol{B}$ 为直接电力投入系数矩阵，表示为：

$$\boldsymbol{B}=\hat{\boldsymbol{x}}^{-1}\boldsymbol{T}=\begin{bmatrix} 0 & \frac{T_{12}}{X_1} & \cdots & \frac{T_{1n}}{X_1} \\ \frac{T_{21}}{X_2} & 0 & \cdots & \frac{T_{2n}}{X_2} \\ \vdots & \vdots & \vdots & \vdots \\ \frac{T_{n1}}{X_n} & \frac{T_{n2}}{X_n} & \cdots & 0 \end{bmatrix} \tag{9-6}$$

其中，$\hat{x}$是向量 $\boldsymbol{x}$ 的对角矩阵。因此，公式(9-5)可以改写为：

$$\boldsymbol{e}^X=\boldsymbol{e}^P\ (\boldsymbol{I}-\boldsymbol{B})^{-1}=\boldsymbol{e}^P\boldsymbol{K} \tag{9-7}$$

其中，$\boldsymbol{K}=(\boldsymbol{I}-\boldsymbol{B})^{-1}$ 被定义为投入产出理论中的总流出系数矩阵。因此，$\boldsymbol{K}$ 表示在某段时间内由无穷路径传输的所有电量。$\boldsymbol{K}$ 的第(i,j)个元素 K_{ij} 代表传输到节点 j 的总电量中由节点 i 产生的比例。因此，全网排放 $\boldsymbol{e}^G$ 表示为：

$$\boldsymbol{e}^G=\boldsymbol{e}^X\ \hat{\boldsymbol{x}}^{-1}=\boldsymbol{e}^P\boldsymbol{K}\ \hat{\boldsymbol{x}}^{-1} \tag{9-8}$$

此外，从发电电网到消费者电网的无限路径的间接排放可以通过以下方式进行跟踪：

$$W=\widehat{\boldsymbol{e}^P}\boldsymbol{K}\boldsymbol{B}^C \tag{9-9}$$

其中，$\widehat{\boldsymbol{e}^P}$是 $\boldsymbol{e}^P$ 的对角线矩阵。$\boldsymbol{B}^C=\hat{c}\ \hat{x}^{-1}$ 是一个对角线矩阵，用于表示每个电网中消耗的电力占总电力的比例。

9.2.2　确定边际排放因子

本书的研究采用线性回归算法计算边际排放因子[13]，表示每小时电网碳排放量(ΔC)的变化与全国净电力需求(ΔD_{net})之间的关系，如公式(9-10)所示。本书研究涉及的边际排放因子只适用于短期排放，不包括工厂建设造成的间接排放。

$$\Delta C=m\Delta D_{\text{net}} \tag{9-10}$$

其中，m 是最佳拟合线的梯度，表示为边际排放因子，单位为 $gCO_2/(kW\cdot h)$；ΔD_{net}是国家的净电力需求，即总电力需求减去无法调度的类型（风能和太阳能）的发电量。对于边际排放因子范围 A，由于没有考虑电力贸易的影响，在计算边际排放因子时净需求不包括电力贸易。在范围 B 和范围 C 下，净需求包括电力贸易的影响。选择净需求是因为风能/太阳能输出是一种分布式能源，与总电力需求的相关性较差，这将随着分布式能源使用的增加而降低拟合的质量[10]。然后，研究根据净需求将数据分为若干仓，并计算每个仓的国家边际排放因子值。

9.2.3　建立储电模型

本书的研究构建了 3 个简单的储能方案[24]。模拟忽略储能容量和电力容量的影响,仅考虑与系统净需求和风力输出相关的边际排放因子。一些研究也采用了类似的简化[10,54]。

第一种是基于"削峰填谷"储能的操作模式,即储能在低净需求时充电并在高净需求时放电。研究中使用各国净需求25%及以下的边际排放因子平均值与净需求75%及以上的边际排放因子平均值进行碳排放比较。这种情况主要影响储能技术在需求转移和调峰方面的应用。

第二种是"风力平衡"的运行模式,即当储能系统在风力输出高时充电并在风力输出低时放电,该方法可以有效利用风能[55]。研究中使用各国净需求25%及以下的边际排放因子平均值与净需求75%及以上的边际排放因子平均值进行碳排放比较。变量供应资源整合的储能方案将受到这种情况的影响。

第三种是"减少弃风"的情况,假设在风力过剩时进行充电,在风力输出低时放电。风力过剩的边际排放因子值为0,下四分位数的边际排放因子均值代表风出力低时的边际排放因子值。这种情况会影响到可变供应资源整合的储能技术应用。

9.3 结果

9.3.1 生产和消费碳排放

欧洲国家之间的电力传输情况如图9-1所示,图9-2显示了碳排放的传输情况。应该注意的是,每个流动方向都有单独的箭头。例如,在每个图中,在GB和FR之间有两个箭头:一个从GB到FR,一个从FR到GB。如图9-1和图9-2所示,电力的跨境流动和排放的跨境流动之间存在着相当大的差异。举例来说,我们认为其中4个国家的出口量大大超过其进口量:德国、捷克、法国和瑞典。由于德国和捷克约有40%的发电量来自化石燃料(其中25%以上来自煤炭),所以他们向其他欧洲国家传输的碳排放最多。2019年,他们的电力出口分别造成了16.8 kt二氧化碳和8.6 kt二氧化碳的排放。相比之下,由于法国和瑞典90%以上的发电量来自零排放技术,因此这些国家的电力出口所带来的碳排放相对较少,分别只有2 kt二氧化碳和0.5 kt二氧化碳。这些结果表明,一个国家的发电结构和跨境电力贸易量对隐含排放的传输有很大影响。此外,由于欧洲的电力贸易非常广泛,进口电力的碳排放可能与一个国家没有共同边界或互联网络的国家(称为"第三国")有关。例如,英国只与比利时、荷兰、法国和爱尔兰进行电力贸易。其主要的碳排放进口来自比利时和荷兰,其他国家的间接碳排放并不显著。

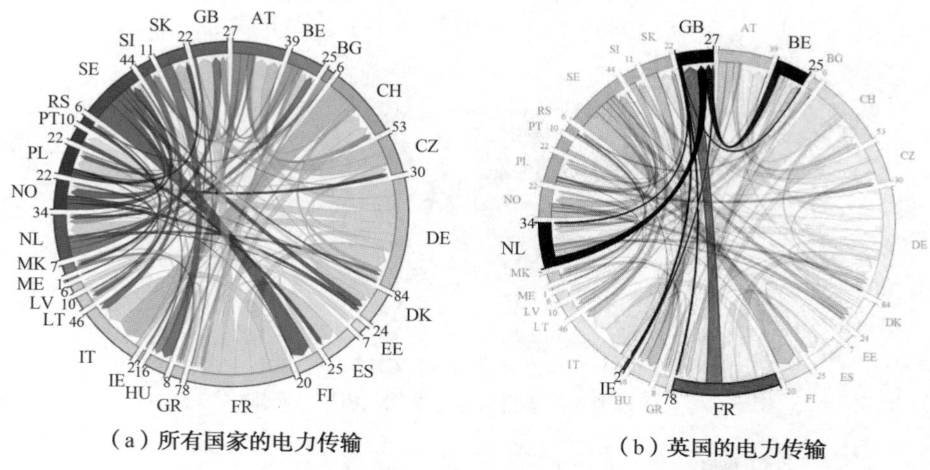

(a) 所有国家的电力传输　　(b) 英国的电力传输

图 9-1　国家之间的电力传输

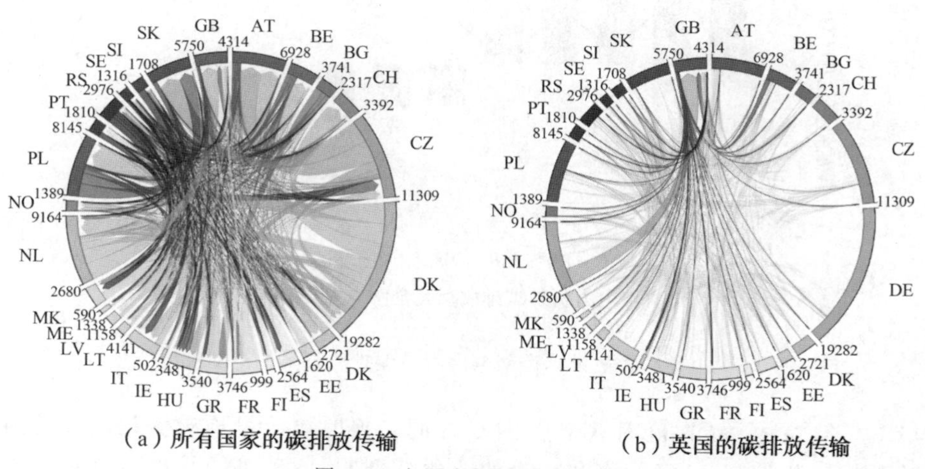

(a) 所有国家的碳排放传输　　(b) 英国的碳排放传输

图 9-2　电网之间的碳排放传输

9.3.2　传输电力的排放强度

根据公式(9-1)、公式(9-2)和公式(9-8)计算 3 个不同范围下每个国家 2019 年每小时的电网碳排放，并将每个小时的时间序列相加，以确定每个国家和范围 2019 年的总排放量。我们将隐含的排放量与发电量[见图 9-3(a)]和直接转移排放量[见图 9-3(b)]进行比较。

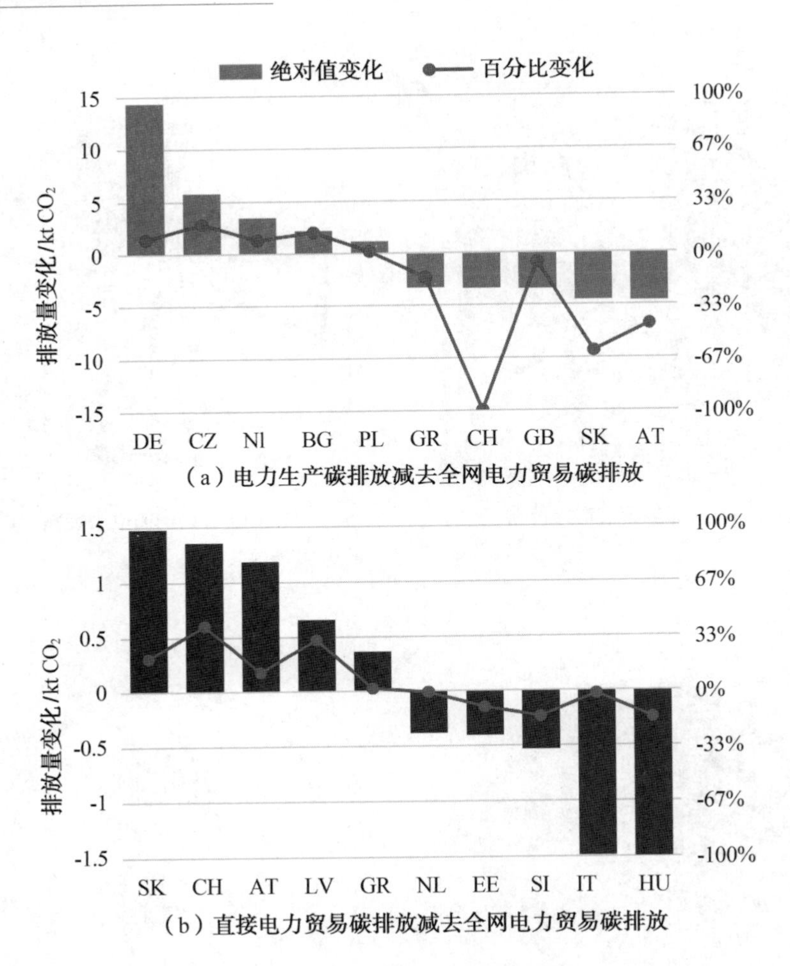

图 9-3　电力碳排放计算全网电力贸易碳排放与其他范围对比

图 9-3(a)显示了在范围 A 和范围 C 之间转换时排放量绝对变化最大的前 10 个国家。奥地利、斯洛伐克和瑞士的变化特别明显，计算的排放量分别减少了 45%、62%和 100%。

如图 9-1 所示，奥地利和斯洛伐克高度依赖使用化石燃料发电国家(如波兰、荷兰、德国和塞尔维亚)的电力，这意味着范围 A 的排放量比范围 C 的排放量低 40%以上。值得注意的是，瑞士的电力进口和出口水平相似(见图 9-1)，但由于其电力 100%采用零排放技术，因此瑞士在范围 A 下没有电力碳排放，但在范围 C 下有超过 3 kt 二氧化碳的碳排放。这些结果表明，电力贸易对一个国家的表面电网碳排放有很大影响，各国的平均误差为 7%。

图 9-3(b)显示了从直接转移法排放转为全网排放时排放量变化最大的前

10 个国家，揭示了间接排放对发电部门排放核算的影响，可以清楚地发现，变化率明显小于图 9-3(a)，但变化量依旧可观。斯洛伐克、瑞士和奥地利的排放量分别减少 20％、40％和 12％，匈牙利、斯洛文尼亚和爱沙尼亚的排放量分别增加 16％、16％和 10％。直接转移方法可能导致对电力贸易的碳排放影响的过高估计。例如，瑞士、斯洛伐克和奥地利在从范围 C 下的排放转化为范围 A 时呈下降趋势，但他们在从范围 C 下的排放转化为范围 B 时呈上升趋势。这是因为直接转移法只考虑邻国发电的排放，而国际电力流动的复杂性质意味着所消耗的电力可能在非邻国产生(例如德国煤电厂的电力在英国被消费)。因此，只考虑直接转移排放可能会导致高估或低估电力贸易的真实排放影响，而这只有通过全网分析才能发现。

9.3.3　不同排放强度的边际排放因子

为了了解储能运行与温室气体排放之间的关系，根据 9.2.2 小节所述的方法，对 28 个国家进行了边际排放因子拟合。为了确保我们的结果是可靠的，我们重点关注那些电力需求能很好预测温室气体排放的国家。对应于 R^2 值较差的边际排放因子，结果仍然可以呈现出电力需求变化带来的碳排放变化。然而，使用拟合较差的结果将大大低估储能的碳减排潜力[10]。因此，我们选择范围 C 下拟合 R^2 值大于 0.4 的 14 个国家来分析储电的减排潜力。图 9-4 显示了这 14 个国家在每个范围下的边际排放因子计算中的 R^2 值。

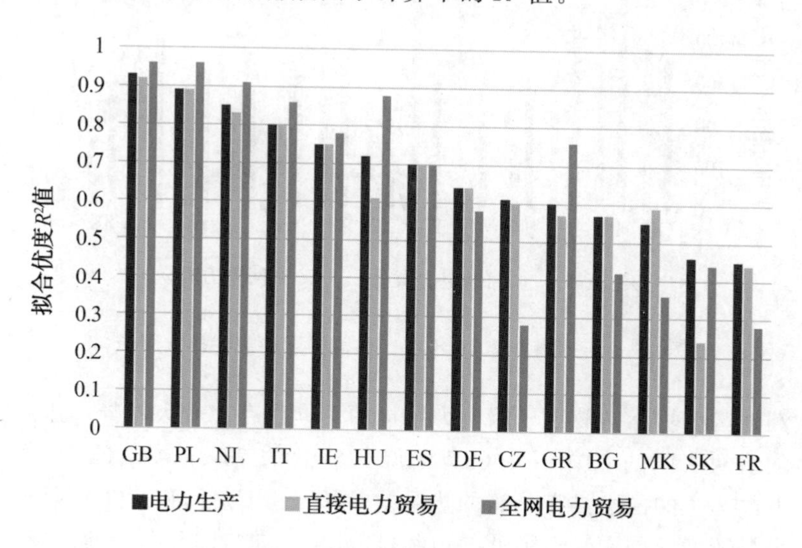

图 9-4　2019 年欧洲国家的 R^2 值

大多数国家在考虑电力贸易影响后的 R^2 值略高于不考虑电力贸易时的 R^2 值，这表明贸易电力的可调度性往往低于发电国境内消费的电力。与使用直接转移法计算多边基金相比，大多数国家在使用全网排放时有更好的拟合。这表明使用范围 C 方法进行排放核算通常比范围 B 能更准确地计算出一个国家与净需求有关的实际碳排放。参照欧洲的发电结构可以看出，天然气、煤炭和生物质能发电水平高的国家（如英国、波兰和荷兰）通常有良好的配合。这些类型的发电技术是可调度的，倾向于对净需求作出反应。相反，核电、风电、水电和太阳能发电比例较高的国家（如法国、挪威和瑞典）通常配合度较差，因为这些能源不是可调度的。在这些国家，电力需求和碳排放之间并不总是有密切的关系。

这 14 个国家被用于本研究的其余部分，以比较边际排放因子和分析能源存储技术的减排潜力。为每个国家找到一个边际排放因子的时间序列，其平均值如图 9-5 所示。

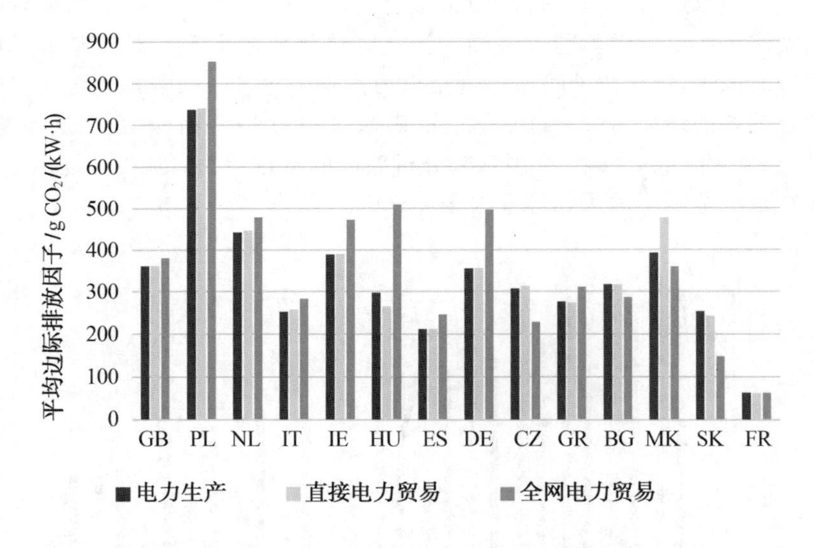

图 9-5 所选国家 2019 年在 3 种范围下的边际排放因子

欧洲地区的边际排放因子因电力结构的不同而存在较大差异。边际排放因子的平均值从法国的 63 gCO_2/(kW・h)到波兰的 737 gCO_2/(kW・h)不等。以火力发电为主的国家具有最高的边际排放因子（如波兰和荷兰），而核能和风电装机容量较大的国家具有最低的边际排放因子（如法国和西班牙）。在大多数欧洲国家，边际排放因子为 200～400 gCO_2/(kW・h)。

比较有无电力传输影响的 MEF 值（即范围 B/C 与范围 A），我们发现大多

数国家的差异超过 10%，匈牙利、德国和斯洛伐克增加到 40%以上。这说明电力贸易对边际排放因子计算有很大影响。对比范围 B 和范围 C 下的边际排放因子结果可以发现，基于全网排放的边际排放因子与基于直接转移排放的边际排放因子之间的差异总体上非常小，在 1%左右。这两种方法之间的差别在电力进口占高电力消费的国家更为明显。例如，北马其顿、匈牙利和斯洛伐克的电力进口量分别占总用电量的 45%、36%和 35%，这些国家在范围 C 和范围 B 下的边际排放因子之间的差异分别达到 22%、11%和 4%。

9.3.4　储能减少的碳排放

为了评估储能在不同国家对碳排放的影响，使用 2.3 节中设计的 3 种情景对已计算的范围 C 下的国家进行分析。由于斯洛伐克自 2003 年以来没有安装风力发电，北马其顿在 2019 年才达到 50 MW 的风力发电能力[56,57]，因此，储能相关的计算仅考虑除斯洛伐克和北马其顿以外的 12 个 R^2 值高于 0.4 的国家。

我们通过假设储能循环效率为 100%来评估使用边际排放因子的最大减排效果。如图 9-6 所示，减排潜力在不同国家和存储操作情景下有所不同。“减少弃风”情景在所有国家都达到了最高的减排量，并在除法国以外的所有国家实现了 200 gCO_2/(kW·h)以上的碳减排效果。在化石燃料发电占主导地位的波兰和荷兰，排放减少最多，分别减少了 700 gCO_2/(kW·h)和 400 gCO_2/(kW·h)。在这种情况下，过剩的风力发电被储存，在低风期间替代可调度的(主要是化石燃料)发电。在“削峰填谷”的情景中，由于电力贸易的特点和发电结构的不同，不同国家呈现不同的趋势。在最好的情况下，以这种方式操作储能可以减少大约 135 gCO_2/(kW·h)的排放。在英国，使用“削峰填谷”可以减少大约 80 gCO_2/(kW·h)的排放，这与皮姆(Pimm)等人得到的结果[10]相似。而在比利时、意大利和希腊，使用“削峰填谷”的方式却增加了排放量。在“风力平衡”情景中，由于电力净需求与风电输出几乎没有耦合关系，减排量不明显。该情景在希腊和保加利亚减少了约 40 gCO_2/(kW·h)的碳排放，但在英国、波兰和爱尔兰增加了排放。

我们比较了边际排放因子在不同范围内计算的运行电力储存的减排效益结果，如表 9-1 所示。结果表明，对于不同的边际排放因子，“减少弃风”情景总是可以实现最大的减排量。边际排放因子计算的准确性对减排结果有相当大的影响，通常低估了这些国家在“减少弃风”情景下获得的减排效益。

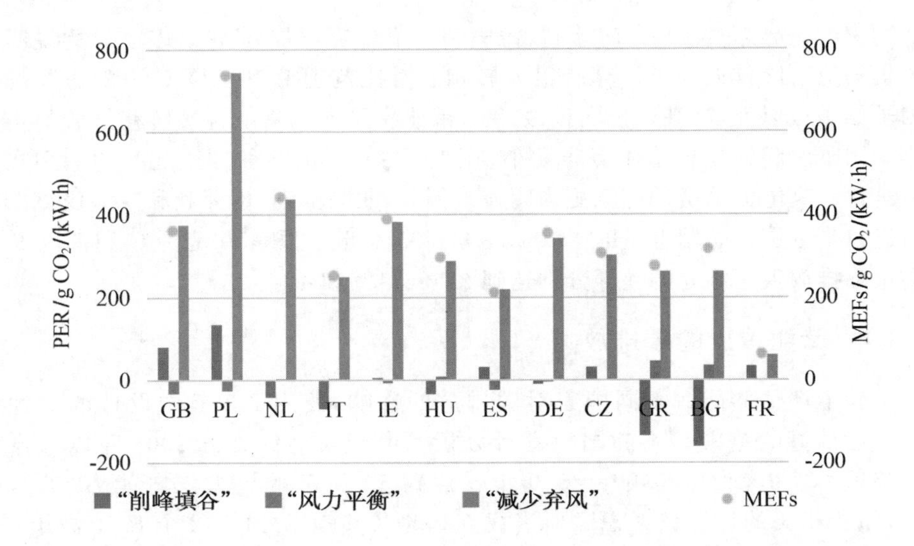

图 9-6 2019 年每个国家在 3 种不同的储能运行情况下的运行储能的潜在减排量

表 9-1 2019 年每个国家的边际排放因子在 3 种不同范围内运行电力储存的潜在减排量

"削峰填谷"

	GB	PL	NL	IT	IE	HU	ES	DE	CZ	GR	BG	FR
MEF_A	80.3	134.5	−42.1	−70.2	5.9	−34.0	31.6	−9.8	31.8	−135.8	−161.7	35.1
MEF_B	79.2	130.4	−48.2	−49.6	7.8	45.5	32.3	−4.2	34.7	−147.8	−160.6	30.0
MEF_C	90.6	−19.7	30.8	−113.8	−8.7	17.3	−22.4	−92.2	19.5	−129.6	−118.4	5.3

"风力平衡"

	GB	PL	NL	IT	IE	HU	ES	DE	CZ	GR	BG	FR
MEF_A	−32.2	−26.3	4.2	3.7	−6.5	8.5	−24.1	−4.7	2.7	45.7	36.0	−1.5
MEF_B	−32.0	−25.5	5.4	0.4	−8.1	−3.1	−24.6	−7.9	2.1	51.7	35.9	−1.6
MEF_C	−33.4	7.2	−0.1	19.4	8.4	−3.3	4.1	16.6	−0.2	33.7	15.8	−1.7

"减少弃风"

	GB	PL	NL	IT	IE	HU	ES	DE	CZ	GR	BG	FR
MEF_A	374.2	744.1	435.8	249.8	382.5	288.0	219.7	342.5	301.8	262.3	263.0	61.6
MEF_B	374.5	746.8	439.8	256.3	384.2	262.7	220.7	345.3	309.4	258.2	262.9	60.2
MEF_C	394.6	849.8	479.4	275.6	463.7	513.0	242.1	487.0	228.1	305.7	269.2	63.4

我们对储能循环效率进行了敏感性分析，以评估储能效率对储能系统减排效果的影响，研究分析了当储能循环效率从 100%变化到 50%时每种情景的减排量，如图 9-7 所示。

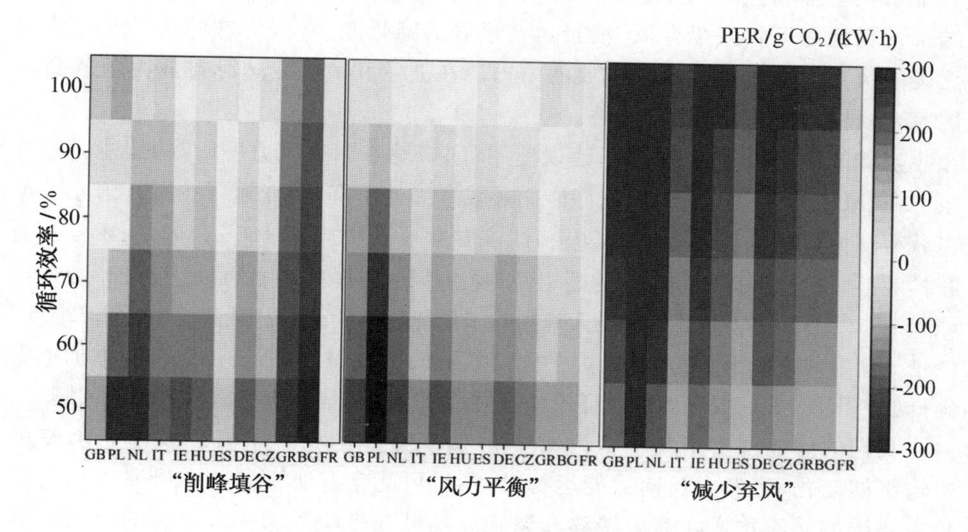

图 9-7　不同存储效率下的存储减排量估算

结果表明，所有情景的减排效益都随着存储周期效率的降低而显著下降。在“削峰填谷”情景下，当存储循环效率低于 70%时，所有国家的存储操作都将导致碳排放的增加。特别是在储存循环效率低于 60%时，将使波兰、荷兰和保加利亚的排放量增加 200 gCO_2/(kW・h)以上。在“风力平衡”情景下，当效率低于 90%时，所有国家都没有减排效益。由于波兰是一个以燃煤发电为主的国家，在效率低于 60%的情况下，“风力平衡”情景将带来超过 300 gCO_2/(kW・h)的排放。

9.4　讨论

9.4.1　电力贸易的影响

根据 2019 年 12 个欧洲国家在范围 C 下的短期边际排放因子，研究得到了欧洲国家实施不同储能运行方案的减排效果，拟合度很高。“削峰填谷”方案在各国之间具有完全不同的效果，并且不考虑储存基础设施的生产和处置所产生的碳排放。当储能周期效率假设超过 90%时，这种情景在英国和波兰可以实现碳减排效果,而在荷兰和意大利可能会增加排放量。这是因为边际排放因子与净需求在很多国家没有单调递增的关系[24]。“风力平衡”情景在大多数国家不能实现有效减排,这是因为电力净需求与风电输出几乎没有耦合关系。这种方案可以在希腊和保加利亚获得减排效益,但在英国、波兰和爱尔兰却得到相反的结果。相比之下,“减少弃风”情景具有最好的减排效益,因为这种情景允许使用无碳的风力发电来替代高碳排放的电力。在波兰和荷兰等边际排放因子较高的国家,这种方案的效益尤其显著。

当储能循环效率较差时,不建议使用“削峰填谷”和“风力平衡”的储能运行方案。在“减少弃风”情景下,无论储能循环效率如何下降,储能运行在所有国家都可以获得减排效益。当效率只有 50%时,该方案可获得超过 100 gCO_2/(kW・h)的减排效益。在边际排放因子高的国家,如波兰和荷兰,减排效益可以达到 200 gCO_2/(kW・h)以上。储能循环效率极大地影响了储能技术的碳减排效果。在“削峰填谷”情景下储能效率低于 70%、在风力平衡情景下低于 90%时,所有国家都会增加电力碳排放。因此,如何提高储能循环效率是通过储能技术提高电网减排效益的关键。

我们的储能主要是基于范围 C 下的短期边际排放因子值以及净需求和风力输出的变化,当考虑长期储能运行时,结果可能会有所不同。本研究发现的结果主要影响储能技术在需求转移和调峰以及可变供应资源整合方面的应用。电力系统的去碳化正在推进,预计将对边际排放因子产生重大影响[45,58]。发电技术类型的结构变化的排放预计会使存储系统的减排产生相当大的变化[14]。储能可望对电力系统产生重大的结构性影响,特别是大规模储能[24]。在碳减排的要求下,各种储能技术得到了发展,风能和太阳能发电的协同储能也得到了越来越多的关注[59]。本书涉及的储能技术主要是需求转移和调峰,以及可变供应资源整合,应进一步讨论储能在基础设施支持、传输和分配方面应用的碳减排潜力。所有这些都将对储能的减排效益产生重大影响,需要在未来进行讨论。

9.4.2 储能的影响

储能是有效整合分布式能源以减少电力部门碳排放的关键技术。随着跨区电网电力转移的加剧,从整个电力网络的电力交互角度考虑电力消费的排放具有重要意义。我们的研究结果表明,由于欧洲国家现有的评估中缺乏对电力间接转移的评估,导致电力消费碳排放的评估结果存在较大偏差。

排放计算对考虑电力传输可能相当敏感。大多数欧洲国家的碳排放在只考虑发电量(范围 A)时,与全网排放(范围 C)相比,有 7%以上的误差。当只考虑直接转移排放时,与全网排放相比,大多数欧洲国家的碳排放核算有 1%的误差。直接转移方法(范围 B)将过度评估电力贸易中碳排放转移的影响[29]。

电力消费的碳排放核算方法对边际排放因子的估算结果有很大影响。与全网的边际排放因子(范围 C)相比,大多数欧洲国家的边际排放因子计算在只考虑发电量排放(范围 A)时有 10%的误差。与全网边际排放因子计算(范围 C)相比,直接转移法(范围 B)的边际排放因子计算可能导致 1%以上的误差。因此,电力交易对电力消费的边际排放因子的准确性有很大影响。

9.4.3　政策建议

随着对储能技术评估电力环境足迹的需求不断增加[43,60],国家电力边际排放因子的准确性被要求提高,这直接影响了储能技术减排效果估算的可信度。本研究深入探讨了电力交易对碳核算和边际排放因子计算的影响。研究发现,如果国家排放核算以范围 A 为基础,忽略电力贸易的影响,将会带来相当大的误差。因此,应该考虑电力贸易的影响。在大多数情况下,当国家和地区评估与当地负荷相关的碳排放时,范围 B 的简单计算方法已经足够。然而,如果一个国家的排放核算是基于范围 B 而不是范围 C 的,那么就有可能不鼓励与"较脏"的边际排放因子国家进行交易,或者如果购买者在范围 B 核算下有一个"较脏"的邻居,那么与"较干净"的边际排放因子国家的交易就没有被计算在内。范围 C 的计算方法为准确计算边际排放因子提供了参考。

该研究分析了储能系统在欧洲的应用。我们研究的结果表明,在同一个国家,储能方案可能对电力碳排放产生完全不同的影响。例如,当比利时的新储能被定位为"减少弃风"时,与没有该储能的情况相比,可以实现 263 $gCO_2/(kW \cdot h)$的碳排放减少。相反,比利时的新储能用于调峰,则会导致排放量增加 161 $gCO_2/(kW \cdot h)$。边际排放因子计算的准确性对储能操作的碳减排有相当大的影响。一般来说,操作储能可最大限度地减少风力削减,具有最佳的碳减排效果,适合在大多数有足够的风电装机容量的国家实施。合适的储能运行模式对国家电力碳排放有重大影响。政策制定者和监管者应根据其电力结构选择合适的储能政策,以最大限度地减少排放。

我们的方法对其他地区和国家具有普遍适用性。结果显示,由于电力排放因素的变化,许多国家储能的应用对电力碳排放有很大的影响,这一发现也适用于具有多元电力系统的国家。欧洲在碳减排措施方面走在了世界的前列,对欧洲碳减排措施的研究,特别是对电力系统减排的探索,对发展中国家具有很好的参考价值。

参考文献

[1] European Commission. 2030 Climateand Energy Framework [EB/OL].

(2012-02-31)[2022-08-10].https://ec.europa.eu/clima/policies/strategies/2030_en.

[2]IPCC. Climate Change 2013: the Physical Science Basis. Contribution of Working Group Ⅰ to the Fifth Assessment Report of the Intergovernmental Panel on Climate Change[EB/OL].(2014-05-31)[2022-08-10]. https://www.ipcc.ch/report/ar5/wg1/.

[3]IEA. CO_2 Emissions from Fuel Combustion Highlights 2020[EB/OL]. (2012-2-31)[2022-09-16]. https://www.iea.org/reports/co2-emissions-from-fuel-combustion-overview.

[4]European Commission. European Climate Law[EB/OL].(2021-5-31)[2022-04-20]. https://ec.europa.eu/clima/policies/eu-climate-action/law_en.

[5]Department for Business, Energyand Industrial Strategy. UK Becomes First Major Economy to Pass Net Zero Emissions Law[EB/OL]. (2019-01-27)[2021-08-07].https://www.gov.uk/government/news/uk-becomes-first-major-economy-to-pass-net-zero-emissions-law.

[6]Parra, D., Norman, S.A., Walker, G.S., et al. Optimum Community Energy Storage for Renewable Energy and Demand Load Management[J]. Applied Energy, 2017, 200:358-369.

[7]Zame, K.K., Brehm, C.A., Nitica, A.T., et al. Smart Grid and Energy Storage: Policy Recommendations[J]. Renewable Sustainable Energy Reviews, 2018, 82:1646-1654.

[8]Federal Energy Regulatory Commission. FERC Issues Final Rule on Electric Storage Participation in Regional Markets 2018[EB/OL].(2018-02-15)[2018-05-07].https://www.ferc.gov/media/news-releases/2018/2018-1/02-15-18-E-1.asp#.WvrwXdOUuEI.

[9]Bistline, J.E.T., Young, D.T. Emissions Impacts of Future Battery Storage Deployment on Regional Power Systems[J]. Applied Energy, 2020, 264:114678.

[10]Pimm, A.J., Palczewski, J., Barbour, E.R., et al. Using Electricity Storage to Reduce Greenhouse Gas Emissions[J]. Applied Energy, 2021, 282:116199.

[11]Tronchin, L., Manfren, M., Nastasi, B. Energy Efficiency, Demand Side Management and Energy Storage Technologies-a Critical Analysis of Possible Paths of Integration in the Built Environment[J]. Renewable Sustainable Energy Reviews, 2018, 95:341-353.

[12]Hittinger, E., Azevedo, I.M.L. Estimating the Quantity of Wind and

Solar Required to Displace Storage-Induced Emissions [J]. Environmental Science and Technology, 2017, 51:12988-12997.

[13] Hawkes, A. D. Estimating Marginal CO_2 Emissions Rates for National Electricity Systems[J]. Energy Policy, 2010, 38:5977-5987.

[14] Hawkes, A. D. Long-Run Marginal CO_2 Emissions Factors in National Electricity Systems[J]. Applied Energy, 2014, 125:197-205.

[15]Anderson, E. Energy Transformation and Energy Storage in the Midwest and Beyond[J]. MRS Energy and Sustainability, 2019,7:E10.

[16]Science Direct Topics. Emission Factor[EB/OL]. (2011-12-15)[2018-03-05]. https://www. sciencedirect. com/topics/earth-and-planetary-sciences/emission-factor.

[17]DECC. A Comparison of Emissions Factors for Electricity Generation[EB/OL]. (2013-07-16)[2018-08-26].https://assets.publishing.service.gov.uk/government/uploads/system/uploads/attachment_data/file/226563/Comparison_of_Electricity_Conversion_Factors.pdf.

[18] Bettle, R., Pout, C. H., Hitchin, E. R. Interactions Between Electricity-Saving Measures and Carbon Emissions from Power Generation in England and Wales[J]. Energy Policy, 2006, 34:3434-3446.

[19] Thind, M. P. S., Wilson, E. J., Azevedo, I. L., et al. Marginal Emissions Factors for Electricity Generation in the Midcontinent ISO [J]. Environmental Science and Technology, 2017, 51:14445-14452.

[20]Siler-Evans, K., Azevedo, I.L., Morgan, M.G. Marginal Emissions Factors for the U. S. Electricity System [J]. Environmental Science and Technology, 2012, 46:4742-4748.

[21]DECC. Analysis of the Marginal Emission Factor (MEF)[EB/OL]. (2012-07-24) [2017-11-04]. https://assets. publishing. service. gov. uk/government/uploads/system/uploads/attachment_data/file/357753/MEF_Analysis_-_Report_FINAL.pdf.

[22] Deetjen, T. A., Azevedo, I. L. Reduced-Order Dispatch Model for Simulating Marginal Emissions Factors for The United States Power Sector [J]. Environmental Science and Technology, 2019, 53:10506-10513.

[23] Hadland, A. Marginal Emissions Factors for the United Kingdom Electricity System[J]. Imperial College London, 2009,46:9-23.

[24]McKenna, E., Barton, J., Thomson, M. Short-Run Impact of Electricity

Storage on CO_2 Emissions in Power Systems with High Penetrations of Wind Power: A Case-Study of Ireland[J]. Proceedings of the Institution of Mechanical Engineers Part A-Journal of Power and Energy, 2017,231:590-603.

[25]Kim, J.D., Rahimi, M. Future Energy Loads for a Large-Scale Adoption of Electric Vehicles in the City of Los Angeles: Impacts on Greenhouse Gas (GHG) Emissions[J]. Energy Policy, 2014,73:620-630.

[26]Garcia, R., Freire, F. Marginal Life-Cycle Greenhouse Gas Emissions of Electricity Generation in Portugal and Implications for Electric Vehicles[J]. Resources, 2016, 5:41.

[27]Weber, C.L., Jaramillo, P., Marriott, J., et al. Life Cycle Assessment and Grid Electricity: What Do We Know and What Can We Know? [J]. Environmental Science and Technology, 2010, 44(06):1895-1901.

[28]IEA. Data and statistics[EB/OL]. (2020-10-15)[2022-05-08]. https://www. iea. org/data-and-statistics/data-browser? country = WEOEURandfuel = Imports%2Fexportsandindicator=ElecImportsExports.

[29]Qu, S., Wang, H., Liang, S., et al. A Quasi-Input-Output Model to Improve the Estimation of Emission Factors for Purchased Electricity from Interconnected Grids[J]. Applied Energy, 2017, 200:249-259.

[30]IEA.GHG Inventory Development Process and Guidance[EB/OL]. (2020-07-20)[2020-08-04]. https://www. epa. gov/climateleadership/ghg-inventory-development-process-and-guidance.

[31]Shan, Y., Guan, D., Meng, J., et al. Rapid Growth of Petroleum Coke Consumption and It's Related Emissions in China[J]. Applied Energy, 2018, 226:494-502.

[32]World Business Council for Sustainable Development. The Greenhouse Gas Protocol: a Corporate Accounting and Reporting Standard[EB/OL]. (2019-04-09) [2020-01-09].https://ghgprotocol.org/corporate-standard.

[33]Kennedy, C., Steinberger, J., Gasson, B., et al. Greenhouse Gas Emissions from Global Cities[J]. Environmental Science and Technology, 2009, 43: 7297-7302.

[34]US EPA. Emissions and Generation Resource Integrated Database [EB/OL].(2018-09-06)[2020-06-23].https://www.epa.gov/energy/emissions-generation-resource-integrated-database-egrid.

[35]Soimakallio, S., Kiviluoma, J., Saikku, L. The Complexity and

Challenges of Determining GHG（Greenhouse Gas）Emissions from Grid Electricity Consumption and Conservation in LCA（Life Cycle Assessment）-A Methodological Review[J]. Energy，2011，36（12）:6705-6713.

[36]Great Britain.Carbon Intensity API[EB/OL].（2019-03-07）[2020-01-04].https://www.carbonintensity.org.uk/c.

[37]Chen，L.，Wemhoff，A.P. Predicting Embodied Carbon Emissions from Purchased Electricity for United States Counties[J]. Applied Energy，2021，292:116898.

[38]Wei，W.，Zhang，P.，Yao，M.，et al. Multi-Scope Electricity-Related Carbon Emissions Accounting：A Case Study of Shanghai[J]. Journal of Cleaner Production，2020，252:119789.

[39]Li，M.，Smith，T.M.，Yang，Y.，et al. Marginal Emission Factors Considering Renewables：A Case Study of the U.S. Midcontinent Independent System Operator（MISO）System[J]. Environmental Science and Technology，2017，51(19):11215-11223.

[40]McCarthy. R.，Yang，C. Determining Marginal Electricity for Near-Term Plug-In and Fuel Cell Vehicle Demands in California：Impacts on Vehicle Greenhouse Gas Emissions[J]. Journal of Power Sources，2010，195(07):2099-2109.

[41]Du，L.，Mao，J. Estimating the Environmental Efficiency and Marginal CO_2 Abatement Cost of Coal-Fired Power Plants in China[J]. Energy Policy，2015，85:347-356.

[42]Vandepaer，L.，Treyer，K.，Mutel，C.，et al. The Integration of Long-Term Marginal Electricity Supply Mixes in the Ecoinvent Consequential Database Version 3.4 and Examination of Modeling Choices[J]. International Journal of Life Cycle Assessment，2019，24:1409-1428.

[43]Sun，S.I.，Crossland，A.F.，Chipperfield，A.J.，et al. An Emissions Arbitrage Algorithm to Improve the Environmental Performance of Domestic PV-Battery Systems[J]. Energies，2019，12:560.

[44]Fleschutz，M.，Bohlayer，M.，Braun，M.，et al. The Effect of Price-Based Demand Response on Carbon Emissions in European Electricity Markets：the Importance of Adequate Carbon Prices[J]. Applied Energy，2021，295:117040.

[45]Böing，F.，Regett，A. Hourly CO_2 Emission Factors and Marginal Costs of Energy Carriers in Future Multi-Energy Systems[J]. Energies，2019，12(12):2260.

[46]Treyer, K., Bauer, C. Life Cycle Inventories of Electricity Generation and Power Supply in Version 3 of the Ecoinvent Database-Part Ⅱ: Electricity Markets[J]. International Journal of Life Cycle Assessment, 2016, 21:1255-1268.

[47]ENTSO-E. Transparency Platform[EB/OL].(2017-01-01)[2021-11-20]. https://transparency.entsoe.eu/generation/r2/actualGenerationPerProductionType/show.

[48]Colett, J.S., Kelly, J.C., Keoleian, G.A. Using Nested Average Electricity Allocation Protocols to Characterize Electrical Grids in Life Cycle Assessment[J]. Journal of Industrial Ecology, 2016, 20(01):29-41.

[49]Papageorgiou, A., Ashok, A., Hashemi Farzad, T., et al. Climate Change Impact of Integrating A Solar Microgrid System into the Swedish Electricity Grid[J]. Applied Energy, 2020, 268:114981.

[50]Braeuer, F., Finck, R., McKenna, R. Comparing Empirical and Model-Based Approaches for Calculating Dynamic Grid Emission Factors: An Application to CO_2-Minimizing Storage Dispatch in Germany[J]. Journal of Cleaner Production, 2020, 266:121588.

[51]Tang, Y., Cockerill, T.T., Pimm, A.J., et al. Reducing the Life Cycle Environmental Impact of Electric Vehicles through Emissions-Responsive Charging [J]. Science, 2021, 24(12):103499.

[52]Moro, A., Lonza, L. Electricity Carbon Intensity in European Member States: Impacts on GHG Emissions of Electric Vehicles [J]. Transportation Research Part D-Transport and Environment, 2018:64:5-14.

[53]Guerra, A.I., Sancho, F. A Comparison of Input-Output Models: Ghosh Reduces to Leontief (But 'Closing' Ghosh Makes it More Plausible) [C].18th International Input-Output Conference. 2010.

[54]Paatero, J.V., Lund, P.D. Effect of Energy Storage on Variations in Wind Power[J]. Wind Energy, 2005, 8:421-441.

[55]Succar, S. Baseload Power Production from Wind Turbine Arrays Coupled to Compressed Air Energy Storage[D].US: Princeton University, 2008.

[56]The Slovak Spectator. Wind Power Stations Can Be Erected in Slovakia After a 17-Year Ban[EB/OL]. (2003-09-19)[2018-07-08].https://spectator.sme.sk/c/22649882/wind-power-stations-can-be-erected-in-slovakia-after-a-17-year-ban.html.

[57]Western Balkans Investment Framework. North Macedonia Plugs into

a Greener Future through Wind Power [EB/OL]. (2009-06-07) [2015-03-08]. https://www. wbif. eu/10-years-success-stories/success-stories/north-macedonia-plugs-greener-future-through-wind-power.

[58]Tang, Y., Cockerill, T.T., Pimm, A.J., et al. Environmental and Economic Impact of Household Energy Systems with Storage in the UK[J]. Energy and Buildings, 2021, 250:111304.

[59] Victoria, M., Zhu, K., Brown, T., et al. The Role of Storage Technologies Through out the Decarbonisation of the Sector-Coupled European Energy System[J]. Energy Conversion and Management, 2019, 201:111977.

[60]Pimm, A.J., Palczewski, J., Morris, R., et al. Community Energy Storage: a Case Study in the UK Using a Linear Programming Method[J]. Energy Conversion and Management, 2020, 205:112388.

第10章　碳达峰路径之产品碳足迹核算研究

随着人口与耕地矛盾的日趋严重，以及人类对农产品需求量的增加，在相对减少的耕地面积上提高农作物产量成为全球农业共同面对的挑战[1]。化肥是农业生产最基础的投入之一，它的施用能够维护土壤肥力，促进农作物增产。化肥对农作物增产的贡献达到30%～50%[2]。预计到2050年，粮食需求将增加50%～100%，化肥对于确保粮食生产安全至关重要[3]。中国是农业大国，耕地面积占世界总耕地面积的9%，却养活了全世界20%的人口，同时消耗了全球1/3的肥料[4]。中国化肥施用量自1978年的8.84 Mt增长至2019年的54.036 Mt，增长了约5倍，其中复合肥由于养分含量高、副成分少且物理性状好等优点而得到快速发展[5]。如图10-1所示，复合肥占施肥总量的比例逐年增加，已由2005年的27%上升至2019年的41%。中国化肥生产已从单一养分肥料过渡至以复合肥料为主的发展模式。

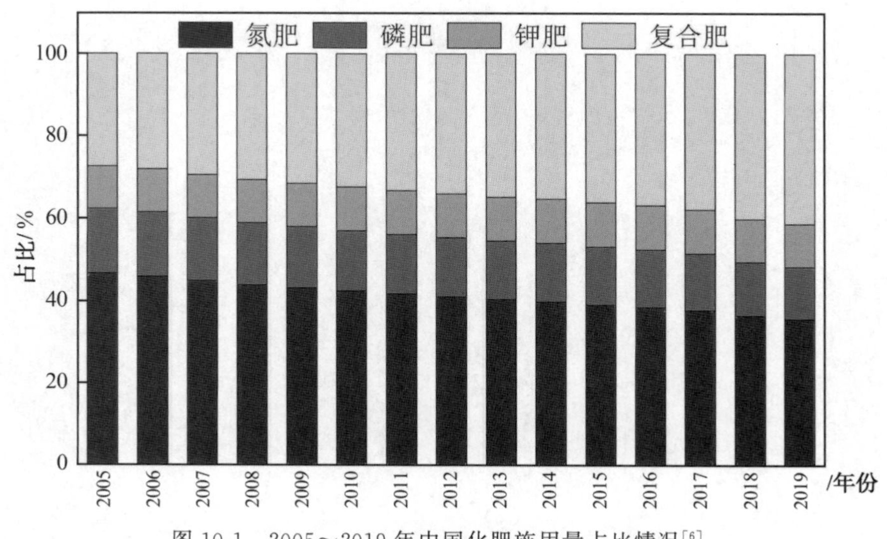

图10-1　2005～2019年中国化肥施用量占比情况[6]

硫基复合肥是一种常见的复合肥料，除了含有农作物生长需要的氮、磷、钾外，还含有硫元素。2012 年，全球农业硫元素缺乏量高达 11 Mt，其中亚洲为 6 Mt，中国为 2.4 Mt[7]。众多研究和实践表明，含硫肥料能显著提高作物品质和抗病性，对氮、磷、钾肥料存在协同效应[8,9]，具有明显的增产效果。

化肥产业是典型的高能耗、高污染产业。中国生产氮肥、磷肥、钾肥的年能源消费总量（折标煤）分别为 82.4052 Mt、4.7489 Mt 和 1.2641 Mt，占一次能源消费总量的 2.4%，占工业能源消费量的 3.5%[10]。在氮肥生产中，能源消费在总生产成本中所占比例高达 90%，在磷肥和钾肥生产中所占的比例虽然较低，但还是达到了 45%[11]。大量依赖于化石能源的化肥产业，必然会导致温室气体大量排放。成（Cheng）等人的研究表明化肥约占中国农业投入 GHG 排放总量的 57%[12]。同时，化肥的过度施用也造成了较大的环境风险，如水体富营养化[13]、土壤肥力退化[14]以及对人类和生态系统健康、GHG 平衡和生物多样性的破坏[15]。因此，化肥产业在节能减排中扮演着重要角色[16]，有必要深入探讨其环境影响、能源消耗、GHG 排放等问题，探索化肥工业可持续发展之路。

生命周期评价（LCA）是一种有效的环境管理工具，通过对研究对象从原材料收集、运输、生产、使用、报废到回用的整个生命周期进行研究，得出具体可量化的环境影响[17]。LCA 已广泛应用于化肥产业的环境影响评估。有的研究者运用 LCA 对氮肥[18,19]、磷肥[20,21]、钾肥[22]等传统肥料的生产过程进行环境影响评价研究；通过 LCA 对某种新型肥料[23,24]进行环境影响评价；基于有机肥与无机肥进行环境风险对比研究[25,26]。近年来，越来越多的研究者关注农业领域的 GHG 排放问题。王（Wang）等人评估了各种肥料产品对 GHG 排放的影响，研究显示碳酸氢铵、过磷酸钙和氯化钾的 GHG 排放量分别是氮、磷和钾肥料中最低的[27]。吴（Wu）等人基于生命周期 GHG 核算方法评估了 7 种化肥生产和施用在 9 种农作物上的 GHG 排放量，发现尿素、复合肥以及磷酸氢二铵具有较大的 GHG 排放量[28]。还有一些研究指出，化肥是农作物生产系统中最大的 GHG 排放来源[29-31]，而施肥阶段排放的 GHG 是由肥料中氮元素的含量所决定的[32]。

但是，现有研究仅针对肥料的生产过程，或仅分析了肥料施用阶段的环境影响，对肥料全生命周期进行环境影响评价的研究也只是关注了 GHG 排放量这一项，而大量文献报道了肥料施用阶段对水体富营养化、土壤酸化降解均产生了较大的环境影响[33-35]。因此，有必要对化肥全生命周期开展全面的环境影响评估。目前，针对复合肥全生命周期环境和经济集成评价研究较为缺乏，而作为复合肥的一种，硫基复合肥的相关研究更是尚未开展。

本书的研究选取硫基复合肥作为研究对象，针对肥料的原材料开采、运输、生产、施用的全生命周期开展环境和经济集成评价研究，研究结论将填补该领域生命周期评价研究空白，并为复合肥产业可持续发展提供优化建议。

10.1 方法学体系构建

10.1.1 目标与范围

本书选择中国某硫基复合肥生产企业作为案例。该企业具有年产 100 kt 硫基复合肥、30 kt 合成氨的能力。如图 10-2 所示，本书研究的系统边界选择“摇篮到坟墓”，包括复合肥生产所需原材料的上游供应链、运输、复合肥生产加工，以及最终的施肥环节，功能单位选取 1 t 硫基复合肥。该硫基复合肥的营养成分(N∶P∶K)为 15∶15∶15。

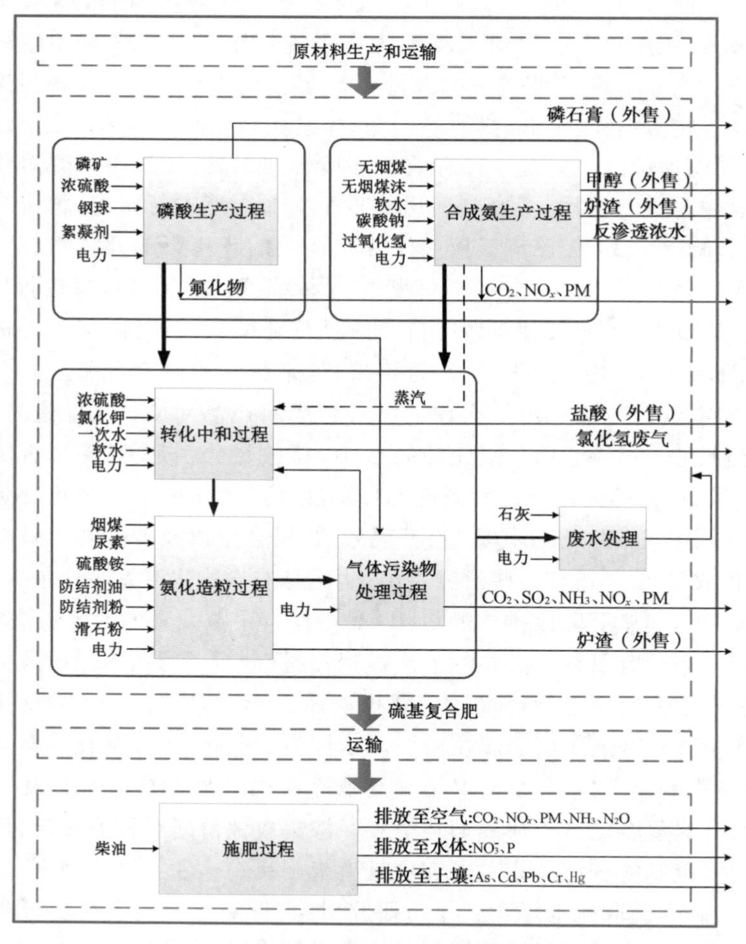

图 10-2 硫基复合肥全生命周期系统边界图

多产出流程需采用清单分配方法分析生产链上的主要产品与副产品之间如何分配材料、能源流及相应的环境负荷[36,37]。在硫基复合肥的生产中，存在磷酸生产过程的副产品磷石膏、合成氨生产过程的副产品甲醇以及复合肥转化工段的副产品盐酸，这些产品是供应链上的重要成分，且存在一定的经济价值，因此，生产过程需考虑分配。本书研究选择按市场价值分配的方法来评估复合肥生产的环境影响。该方法基于产品和副产品的经济价值，通常是分配研究中首选的方法[38]。按照市场价值分配的原则是每个产品的质量乘以每单位质量的各自市场价格，再除以所有产出的质量和市场价值的总和。该公司磷石膏的外售价格为 150 元/t，甲醇的外售价格为 1.46 元/kg。副产盐酸浓度低，含有微量的 K^+ 和 SO_4^{2-}，经济价值较低，在本书研究中不参与分配。一功能单位下硫基复合肥各产品的分配因子如表 10-1 所示。

表 10-1　硫基复合肥各产品的分配因子

产品名称	市场价值/元	分配因子	数据来源
硫基复合肥	2200.00	95.98%	实地调研
磷石膏	71.19	3.11%	实地调研
甲醇	20.89	0.91%	实地调研
盐酸	0.00	0.00%	实地调研
总计	2292.08	100%	

10.1.2　生命周期清单

硫基复合肥的全生命周期包括三阶段：运输、生产和施肥。运输阶段涉及原材料的运输及硫基复合肥产品的运输。原材料运输阶段，无烟煤采购自山西，运输方式为铁路运输，运输距离为 880 km。铁路运输主要能源消耗为柴油和电力，消耗强度分别为 0.025 L/(t・km)和 0.016 (kW・h)/(t・km)[39]。公路运输的能源消耗为载货汽车耗油，单位货物周转量的耗油量为 0.06 L/(t・km)[40]。原材料采购地点大都来自周边城市，这里假设原材料的公路运输距离为 50 km。硫基复合肥产品的运输包括两个阶段：产品到零售商和零售商到农户的运输阶段，运输距离分别假设为 150 km 和 15 km。

在本书研究中，硫基复合肥生产所需的原材料消耗和常规污染物直接排放数据来自实地调研。定量的氯化钾和浓硫酸在反应槽中反应生成氯化氢气体和硫酸氢钾溶液，氯化氢气体经二级降膜吸收、二级填料塔吸收后，产出 31%的盐酸产品。硫酸氢钾流入混酸槽，同时加入萃取制得的磷酸，得到混酸（储存备用）。混酸经泵计量输送至管式反应器，同时通入氨气进行中和反应制取中和料浆。中和料浆进入造粒机内与原料岗位配入的尿素、硫酸铵等原料进行造粒，再经烘干、冷却、包装，制得最终产品。

将各个生产过程进一步细化，分为复合肥生产转化工段、复合肥生产氨化造粒工段、复合肥生产造粒废气处理工段。复合肥生产的重要原材料磷酸及合成氨的生产背景数据来自该企业的实际生产数据，其他原材料生产的背景数据来自 Ecoinvent 3 数据库[41]。合成氨生产固体废弃物造气炉炉渣和复合肥生产氨化固体废弃物热风炉炉渣外售给建筑公司再利用，因此不考虑其环境影响。此外，根据 ISO 14040/14044，基础设施造成的环境影响一般不包括在清单中。

运输、复合肥生产过程及施肥过程由于燃料燃烧会释放污染物和 GHG。运输过程柴油燃烧产生的污染物排放量根据《城市大气污染物排放清单编制技术手册》中推荐的排放系数计算得到[42]。二氧化碳排放量的计算公式为：

$$c = e \times NCV \times A \times O \times \frac{44}{12} \tag{10-1}$$

其中，c 表示 1 t 硫基复合肥碳排放量（单位：t），e 表示直接能源消耗量（单位：t）；NCV 表示净热值（单位：MJ/kg）；A 表示每单位热值碳含量（单位：t/TJ）；O 表示燃料的碳氧化率。各参数的具体数值及数据来源如表 10-2 所示。

表 10-2　各燃料单位碳排放量计算参数及数据来源

参数	燃料类型	数据	数据来源
NCV	柴油	42.705	综合能耗计算通则（GB/T 2589—2020）[43]
	原煤	20.934	
A	柴油	20.2	省级温室气体清单编制指南[44]
	无烟煤	27.4	
	烟煤	26.1	
O	柴油	0.98	省级温室气体清单编制指南[44]
	无烟煤	0.94	
	烟煤	0.93	

化肥中主要营养元素的有效成分可以被农作物吸收，并以该元素的质量百分比表示[24]。N%、P_2O_5%和 K_2O%分别表示氮、磷和钾的活性成分。施肥中，N 元素主要以 N_2O、NH_3、NO_x 的形式排放至空气，以及 NO_3^- 的形式淋失进入水体[45]。P 元素流失进入水体的形式有 3 种：径流（磷酸盐）、对河流的侵蚀

(磷)、浸出至地下水(磷酸盐)[46]。施肥过程所造成的农田排放因子及相关参考文献如表 10-3 所示。此外,化肥生产因工业硫酸、磷矿石等原料造成重金属元素残留,随着肥料的施用直接进入土壤,造成环境污染[46]。重金属的损失通过输入输出平衡进行估算。根据研究[47],复合肥中的砷(As)、镉(Cd)、铅(Pb)、铬(Cr)、汞(Hg)的平均含量为 11.06 mg/kg、0.24 mg/kg、2.95 mg/kg、19.7 mg/kg、0.054 mg/kg,由此估算了因施肥造成的土壤重金属具体含量。本书研究未考虑土壤和生物的碳汇作用。基于以上,研究构建了硫基复合肥的生命周期清单(见表 10-4)。

表 10-3　施肥过程所造成的农田排放因子及相关参考文献

排放项目	参数/%	所需数据	参考文献
N_2O(直接排放)	1.25	总 N 投入量	[48]
N_2O(源自 NH_3 的间接排放)	1	NH_3 挥发量	[49]
N_2O(源自 NO_3^- 的间接排放)	2.5	NO_3^- 淋洗量	[49]
NH_3	14	总 N 投入量	[50]
NO_x	10	N_2O 总排放量	[51]
NO_3^-	14	总 N 投入量	[52]
P	0.2	总 P 投入量	[46]

表 10-4　硫基复合肥生命周期清单

流程	输入/输出	类目	单位	数量
运输	输入	柴油[a]	kg	13.959
	输入	电力	kW·h	2.025502
	输出	SO_2	g	1.45
	输出	NO_x	g	269.19
	输出	PM	g	16.592
	输出	CO_2	kg	43.27
复合肥生产				
磷酸生产	输入	磷矿石	t	0.3782
	输入	钢球	kg	0.1736
	输入	浓硫酸	t	0.2569
	输入	絮凝剂	kg	0.0004
	输入	电力	kW·h	21.6680

续表

流程	输入/输出	类目	单位	数量
磷酸生产	副产品	磷石膏	t	0.4746
	输出	氟化物	kg	0.0007
合成氨生产	输入	无烟煤	t	0.1594
	输入	无烟煤沫	t	0.0327
	输入	软水	m^3	0.6062
	输入	碳酸钠	kg	0.9828
	输入	过氧化氢	kg	2.9675
	输入	电力	kW·h	193.1592
	副产品	甲醇	kg	14.3063
	输出	反渗透浓水	kg	1.2056
	输出	造气炉炉渣	kg	19.5125
	输出	CO_2	kg	379.78
	输出	NO_x	kg	0.0727
	输出	PM	kg	0.0132
复肥生产转化工段	输入	浓硫酸	t	0.3453
	输入	氯化钾	t	0.2336
	输入	一次水	m^3	2
	输入	软水	m^3	1.7391
	输入	电力	kW·h	19.0670
	副产品	盐酸	kg	305.6570
	输出	氯化氢废气	kg	0.0040
复肥生产氨化造粒工段	输入	烟煤	kg	46.2940
	输入	尿素	kg	81.2773
	输入	硫酸铵	kg	31.0895
	输入	防结剂油	kg	2.3150
	输入	防结剂粉	kg	4.4500
	输入	滑石粉	kg	5.3691
	输入	电力	kW·h	43.6949
	输出	热风炉炉渣	kg	6.9441
	输出	CO_2	kg	86.252

续表

流程	输入/输出	类目	单位	数量
复肥生产造粒废气处理工段	输入	电力	kW·h	26.2273
	输出	SO_2	kg	0.0012
	输出	NO_x	kg	0.6870
	输出	NH_3	kg	1.9235
	输出	PM	kg	0.1474
废水处理	输入	石灰	kg	14.7034
	输入	电力	kW·h	1.3805
施肥	输入	柴油	kg	47.43
	输出	N_2O	kg	2.61
	输出	NH_3	kg	21
	输出	NO_x	kg	0.909
	输出	NO_3^-	kg	21
	输出	P	kg	0.131
	输出	As	g	11.06
	输出	Cd	g	0.24
	输出	Pb	g	2.95
	输出	Cr	g	19.7
	输出	Hg	g	0.054
	输出	PM	g	110.99
	输出	CO_2	kg	147
劳动力[b]	输入	—	t	—

注：a:包括原材料运输距离、产品运输至零售商的运输距离以及零售商至农户的运输距离。
b:仅考虑了硫基复合肥生产的劳动力成本。

10.1.3　生命周期影响评价

本书研究采用 ReCiPe Midpoint(H)模型对全生命周期清单数据进行环境量化分析。ReCiPe 模型集 CML 模型和 Eco-indicator 模型于一体，是当前应用最为广泛的方法之一[53]。ReCiPe 2016 模型可以将所有生命周期影响评价结果转化为 18 种中间点和 3 种终点层面数值[54]。18 种中间点环境影响通过中间点特征因子量化，例如全球变暖潜力(GWP)、臭氧耗竭潜力(ODP)、电离辐射潜力

(IRP)等。这18种中间点影响可以转化为3种终点影响类别,分别是人类健康、生态损害、资源耗竭,分别用伤残调整生命年、物种消失、额外成本指标量化[54]。

为了进一步分析各影响类别对总环境负荷的贡献,需要对数据进行标准化处理,从而提供生命周期影响评价结果的相对重要性信息[55]。标准化计算公式为:

$$NS_c = \frac{CS_c}{NF_{c,world}} \tag{10-2}$$

其中,c、CS、NF、NS 和 $world$ 分别是2010年生态系统由于排放和提取而产生的影响类别、特征化得分、标准化因子、标准化得分和全球环境潜力[56]。

10.2 核算结果

10.2.1 生命周期影响评价结果

通过已建立的生命周期清单(见表10-4),选择ReCiPe 2016模型量化分析了硫基复合肥全生命周期的18种中间点环境影响特征化结果,如表10-5所示。

表10-5 硫基复合肥全生命周期特征化结果

类型	单位	分配后的数值
全球变暖	kg CO_2-eq	2.407×10^{3}
平流层臭氧耗竭	kg CFC11-eq	2.794×10^{-2}
电离辐射	kBq Co-60-eq	−8.816
臭氧形成健康影响	kg NO_x-eq	4.193
细颗粒物形成	kg $PM_{2.5}$-eq	7.417
臭氧形成生态影响	kg NO_x-eq	4.238
陆地酸性化	kg SO_2-eq	4.743×10
淡水水体富营养化	kg P-eq	5.425×10^{-1}
海水水体富营养化	kg N-eq	1.416
陆地生态毒性	kg 1,4-DCB	2.009×10^{3}
淡水生态毒性	kg 1,4-DCB	2.042×10
海水水体生态毒性	kg 1,4-DCB	2.943×10

续表

类型	单位	分配后的数值
人类致癌毒性	kg 1,4-DCB	3.402×10
人类非致癌毒性	kg 1,4-DCB	7.876×10^{2}
土地占用	m^2a crop-eq	6.581×10
矿产资源短缺	kg Cu-eq	3.090×10
化石资源短缺	kg oil-eq	5.088×10^{2}
水资源消耗	m^3	1.098×10

为了进一步对比不同影响类别之间的差异，对特征化结果进行了标准化处理[见公式(10-2)]。如图 10-3 所示，硫基复合肥全生命周期环境影响主要集中在人类致癌毒性、化石资源短缺、陆地酸性化、淡水水体富营养化、淡水生态毒性、海水水体生态毒性这六类中间点影响类型，分别占总环境影响负荷的 30.7%、19.3%、10.8%、7.8%、7.5%和 6.3%。此外，平流层臭氧耗竭、海水水体富营养化、全球变暖、细颗粒物形成、臭氧形成以及陆地生态毒性也具有一定的环境影响，其环境影响总和占总体环境影响的 18%。其余影响类别环境影响较小。

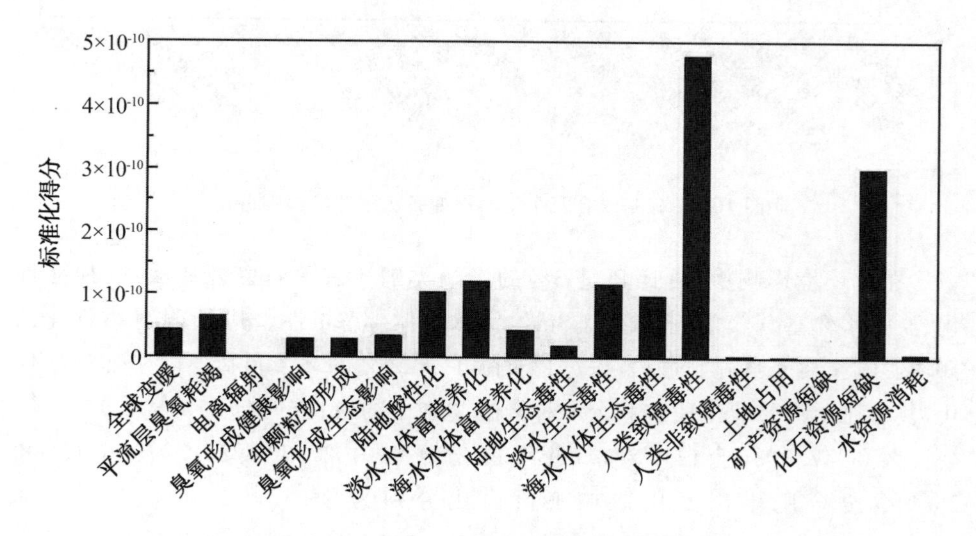

图 10-3　硫基复合肥全生命周期标准化环境影响

10.2.2 关键流程识别

根据标准化结果确定的环境影响类别,本书研究识别了硫基复合肥全生命周期各流程在 18 种中间点影响类别中的占比情况,结果如图 10-4 所示。人类致癌毒性是环境影响最大的类别(30.7%),造成该类别环境影响的主要过程是合成氨生产过程,贡献了 39.7%的环境影响。复合肥生产转化(18.4%)、磷酸生产过程(18%)和氨化造粒阶段(13.9%)也是人类致癌毒性的主要贡献者。

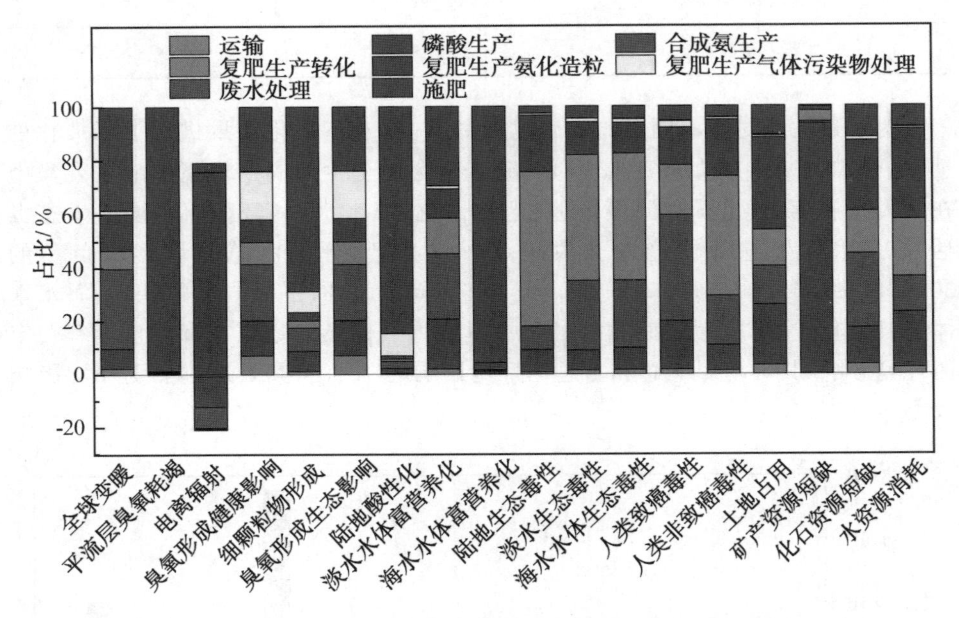

图 10-4 硫基复合肥全生命周期各流程环境影响占比

在总环境影响中,占比超过 5%的影响类别还有化石资源短缺、陆地酸性化、淡水水体富营养化、淡水生态毒性、海水水体生态毒性。其中,陆地酸性化的环境影响主要来自施肥过程,该过程贡献了 84.6%的环境负荷。除了陆地酸性化,复合肥生产转化工段在其余 4 种影响类别中的占比分别为 15.8%、13.2%、46.9%和 47.3%,合成氨生产过程占比分别为 27.7%、24.7%、26.1%和 25.3%,复合肥生产氨化造粒工段占比分别为 26.1%、10.8%、12.1%和 11.5%,磷酸生产占比分别为 13.8%、18.7%、7.3%和 8.3%。可以看出,这 4 个过程在其他环境影响类别中也有较大影响。

此外,施肥过程也是硫基复合肥全生命周期中对环境造成污染的重要环节,

尤其是对平流层臭氧耗竭(98.8%)、海水水体富营养化(95.7%)、细颗粒物形成(68.9%)、全球变暖(38.3%)和淡水水体富营养化(29.5%)的贡献均为所有过程中影响最大的。总体来看,磷酸生产过程(12.1%)、合成氨生产过程(25.3%)、复合肥生产转化过程(17.7%)、复合肥生产氨化造粒过程(12.9%)以及施肥污染物排放(26.8%)这 5 个过程对总环境的影响超过了 94%,是硫基复合肥全生命周期的关键流程。

10.2.3　关键因素识别

为了识别硫基复合肥全生命周期对环境造成影响的关键因素,本书研究分析了主要因素在关键流程环境影响中的占比和主要物质在总体环境影响负荷中的占比(见图 10-5 和图 10-6)。

从图 10-5 分析可知,磷酸生产过程中的原材料磷矿石是造成环境污染的主要物质,其环境影响占磷酸生产总环境影响的 78.8%。无烟煤和电力占合成氨生产总影响的 54.1%和 42.2%,是合成氨生产过程造成环境污染的关键因素。复合肥生产转化工段的原料氯化钾对环境的影响高达 85.6%,是该过程的关键物质。在复合肥生产氨化造粒阶段,硫酸铵、电力、防结剂和尿素是主要环境贡献者,环境影响比例分别为 40.6%、17.6%、12.8%和 12.3%。作为化肥生命周期的最终阶段,施肥过程的环境影响主要来自柴油和污染物向空气、水体和土壤的排放,其中柴油贡献了 20.8%的环境影响;含氮污染物 NH_3、N_2O 及 NO_3^- 分别占施肥过程总环境影响的 40.8%、19.5%及 10.3%。

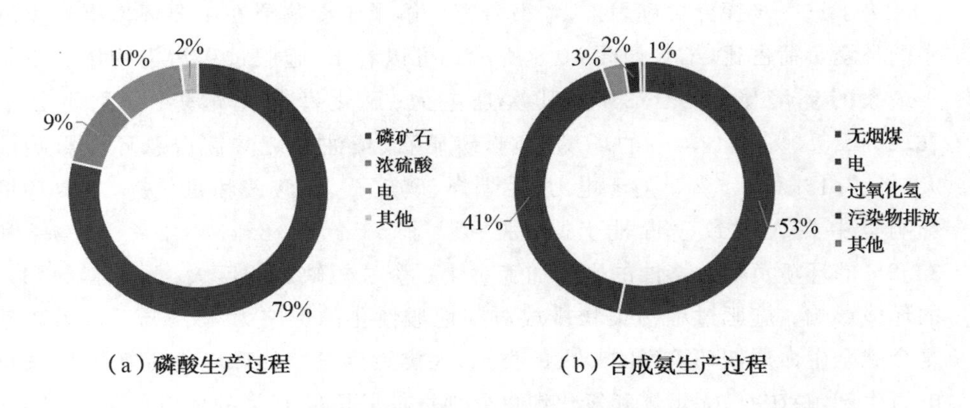

图 10-5　关键流程中主要因素的环境影响占比(一)

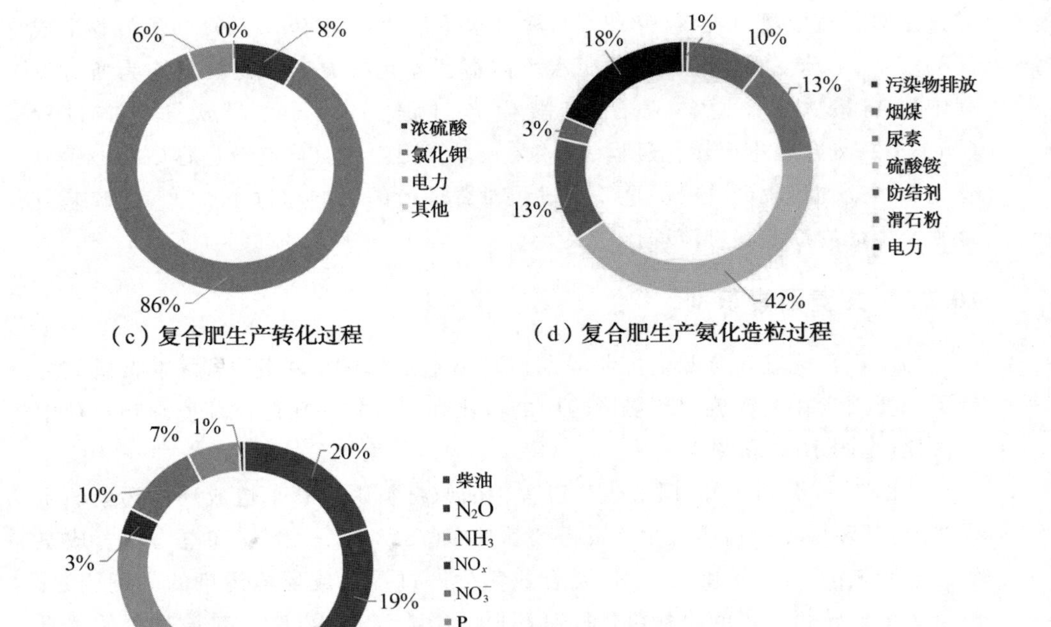

（c）复合肥生产转化过程

（d）复合肥生产氨化造粒过程

（e）施肥过程

图 10-5　关键流程中主要因素的环境影响占比（二）

为了进一步探究关键因素，本书研究分解了主要物质在主要环境影响类型中的环境负荷占比，结果如图 10-6 所示。可以看出，施肥过程污染物排放贡献了最大的环境影响（21.3%），其次是电力、氯化钾和无烟煤，分别贡献了16.8%、15.3%和 13.6%的环境影响，磷矿石、柴油和硫酸铵占总环境影响的9.6%、7.1%和 5.5%。对于电力、无烟煤、磷矿石、硫酸铵和氯化钾，主要环境影响集中在人类致癌毒性上，分别贡献了 53%、44.8%、49.2%、44.4%和33.2%的环境负荷。柴油的生产加工对化石资源短缺影响巨大，贡献了 41.5%的环境影响。施肥过程污染物排放对陆地酸性化的影响为 43.5%。作为硫基复合肥全生命周期环境影响最大的类别，人类致癌毒性的环境负荷有 29%来自电力生产，磷矿石、无烟煤和氯化钾也分别贡献了超过 15%的环境负荷。

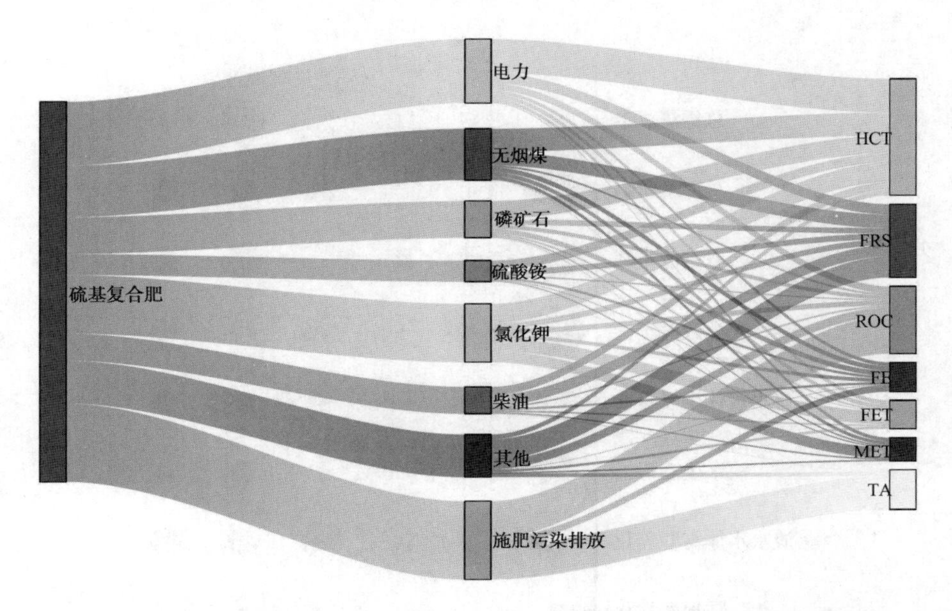

HCT—人类致癌毒性；FRS—化石资源短缺；TA—陆地酸性化；FE—淡水水体富营养化；FET—淡水水体生态毒性；MET—海水水体生态毒性；ROC—其他类别。

图 10-6　主要因素在不同环境影响类别中的占比

10.2.4　敏感性分析

为了评估关键输入的变化对环境的影响并研究 LCIA 结果的稳定性，本书研究进行了敏感性分析。图 10-7 对比了主要输入因素变化 10%对环境的影响程度。结果显示，关键因素的输入量分别减少 10%时，电力对人类致癌毒性和总环境影响负荷起着决定性的作用，导致其环境影响分别降低了 0.998 kg 1,4-DCB 和 2.624×10^{-11}。这也意味着，电力减少 10%时，对人类致癌毒性和总环境影响将分别带来 2.9%和 1.7%的收益。电力也对化石资源短缺产生了较大影响，这与中国以煤炭为主的发电结构密切相关。当电力输入量减少 10%时，将带来 1.4%的环境收益。此外，氯化钾的输入量变化对淡水生态毒性、海水水体生态毒性的影响最为显著，其变化分别带来了 4.6%和 3.1%的收益，变化量分别是电力、无烟煤和磷矿石的 3 倍及以上。因此，优先对电力和氯化钾进行优化是减少硫基复合肥环境影响的关键。无烟煤对于化石资源短缺产生了较大影响，其输入量变化 10%将导致化石资源消耗减少 9.83 kg oil-eq，产生 1.9%的环境收益。磷矿石的输入变化 10%时，淡水水体富营养化变化最为显著，可产生 1.8%的环境收益。硫酸铵输入的变化产生了较小但不可忽略的环境收益。

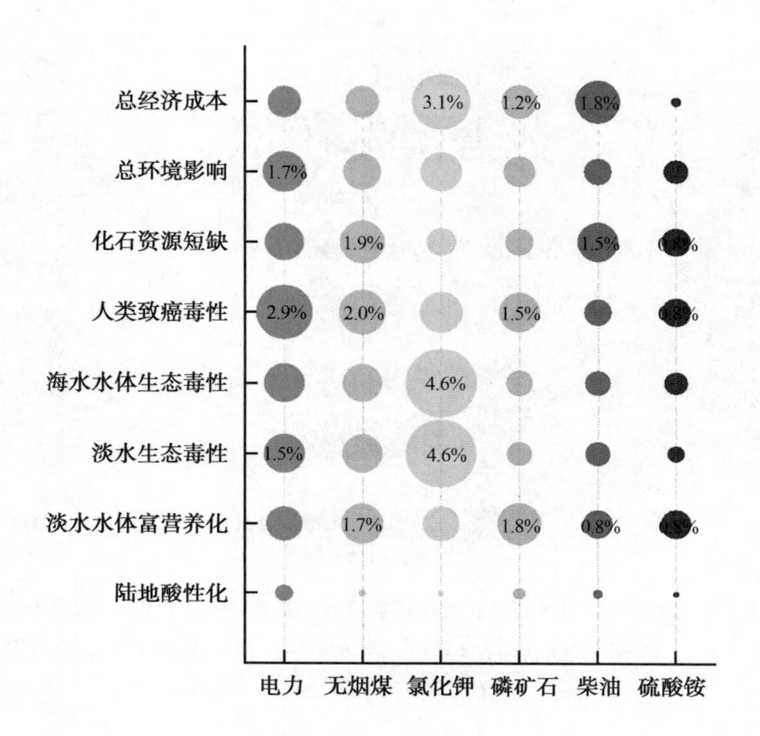

图 10-7 关键输入敏感性分析结果

10.3 温室气体排放核算及优化建议

10.3.1 温室气体排放核算分析

硫基复合肥全生命周期 GHG 排放量核算结果为 2406.96 kg CO_2-eq,其中生产过程 GHG 排放量为 1484.53 kg CO_2-eq,施肥过程 GHG 排放量为 922.43 kg CO_2-eq。梳理了其他相关研究后,我们整理出了不同化肥的 GHG 排放量(见表 10-6)。

表 10-6 各类化肥 GHG 排放量相关研究

化肥名称	功能单位	系统边界	GHG 排放量 /kg CO_2-eq
氮肥	1 t N	“摇篮到大门”	2116[60]
磷酸一铵	1 t 肥料	“摇篮到大门”	3540[21]

续表

化肥名称	功能单位	系统边界	GHG 排放量 /kg CO_2-eq
磷酸二铵	1 t 肥料	“摇篮到大门”	4040[21]
氯化钾	1 t K_2O	“摇篮到大门”	141～255[22]
尿素	1 t N	施肥	5000[27]
过磷酸钙	1 t P_2O_5	施肥	1790[27]
氯化钾	1 t K_2O	施肥	230[27]
17-5-13 复合肥	300 kg	“摇篮到坟墓”	487～560[18]
15-15-15 复合肥	300 kg	“摇篮到坟墓”	391～542[18]
堆肥	1 t 肥料	“摇篮到坟墓”	1563[61]
堆肥＋生物炭	1 t 谷物	“摇篮到坟墓”	629～766[61]
缓释尿素	1 t 肥料	施肥	1924.64[62]
磁化粉煤灰复合肥	1 t 肥料	“摇篮到坟墓”	287[24]

表 10-6 中的研究均基于 LCA：以“摇篮到大门”为系统边界，研究分析了化肥生产的环境影响；“摇篮到坟墓”的研究包括原材料运输、肥料生产和施肥过程；也有的研究只关注了肥料施肥带来的环境影响。可以看出，在氮、磷、钾、复合肥料中，钾肥的生产和施肥过程是 GHG 排放量最小的。氮肥的 GHG 排放主要来自施肥过程，约 70％的养分会流失到环境中[57]。由前文的关键物质分析可知，施肥污染物主要为含氮元素气体，这主要是因为氮肥在施用过程中利用率较低造成了氮素的挥发和流失。哈斯勒（Hasler）等人分析了养分含量为 17-5-13 和 15-15-15 复合肥的环境影响，功能单位换算为 1 t 复合肥时，GHG 排放量为 1303～1867 kg CO_2-eq，低于本书研究核算的 GHG 排放量[17]。造成这种偏差的原因是哈斯勒等人的研究中输入的能源主要是清洁能源天然气，很少使用煤炭，并且本书研究的复合肥料除了 N、P、K 元素外，还有通过硫酸铵获得的硫酸盐，更多的原材料投入导致更多的温室气体排放。此外，有机肥在整个生命周期内表现出了优于常规肥料的环境性能，中国政府也出台了鼓励有机肥发展和推广的政策[58]。一些新型肥料也受到研究者的广泛关注，尤其是缓释肥料，不仅提高了肥料的使用率，也降低了 GHG 的排放量[59]。

作为基础化学工业的重要组成部分，合成氨工业年产量约为 160 Mt，主要用于化肥生产（约 80％）[63]。合成氨也是典型的高能耗、高 GHG 排放行业。合成氨生产的主要能源有煤炭、天然气、焦炭和石油，平均能耗为 28～53 MJ/kg[64]，每年共排放 451 $MtCO_2$[65]。中国是世界上最大的氨生产国，年产氨 49.7 Mt，占全球氨产量的32%。与其他国家以天然气为原料的生产方式不同,中国合成氨生产的能源70%来自煤炭、10%来自石油,仅有20%来自天然气[66]。以煤为主的能源结构造成中国合成氨行业污染严重,碳排放量远高于全球其他地区,能耗水平也较高。在本案例中,该企业合成氨生产的碳排放量占生产过程排放总量的81%,是化肥生产GHG排放的关键环节。中国政府也出台众多政策和标准加强合成氨行业节能减排工作,例如行业技术改造、优化工艺流程、推动产业升级等。近年来,除基于传统化石燃料的氨生产技术外,还出现了许多基于新能源的氨生产技术。氨合成所需的氢可以来自高温水电解、生物质气化和沼气重整[67,68]。这些新技术虽然可以实现化石能源的零消耗,但也存在经济效益低、规模难以扩大的缺点。

较高的能源消耗必然造成GHG大量排放,这就要求企业必须探索节能降耗方案。通过提高煤矿开采过程甲烷回收率和化肥生产过程能源效率的方式可以显著改善化肥产业GHG排放情况,使GHG的排放量每年可减少102～357 Mt CO_2-eq,中国的GHG总排放量减少2%～6%[69,70]。此外,中国以火电为主的发电结构是造成GHG排放量大的重要原因,构建以清洁能源为主的电力结构才能从根本上解决发电端GHG的排放。随着中国政府关于碳达峰和碳中和目标的提出,预计清洁能源装机占比由2019年的41.9%将提高到2025年的57.5%[71]。中国在2050年前若能实现碳中和,那时中国的电力结构将至少有94%来自无碳能源,发电过程造成的GHG排放将显著降低[72]。

10.3.2 优化建议

由敏感性分析结果可知,除了电力优化外,优先对氯化钾进行优化是减少硫基复合肥环境影响的关键。可溶性钾盐是氯化钾生产的重要原料[73],而我国是可溶性钾盐短缺国家[74]。作为农业大国,中国可溶性钾盐难以满足农业发展对钾盐的需求,因此,我国农业所需的氯化钾更多的是依靠进口。但目前国际上较为常见的氯化钾生产方式都存在毒性高、试剂昂贵、工艺流程繁杂等缺点,环境影响大且经济成本高[75]。本书研究中生产硫基复合肥所需的氯化钾是从以色列进口的,它的环境影响占总环境影响负荷的15.3%。目前,我国氯化钾的主要生产工艺是浮选法,但由于开采方式不当导致钾矿石品位降低,且随着温度的降低浮选回收率明显降低,成为影响我国钾盐生产的突出问题[76]。对于该方法,应提高氯化钾生产原矿质量,优化工艺路线,提高钾盐回收率。企业也应探索新型生产工艺,提高氯化钾的生产效率,减少原材料的消耗。此外,从钢铁企业的除尘灰中也可以提取氯化钾[77]。由于钾肥的高价以及常规钾源的稀缺,钾盐的替代品成为学者们热议的课题。硅酸盐矿石是很好的替代品,其中云母就被证

明能够实现和氯化钾相同的肥力[78,79]。

磷矿石也是化肥生产中造成环境污染的关键物质，为农作物的生长提供了三大基本元素之一。磷矿石中磷的提取量将在 2030 年左右达到峰值，全球储量将在 75～100 年内用尽，到 21 世纪末将耗尽磷矿石的全部储量[80]。因此，对磷资源的回收就显得尤为重要。摄入的磷有近 98%最终聚集在污水、污泥中[81]，使其成为最有价值的磷回收资源。

10.4　结论

农业部门的 GHG 排放和其他环境问题引起了广泛关注。化肥是农业生产最基础的投入之一，对于保证粮食安全至关重要。本书研究以硫基复合肥为研究对象，针对肥料的原材料开采、运输、生产、施用的全生命周期开展了环境评价研究。

LCA 结果显示，硫基复合肥全生命周期中间点环境影响主要集中在人类致癌毒性、化石资源短缺、陆地酸性化、淡水水体富营养化、淡水生态毒性、海水水体生态毒性这六类中间点影响类型，分别占总环境影响负荷的 30.7%、19.3%、10.7%、7.8%、7.5%和 6.3%。合成氨生产过程、复合肥生产转化过程和施肥过程是影响全生命周期环境负荷的关键流程，这 3 个过程对环境的贡献分别为 25.3%、17.8%和 26.8%，电力、氯化钾、无烟煤、磷矿石、施肥排放污染物为硫基复合肥全生命周期的关键因素。敏感性分析结果显示，电力和氯化钾是整个系统中需优先优化的因素，其输入减少 10%时，电力带来的总体环境收益为 1.7%。

硫基复合肥全生命周期 GHG 排放量核算结果为 2406.96 kg CO_2-eq/t，其中生产过程 GHG 排放量占总排放量的 61.7%，施肥过程占 38.3%。本书研究还对比分析了传统无机肥、有机肥以及新型肥料 GHG 排放的研究。在氮、磷、钾、复合肥料中，钾肥的生产和施肥过程是 GHG 排放量最小的。氮肥的施肥阶段 GHG 排放量占全生命周期的 70%。有机肥在整个生命周期内表现了优于常规肥料的环境性能。一些新型肥料，尤其是缓释肥料，不仅可以提高肥料的使用率，也显著降低了 GHG 的排放量。此外，合成氨也是化肥生产中高能耗、高 GHG 排放的部分，该企业合成氨生产的碳排放量占生产过程排放总量的 81%。通过与全球其他地区合成氨生产的环境效益进行对比，发现中国以煤炭为主的合成氨生产原料是造成中国合成氨行业 GHG 排放量高的重要原因。

本书研究还针对关键因素电力、氯化钾、磷矿石等提出了本土化的优化建议。构建以清洁能源为主的电力结构可以有效减少发电端的环境影响。对于氯化钾，应优化工艺路线，提高钾盐回收率；从钢铁企业的除尘灰中提取氯化钾；选择云母作为氯化钾的有效替代品。对于磷资源，从污水、污泥中对其进行回收再利用则是一条重要途径。

参考文献

[1]Araújo, B.R., Romão, L.P.C., Doumer, M.E., et al. Evaluation of the Interactions between Chitosan and Humics in Media for the Controlled Release of Nitrogen Fertilizer[J]. Journal of Environmental Management, 2017, 190:122-131.

[2]Stewart, W.M., Dibb, D.W., Johnston, A.E., et al. The Contribution of Commercial Fertilizer Nutrients to Food Production[J]. Agronomy Journal, 2005, 97:1-6.

[3]IFA (International Fertilizer Association), 2021a. Human Health Benefits of Fertilizers. (2021-04-22) [2022-07-06]. https://www.fertilizer.org/Public/Media/Expert_Blog/2021_02_16_Human_Health.aspx? WebsiteKey=08523834-accd-495f-b00b-f79e2820ae9d.

[4]Cui, Z., Chen, X., Zhang, F. Current Nitrogen Management Status and Measures to Improve the Intensive Wheat-Maize System in China[J]. Ambio, 2010, 39:376-384.

[5]Li, W., Guo, S., Liu, H., et al. Comprehensive Environmental Impacts of Fertilizer Application Vary among Different Crops: Implications for the Adjustment of Agricultural Structure Aimed to Reduce Fertilizer Use[J]. Agricultural Water Management, 2018, 210:1-10.

[6]国家统计局. 中国统计年鉴 2021[M]. 北京:中国统计出版社，2021.

[7]Yue, X., Wang, H., Kong, J., et al. A Novel and Green Sulfur Fertilizer to CS_2 to Promote Reproductive Growth of Plants[J]. Environmental Pollution, 2020, 263:114448.

[8]Bimbraw, A.S. Sulfur Nutrition and Assimilation in Crop Plants[J]. Sulfur Assimilation and Abiotic Stress in Plants, 2008, 12:55-95.

[9]Haneklaus, S., Bloem, E., Schnug, E. Sulfur Interactions in Crop Ecosystems[J].Sulfur in Plants An Ecological Perspective, 2007, 6:17-58.

[10]Zhang, X., Cai, Z.S., Li, H. Analysis of Energy Consumption in Chemical Fertilizer Production in China[J]. Modern Chemical Industry 2014; 34:12-15.

[11]Gellings, C., Parmenter, K. Energy Efficiency in Fertilizer Production and Use. Efficient Use and Conservation of Energy[J]. Encyclopedia of Life Support Systems (EOLSS), 2004,48:30-45.

[12]Cheng, K., Pan, G., Smith, P., et al. Carbon Footprint of China's Crop Production—An Estimation Using Agro-Statistics Data over 1993-2007 [J]. Agriculture, Ecosystems and Environment, 2011, 142:231-237.

[13]Xu, H., Paerl, H.W., Qin, B., et al. Determining Critical Nutrient Thresholds Needed to Control Harmful Cyanobacterial Blooms in Eutrophic Lake Taihu, China[J]. Environmental Science and Technology, 2015, 49: 1051-1059.

[14] Diacono, M., Montemurro, F. Long-Term Effects of Organic Amendments on Soil Fertility[J], 2010,30:264-276.

[15]Liu, X.J., Zhang, Y., Han, W.X., et al. Enhanced Nitrogen Deposition over China[J]. Nature, 2013; 494:459-462.

[16]IFA. Sustainable Fertilizer Production[EB/OL]. (2008-09-24)[2017-04-09]. file:///C:/Users/Administrator/Desktop/2020 _ IFA _ Sustainable _ Fertilizer_Production.pdf.

[17] ISO14040. Environmental Management- Life Cycle Assessment-Principles and Framework[S]. (2006-12-08)[2015-11-09]. https://www.iso.org/standard/37456.html, 2006.

[18]Hasler, K., Bröring, S., Omta, S.W.F., et al. Life Cycle Assessment (LCA) of Different Fertilizer Product Types [J]. European Journal of Agronomy, 2015, 69:41-51.

[19]Hong, J., Li, X. Speeding up Cleaner Production in China through the Improvement of Cleaner Production Audit[J]. Journal of Cleaner Production, 2013, 40:129-135.

[20]da Silva, G.A., Kulay, L.A. Environmental Performance Comparison of Wet and Thermal Routes for Phosphate Fertilizer Production Using LCA-a Brazilian Experience[J]. Journal of Cleaner Production, 2005, 13:1321-1325

[21]Zhang, F., Wang, Q., Hong, J., et al. Life Cycle Assessment of Diammonium- and Monoammonium-Phosphate Fertilizer Production in China [J]. Journal of Cleaner Production, 2017, 141:1087-1094.

[22]Chen, W., Geng, Y., Hong, J., et al. Life Cycle Assessment of Potash Fertilizer Production in China[J]. Resources, Conservation and Recycling, 2018,

138:238-245.

[23]González-Cencerrado, A., Ranz, J.P., López-Franco Jiménez, M.T., et al. Assessing the Environmental Benefit of A New Fertilizer Based on Activated Biochar Applied to Cereal Crops[J]. Science of the Total Environment, 2020, 711:134668.

[24]Wang, P., Wang, J., Qin, Q., et al. Life Cycle Assessment of Magnetized Fly-Ash Compound Fertilizer Production: A Case Study in China[J]. Renewable and Sustainable Energy Reviews, 2017, 73:706-713.

[25]Martinez-Blanco, J., Anton, A., Rieradevall, J., et al. Comparing Nutritional Value and Yield as Functional Units in the Environmental Assessment of Horticultural Production with Organic or Mineral Fertilization[J]. International Journal of Life Cycle Assessment, 2011, 16:12-26.

[26]Spångberg, J., Hansson, P.A., Tidåker, P., et al. Environmental Impact of Meat Meal Fertilizer VS. Chemical Fertilizer[J]. Resources, Conservation and Recycling, 2011, 55:1078-1086.

[27]Wang, Z.B., Chen, J., Mao, S.C., et al. Comparison of Greenhouse Gas Emissions of Chemical Fertilizer Types in China's Crop Production[J]. Journal of Cleaner Production, 2017, 141:1267-1274.

[28]Wu, H., MacDonald, G.K., Galloway, J.N., et al. The Influence of Crop and Chemical Fertilizer Combinations on Greenhouse Gas Emissions: A Partial Life-Cycle Assessment of Fertilizer Production and Use in China[J]. Resources, Conservation and Recycling, 2021, 168:105303.

[29]Brentrup, F., Küsters, J., Lammel, J., et al. Environmental Impact Assessment of Agricultural Production Systems Using the Life Cycle Assessment (LCA) Methodology Ⅱ. The Application to N Fertilizer Use in Winter Wheat Production Systems[J]. European Journal of Agronomy, 2004, 20:265-279.

[30]Khoshnevisan, B., Rafiee, S., Omid, M., et al. Modeling of Energy Consumption and GHG (Greenhouse Gas) Emissions in Wheat Production in Esfahan Province of Iran Using Artificial Neural Networks[J]. Energy, 2013, 52:333-338.

[31]Nemecek, T., Huguenin-Elie, O., Dubois, D., et al. A Life Cycle Assessment of Swiss Farming Systems: Ⅱ. Extensive and Intensive Production [J]. Agricultural Systems, 2011, 104:233-245.

[32]FAOSTAT. Agriculture Total[EB/OL]. (2021-06-16)[2021-08-07].

http://www.fao.org/faostat/en/#data/GT. .

[33] Li, H. R., Mei, X. R., Wang, J. D., et al. Drip Fertigation Significantly Increased Crop Yield, Water Productivity and Nitrogen Use Efficiency with Respect to Traditional Irrigation and Fertilization Practices: A Meta-Analysis in China[J]. Agricultural Water Management, 2021, 244:10.

[34]Steffen, W., Richardson, K., Rockstrom, J., et al. Planetary Boundaries: Guiding Human Development on A Changing Planet[J]. Science 2015; 347:11.

[35]Wang, M.R., Ma, L., Strokal, M., et al. Exploring Nutrient Management Options to Increase Nitrogen and Phosphorus Use Efficiencies in Food Production of China[J]. Agricultural Systems 2018; 163:58-72.

[36]Esteves, V.P.P., Esteves, E.M.M., Bungenstab, D.J., et al. Assessment of Greenhouse Gases (GHG) Emissions to the Tallow Biodiesel Production Chain Including Land Use Change (LUC)[J]. Journal of Cleaner Production, 2017, 151: 578-591.

[37]Habert, G., d'Espinose de Lacaillerie, J.B., Roussel, N. An Environmental Evaluation of Geopolymer Based Concrete Production: Reviewing Current Research Trends[J]. Journal of Cleaner Production, 2011, 19:1229-1238.

[38]Schuurmans, A., Rouwette, R., Vonk, N., et al. LCA of Finer Sand in Concrete[J]. International Journal of Life Cycle Assessment, 2005, 10:131-135.

[39]Yang, Q., Han, F., Chen, Y., et al. Greenhouse Gas Emissions of a Biomass-Based Pyrolysis Plant in China[J]. Renewable and Sustainable Energy Reviews, 2016, 53:1580-1590.

[40]谷立静. 基于生命周期评价的中国建筑行业环境影响研究[D]. 清华大学博士学位论文，2009.

[41]Ecoinvent. TheEcoinvent Database[EB/OL]. (2000-04-17)[2021-07-01]. https://www.sciencedirect.com/topics/engineering/ecoinvent-database.

[42]贺克斌.城市大气污染物排放清单编制技术手册[EB/OL]. (2020-06-26)[2021-03-14].https://www.mayiwenku.com/p-13074793.html.

[43]中国国家标准化管理委员会. 综合能耗计算通则(GB/T 2589-2020)[EB/OL]. (2021-04-01)[2021-04-15]. http://c.gb688.cn/bzgk/gb/showGb?type=onlineandhcno=53D1440B68E6D50B8BA0CCAB619B6B3E.

[44]国家发展和改革委员会. 省级温室气体清单编制指南. [EB/OL]. (2022-04-04)[2022-04-20]. https://wenku.baidu.com/view/8c3abc0bff0a79563c1ec5da50e2524de418d0f8.html.

[45]Li, S., Wu, J., Wang, X.,et al. Economic and Environmental Sustainability of Maize-Wheat Rotation Production When Substituting Mineral Fertilizers with Manure in the North China Plain[J]. Journal of Cleaner Production, 2020, 271:122683.

[46]Wang, C., Li, X., Gong, T.,et al. Life Cycle Assessment of Wheat-Maize Rotation System Emphasizing High Crop Yield and High Resource Use Efficiency in Quzhou County[J]. Journal of Cleaner Production, 2014, 68: 56-63.

[47]Wang, W., Cao, S., Li, G.,et al. Analysis and Evaluation of Heavy Metal Elements in Common Fertilizers and Their Effects on Soil Environment [J]. Tianjin Agricultural Sciences, 2017, 23(04):19-22.

[48]Brentrup, F., Küsters, J., Kuhlmann, H.,et al. Application of the Life Cycle Assessment Methodology to Agricultural Production: an Example of Sugar Beet Production with Different Forms of Nitrogen Fertilisers[J]. European Journal of Agronomy, 2001, 14:221-233.

[49]Nemecek, T., von Richthofen, J.S., Dubois, G.,et al. Environmental Impacts of Introducing Grain Legumes into European Crop Rotations[J]. European Journal of Agronomy, 2008, 28:380-393.

[50]Yang, Y., Lin, W. Corn Planting Patterns Life Cycle Assessment (LCA) Environmental Impact Evaluation (in Chinese) [J]. Journal of Agricultural Mechanization Research, 2015, 56:1-6.

[51]Van Calker, K.J., Berentsen, P.B.M., De Boer, I.J.M.,et al. An LP-Model to Analyse Economic and Ecological Sustainability in Dutch Dairy Farming[J]. Congress, 2003,82:139-160.

[52]Ju, X.T., Xing, G.X., Chen, X.P., et al. Reducing Environmental Risk by Improving N Management in Intensive Chinese Agricultural Systems [J]. Proceedings of the National Academy of Sciences of The United States of America,2009,106:3041-3046.

[53]Goedkoop, M., Heijungs, R., Huijbregts, M.A.J., et al. A Life Cycle Impact Assessment Method Which Comprises Harmonised Category Indicators at the Midpoint and the Endpoint Level. [EB/OL]. (2009-01-09) [2019-04-20].http://www.lcia-recipe.net.

[54]Huijbregts, M.A.J., Steinmann, Z.J.N., Elshout, P.M.F., et al. A Harmonised Life Cycle Impact Assessment Method at Midpoint and Endpoint

Level[J]. International Journal of Life Cycle Assessment, 2017, 22:138-147.

[55] Zhang, R., Ma, X., Shen, X., et al. Life Cycle Assessment of Electrolytic Manganese Metal Production[J]. Journal of Cleaner Production, 2020, 253:119951.

[56] RIVM. LCIA: The Recipe Model[EB/OL]. (2008-07-24)[2016-07-07].https://www.rivm.nl/en/life-cycle-assessment-lca/recipe.

[57] Kibet, L. C., Bryant, R. B., Buda, A. R., et al. Persistence and Surface Transport of Urea-Nitrogen: A Rainfall Simulation Study[J]. Journal of Environmental Quality, 2016, 45:1062-1070.

[58] CSC. Opinions on Grasping the Key Work in the Field of "Agriculture, Rural Areas and Farmers" to Ensure the Realization of a Well-off Society in an All-Round Way on Schedule[EB/OL].(2020-02-05)[2020-09-16].http://www.gov.cn/zhengce/2020-02/05/content_5474884.htm.

[59]Keshavarz Afshar, R., Lin, R., Mohammed, Y.A., et al. Agronomic Effects of Urease and Nitrification Inhibitors on Ammonia Volatilization and Nitrogen Utilization in A Dryland Farming System: Field and Laboratory Investigation[J]. Journal of Cleaner Production, 2018, 172:4130-4139.

[60]Chen, S., Lu, F., Wang, X. Estimation of Greenhouse Gases Emission Factors for China's Nitrogen, Phosphate, and Potash Fertilizers[J]. Acta Ecologica Sinica, 2015, 35:6371-6383.

[61]Jiang, Z., Zheng, H., Xing, B. Environmental Life Cycle Assessment of Wheat Production Using Chemical Fertilizer, Manure Compost, and Biochar-Amended Manure Compost Strategies[J]. Science of the Total Environment, 2021, 760:143342.

[62] da Costa, T. P., Westphalen, G., Nora, F. B. D., et al. Technical and Environmental Assessment of Coated Urea Production with A Natural Polymeric Suspension in Spouted Bed to Reduce Nitrogen Losses[J]. Journal of Cleaner Production, 2019, 222:324-334.

[63]Smith, C., Hill, A.K., Torrente-Murciano, L. Current and Future Role of Haber-Bosch Ammonia in A Carbon-Free Energy Landscape[J]. Energy and Environmental Science, 2020, 13:331-344.

[64]Kermeli, K., Worrell, E., Crijns-Graus, W., et al. Energy Efficiency and Cost Saving Opportunities for Ammonia and Nitrogenous Fertilizer Production an ENERGY STAR(R) Guide for Energy and Plant Managers[M], SPRINGER,2017.

[65]Gielen, D., Bennaceur, K., Kerr, T.,et al. IEA, Tracking Industrial Energy Efficiency and CO_2 Emissions[M], SPRINGER,2007.

[66]Chehade, G., Dincer, I. Progress in Green Ammonia Production as Potential Carbon-Free Fuel[J]. Fuel, 2021, 299:120845.

[67] Cinti, G., Frattini, D., Jannelli, E., et al. Coupling Solid Oxide Electrolyser (SOE) and Ammonia Production Plant[J]. Applied Energy, 2017, 192: 466-476.

[68]Giddey, S., Badwal, S.P.S., Kulkarni, A. Review of Electrochemical Ammonia Production Technologies and Materials[J]. International Journal of Hydrogen Energy, 2013, 38:14576-14594.

[69]Zhang, M.Y., Wang, F.J., Chen, F.,et al. Comparison of Three Tillage Systems in the Wheat-Maize System on Carbon Sequestration in the North China Plain[J]. Journal of Cleaner Production, 2013, 54:101-107.

[70]Zhang, W.F., Dou, Z.X., He, P.,et al. New Technologies Reduce Greenhouse Gas Emissions to Nitrogenous Fertilizer in China[J]. Proceedings of the National Academy of Sciences of the United States of America, 2013, 110:8375-8380.

[71]GEIDCO. Research on China's 14th Five-Year Plan for Electric Power Development [EB/OL]. (2022-05-20) [2022-06-10]. https://www. geidco. org.cn/.

[72]Su, h. China is Serious About Carbon Emissions: The Declaration of Carbon Neutrality Shocked the World[EB/OL]. (2021-03-18)[2021-09-18]. https://journal.hep.com.cn/fese/EN/10.1007/s1178-022-1532-9.

[73]Ciceri, D., Manning, D.A.C., Allanore, A. Historical and Technical Developments of Potassium Resources[J]. Science of the Total Environment, 2015, 502:590-601.

[74]Zhang, Y.F., Ma, J., Qin, Y.H.,et al. Ultrasound-Assisted Leaching of Potassium to Phosphorus-Potassium Associated Ore[J]. Hydrometallurgy, 2016, 166:237-242.

[75]Wang, N. Discussion on the Current Situation and Future Prospects of Potash Fertilizer Production Technology in China[J]. Technology, 2020, 21:160-164.

[76]Li, E., Liang, H., Du, Z.,et al. Adsorption Process of Octadecylamine Hydrochloride on Kcl Crystal Surface in Various Salt Saturated Solutions: Kinetics,

Isotherm Model and Thermodynamics Properties[J]. Journal of Molecular Liquids，2016，221:949-953.

[77]Lanzerstorfer，C. Potential of Industrial De-Dusting Residues as a Source of Potassium for Fertilizer Production-A Mini Review[J]. Resources，Conservation and Recycling，2019，143:68-76.

[78]Madaras，M.，Mayerova，M.，Kulhanek，M.，et al. Waste Silicate Minerals as Potassium Sources：a Greenhouse Study on Spring Barley[J]. Archives of Agronomy and Soil Science，2013，59:671-683.

[79]Mohammed，S.M.O.，Brandt，K.，Gray，N.D.，et al. Comparison of Silicate Minerals as Sources of Potassium for Plant Nutrition in Sandy Soil[J]. European Journal of Soil Science，2014，65:653-662.

[80]Rosemarin，A.，Bruijne，G.D.，Caldwell，I.J.B. Peak Phosphorus：the Next Inconvenient Truth[EB/OL].(2009-08-04)[2017-06-10]. https://www.thebrokeronline.eu/peak-phosphorus/.

[81]Kalmykova，Y.，Palme，U.，Yu，S.，et al. Life Cycle Assessment of Phosphorus Sources to Phosphate Ore and Urban Sinks：Sewage Sludge and MSW Incineration Fly Ash[J]. International Journal of Environmental Research，2015，9:133-140.